I0511117

COURS

DE

CHIMIE

DU

BACCALAURÉAT

PAR

Victor LELORIEUX et Abel BUGUET

PROFESSEURS AGRÉGÉS DES SCIENCES PHYSIQUES

PARIS

SOCIÉTÉ D'ÉDITIONS SCIENTIFIQUES

PLACE DE L'ÉCOLE-DE-MÉDECINE

4, RUE ANTOINE-DUBOIS, 4

—

1895

TOUS DROITS RÉSERVÉS

COURS DE CHIMIE

DU

BACCALAURÉAT

8° R
19460

Résumés de physique sous forme de tableaux synoptiques illustrés (*Baccalauréat*), par Abel BUGUET. **1 fr.**

JOURNAL DE PHYSIQUE-CHIMIE
et Histoire Naturelle Élémentaire
(*Baccalauréats et Ecoles*)

MENSUEL

par Abel BUGUET, professeur

Abonnement annuel . . . . : **10 fr.**
Un numéro . . . . **1 fr. 10**

Neuf volumes parus :
1886. . . . . **7 fr. 50**
Chacun des volumes suivants. . . . . . . **10 fr.**

A LA MÊME SOCIÉTÉ D'ÉDITIONS

LATOUR (Dr). — **Examens de doctorat.** Questions posées par les examinateurs, recueillies par le Dr LA TOUR. 6 volumes in-18 raisin. Prix du volume . . . . **1 fr. 25**

1er Examen. — Physique, chimie, histoire naturelle. 2 vol., chacun. . . . . **1 fr. 25**

2e Examen. — 1re *série*. Anatomie et histologie. 1 vol. **1 fr. 25**

2e Examen. — 2e *série*. Physiologie. 1 vol. . . . . **1 fr. 25**

3e Examen. — 1re *série*. Pathologie externe. 1 vol. . . . **1 fr. 25**

3e Examen. — 2e *série*. Pathologie interne, pathologie générale. 1 vol. **1 fr. 25**

4e Examen. — Hygiène, thérapeutique, médecine légale. 1 vol. . . . . **1 fr. 25**

contenant les réponses les plus exigées de MM. les Professeurs.

PAULIER (Dr Armand B.), ancien interne des hôpitaux de Paris. — **Questions d'externat** (Manuel du candidat). . . . . **6 fr.**

PETIT (G.). — **Guide des travaux pratiques de Chimie** à l'Ecole de médecine de Paris. Prix . . . . **1 fr. 50**
»   chimie organique. . . . . **1 fr. 50**

COURS

DE

CHIMIE

DU

BACCALAURÉAT

PAR

Victor LELORIEUX et Abel BUGUET

PROFESSEURS AGRÉGÉS DES SCIENCES PHYSIQUES

PARIS

SOCIÉTÉ D'ÉDITIONS SCIENTIFIQUES

PLACE DE L'ÉCOLE-DE-MÉDECINE

4, RUE ANTOINE-DUBOIS, 4

1895

TOUS DROITS RÉSERVÉS

CHAPITRE PREMIER

Notions préliminaires. — Lois des combinaisons.
Nomenclature.

———

I. — NOTIONS PRÉLIMINAIRES

1. — But de la Chimie. — Nous apprenons à distinguer les uns des autres les corps qui nous entourent en étudiant leurs *propriétés*. — Toute manifestation de ces propriétés est désignée sous le nom de *phénomène*. — Nous pouvons distinguer deux espèces de phénomènes :

1° — Les *phénomènes physiques* que l'on peut observer sur tous les corps et qui ne déterminent que des modifications passagères dans leur état.

2° — Les *phénomènes chimiques* qui sont au contraire particuliers au corps qui en est le siège et modifient son état d'une manière définitive.

Exemples : Un morceau de soufre convenablement chauffé prend l'état liquide, il *fond*. C'est là un phénomène physique. Il n'est pas particulier au soufre; tous les corps solides fondent quand on les chauffe sufflsamment, de plus l'état du soufre n'a été que passagèrement modifié. Si nous le laissons refroidir, il reprendra l'état solide et, avec cet état, toutes ses propriétés primitives.

Au contraire, si nous plaçons le morceau de soufre dans une flamme, nous le verrons peu à peu disparaître; il *brûlera*. Il sera transformé en une autre substance, un gaz incolore, doué d'une odeur caractéristique, se répandant peu à peu dans l'air. Nous observons là un phénomène chimique. Le soufre est le seul corps qui brûle avec une flamme bleue, en donnant cette odeur spéciale; de plus la modification produite dans l'état du soufre est définitive.

Le but de la chimie est d'étudier les différents corps au point de vue particulier de ces phénomènes chimiques. Elle se propose de caractériser chacun d'eux par ses propriétés spéciales, c'est-à-dire par celles qui permettent de le reconnaître ensuite à coup sûr et de le distinguer des autres corps avec lesquels il peut se trouver mélangé. En d'autres termes, la chimie comprend surtout l'étude des propriétés qui se rapportent à la nature intime de chaque corps, à sa substance même, indépendamment de sa forme et de ses propriétés extérieures.

2. — Analyse. — Les différents corps, tels que nous les trouvons dans la nature, sont ordinairement des substances complexes, mélangées les unes aux autres. En examinant attentivement ces substances, nous y reconnaissons en effet très souvent des corps différents que nous pouvons séparer les uns des autres par des procédés mécaniques. Cette première séparation faite, nous obtenons des corps bien définis, dans lesquels nous retrouvons toujours les mêmes propriétés, quelle que soit leur origine. Nous pouvons pousser cette décomposition plus loin et démontrer que la plupart de ces corps sont eux-mêmes susceptibles d'être réduits à des éléments plus simples. Il faut pour parvenir à ce résultat employer des procédés particuliers, des procédés chimiques.

L'opération qui consiste à décomposer ainsi un corps en ses éléments se nomme l'*Analyse*. On fait une analyse *qualitative*, si l'on se contente de reconnaître le nombre et la nature de ces éléments ; on fait une analyse *quantitative* si l'on détermine leurs poids.

Exemples : L'un des corps les plus répandus dans la nature est l'eau.

On distingue facilement différentes espèces d'eaux ; l'eau de source, l'eau de rivière, l'eau de mer, les eaux minérales. Ces eaux diffèrent les unes des autres par quelques propriétés ; mais elles ont un grand nombre de propriétés communes. La distillation permet d'en extraire un liquide, l'*eau distillée*, que l'on obtient avec des propriétés constantes, quelle que soit son origine : c'est là l'eau pure, corps bien défini.

Si nous soumettons ensuite cette eau à l'action d'un courant électrique, nous voyons se dégager sur les fils qui amènent le courant des bulles de gaz. Recueillons ces gaz ; ils sont différents ; l'un a un volume double de l'autre, il est combustible : c'est l'*hydrogène* ; l'autre possède la propriété curieuse de rallumer une allumette qui ne présente plus qu'un point rouge : c'est l'*oxygène*. Nous avons ainsi fait l'analyse de l'eau et nous avons démontré qu'elle provient de l'union de l'hydrogène et de l'oxygène.

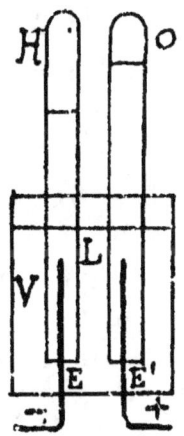

Fig. 1. — Voltamètre. — Electrolyse de l'eau. — H, hydrogène qui se dégage à l'électrode négative E. — O, oxygène qui se dégage à l'électrode positive E'.

Prenons une poudre rouge, nommée oxyde de mercure. Nous pouvons obtenir cette poudre de différentes manières, soit en chauffant pendant longtemps le mercure au contact de l'air, soit en calcinant le produit de la dissolution du mercure dans l'acide nitrique. Quel que soit le procédé employé, le corps obtenu possède les mêmes propriétés;

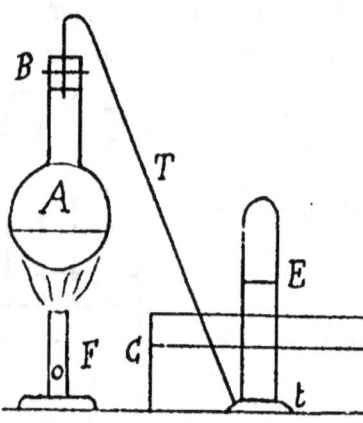

Fig. 2. — Analyse de l'oxyde mercurique.

c'est une substance bien définie. Introduisons cette poudre rouge dans un petit ballon de verre muni d'un tube débouchant dans l'intérieur d'une cuve pleine d'eau, et chauffons-la. Nous la verrons noircir d'abord, puis se décomposer. Quand l'opération sera terminée, il restera dans le ballon un liquide brillant, le mercure, et nous aurons vu se dégager à travers l'eau de la cuve un gaz incolore, l'oxygène. Nous avons fait l'analyse de l'oxyde de mercure et démontré qu'il provient de l'union du mercure avec l'oxygène.

3. — Synthèse. — On nomme ainsi l'opération inverse de l'analyse, celle qui consiste à reproduire un corps en réunissant ses éléments.

Si, dans les expériences précédentes, nous avions recueilli les éléments de l'eau et de l'oxyde de mercure, nous pourrions réunir de nouveau l'hydrogène et l'oxygène et obtenir de l'eau. L'union du mercure et de l'oxygène nous donnerait l'oxyde de mercure. Nous aurions fait ainsi la synthèse de ces deux corps.

4. — Corps composés. — On nomme corps composés ceux qui ont pu être décomposés en éléments plus simples. L'eau et l'oxyde de mercure sont des corps composés.

On établit qu'un corps est composé en en faisant l'analyse ou la synthèse, ou mieux encore en en faisant successivement l'analyse et la synthèse.

5. — Corps simples. — Il existe un certain nombre de corps que l'on n'a jamais pu décomposer. On les nomme corps simples. Ils sont au nombre de 66 environ (32).

La définition des corps simples est, comme on le voit, purement conventionnelle. Leur nombre peut augmenter par suite de la découverte de corps nouveaux, il peut diminuer si par des procédés nouveaux on parvient à décomposer quelques-uns d'entre eux.

6. — Combinaisons chimiques. — Lorsque deux corps s'unissent pour former un corps composé, on dit qu'ils se combinent entre eux : ce phénomène est une combinaison chimique. Pour pouvoir distinguer un corps composé d'un *mélange* de corps, il est nécessaire de définir d'une manière précise les caractères de la combinaison.

Changement de propriétés. — L'un des caractères les plus importants de la combinaison, c'est le changement de propriétés qui en résulte. Dans un mélange les éléments primitifs conservent leurs propriétés et il est toujours possible de prévoir les propriétés d'un mélange d'après celles des éléments. Au contraire, le corps composé qui provient d'une combinaison possède en général des propriétés nouvelles qui diffèrent absolument des propriétés des éléments combinés. Ces éléments ont réellement disparu pour faire place à un corps nouveau.

Ainsi l'eau qui provient de la combinaison de deux gaz est un liquide ; elle ne possède aucune des pro-

priétés de l'hydrogène et de l'oxygène, mais des propriétés absolument nouvelles.

Phénomènes calorifiques. — La combinaison de deux
corps est toujours accompagnée d'un dégagement ou
d'une absorption de chaleur ; il ne se produit rien de
semblable lorsqu'on fait un simple mélange.

II. — LOIS DES COMBINAISONS CHIMIQUES

Deux corps peuvent être mélangés en quantités
quelconques ; ils peuvent former une infinité de mélanges différents. Le nombre des combinaisons de deux
corps est au contraire restreint et les quantités de
ces deux corps qui entrent en combinaison suivent des
lois déterminées. Nous allons énoncer les plus importantes :

Lois des Poids.

7. — Loi ue Lavoisier. — *Le poids d'un corps
composé est égal à la somme des poids des éléments.*

Lavoisier disait : En fait de matière, *rien ne se perd,
rien ne se crée* ; dans les combinaisons chimiques la
matière se transforme, mais son poids total demeure
invariable.

8. — Loi de Proust ou Loi des rapports définis.
— *Un même corps composé résulte toujours de la
combinaison des mêmes éléments unis dans le même
rapport en poids.*

Ainsi, on peut mélanger de l'hydrogène et de l'oxygène en poids quelconques ; mais, si l'on détermine la

combinaison des deux gaz, l'eau formée contiendra toujours un poids d'oxygène égal à 8 fois celui de l'hydrogène.

9. — Loi de Dalton ou **Loi des rapports simples.** — *Lorsque deux corps forment entre eux plusieurs combinaisons différentes, les poids de l'un d'eux qui s'unissent à un même poids de l'autre, pour former les divers composés, sont des multiples simples d'un même nombre.*

Exemples : L'azote et l'oxygène forment entre eux les 5 combinaisons suivantes :

COMPOSÉS	COMPOSANTS	
	AZOTE	OXYGÈNE
Protoxyde d'azote...........	28	$16 = 16 \times 1$
Bioxyde d'azote	28	$32 = 16 \times 2$
Anhydride azoteux........	28	$48 = 16 \times 3$
Peroxyde d'azote	28	$64 = 16 \times 4$
Anhydride azotique	28	$80 = 16 \times 5$

Les poids d'oxygène qui s'unissent à 28 d'azote sont des multiples simples de 16.

10. — Loi des nombres proportionnels. — *Si un certain poids* a *d'un corps* A *se combine à des poids* b *et* c *de deux autres corps* B *et* C, *les poids des corps* B *et* C *susceptibles de se combiner entre eux seront des multiples simples des poids* b *et* c.

Exemple : 35,5 de chlore se combinent à 16 d'oxygène pour former l'anhydride hypochloreux.

35,5 de chlore se combinent avec 56 de fer pour former le chlorure ferreux.

La composition des composés oxygénés du fer est la suivante :

COMPOSÉS	FER	OXYGÈNE
Protoxyde de fer............	56	16
Oxyde magnétique de fer......	56 × 3	16 × 4
Sesquioxyde de fer..........	56 × 2	16 × 3

Lois des volumes.

Lois de Gay-Lussac. — Dans l'énohcé des lois de Gay-Lussac, on suppose que les corps sont pris à l'état de gaz ou de vapeur.

11. — *Les volumes de deux gaz qui se combinent sont dans un rapport simple.*

Exemples : 1 volume de chlore se combine à 1 volume égal d'hydrogène pour former de l'acide chlorhydrique.

1 volume d'oxygène se combine à un volume double d'hydrogène pour donner de l'eau.

1 volume d'azote se combine à un volume triple d'hydrogène pour donner de l'ammoniac.

12. — *Le volume d'un composé gazeux est dans des rapports simples avec les volumes des composants gazeux.*

Exemples : 1 volume de chlore donne, avec 1 volume d'hydrogène, 2 volumes d'acide chlorhydrique.

1 volume d'oxygène donne, avec 2 volumes d'hydrogène, 2 volumes de vapeur d'eau.

1 volume d'azote donne, avec 3 volumes d'hydrogène, 2 volumes de gaz ammoniac.

Sauf un très petit nombre d'exceptions, toutes les combinaisons que nous aurons à étudier ont une composition semblable à celle de l'un des trois corps que nous avons pris pour exemple.

Lorsque les volumes des éléments sont égaux, le volume du composé est égal à leur somme (pas de contraction).

Lorsque le volume d'un des éléments est double du volume de l'autre, la combinaison est accompagnée d'une contraction d'un tiers.

Lorsque le volume d'un des éléments est triple du volume de l'autre, il y a une contraction de moitié.

En général la contraction est d'autant plus grande que les volumes des composants sont plus différents.

13. — Résumé. — Nous résumerons enfin les lois si importantes de Gay-Lussac dans le tableau suivant :

	PREMIÈRE LOI	DEUXIÈME LOI	
		RAPPORTS	CONTRACTION
1 v. Chl. + 1 v. H. = 2 v. acide chlorhydrique..	$\dfrac{1}{1}$	$\dfrac{2}{1}$ $\dfrac{2}{1}$	$1 + 1 = 2$
1 v. O. + 2 v. H. = 2 v. vapeur d'eau.........	$\dfrac{2}{1}$	$\dfrac{2}{1}$ $\dfrac{2}{2}$	$1 + 2 = 2$
1 v. Az. + 3 v. H = 2 v. gaz ammoniac.......	$\dfrac{3}{1}$	$\dfrac{2}{1}$ $\dfrac{2}{3}$	$1 + 3 = 2$

III. — NOMENCLATURE CHIMIQUE

Le nombre des corps différents existant dans la nature ou pouvant être produits artificiellement, étant extrêmement considérable, il est indispensable de choisir une *nomenclature*, c'est-à-dire de déterminer certaines règles permettant de nommer tous ces corps en employant le plus petit nombre de mots possible.

L'idée première de la nomenclature chimique adoptée aujourd'hui est due à Guyton de Morveau. Les règles en ont été établies par une commission de l'Académie des Sciences formée par Guyton de Morveau, Lavoisier, Fourcroy et Berthollet, en 1787. Ces règles n'ont subi depuis que de légères modifications.

14. — CORPS SIMPLES. — Chaque corps simple est désigné par un nom particulier. Pour les corps simples anciennement connus, ces noms sont absolument arbitraires; on a conservé les noms anciens, universellement adoptés, tels que soufre, charbon, fer, cuivre, etc. Les noms des corps récemment découverts rappellent ordinairement une propriété caractéristique des corps qu'ils désignent. Exemple : chlore, oxygène, hydrogène, etc.

Les corps simples actuellement connus se distinguent en *métalloïdes* et en *métaux*. Les métaux sont ceux qui possèdent les propriétés caractéristiques des métaux usuels, telles que l'éclat, la conductibilité, la résistance à la rupture. Les métalloïdes sont les corps simples qui possèdent des propriétés différentes.

Cette distinction des métalloïdes et des métaux est arbitraire et tend à disparaître.

15. — *Acides, bases, sels.* — Certains corps composés se distinguent par une saveur *acide* très-forte et à la propriété qu'ils ont d'agir sur certains réactifs colorés, tels que la teinture de tournesol, à laquelle ils communiquent une coloration rouge. Ces composés se nomment *acides*.

D'autres composés possèdent des propriétés inverses; ils ont une saveur *caustique* et ramènent au bleu la teinture de tournesol rougie par les acides. Ce sont les *bases*.

Lorsqu'on met en présence les acides et les bases, on observe qu'ils se combinent entre eux avec dégagement de chaleur et donnent naissance à des composés possédant des propriétés analogues à celles du sel ordinaire et que pour cette raison on nomme des *sels*. Cette dernière observation permet de ranger parmi les acides et les bases des composés qui n'exercent aucune action sur la teinture de tournesol mais qui se combinent soit aux bases, soit aux acides, pour former des sels.

CORPS COMPOSÉS. — Nous nous occuperons successivement des composés oxygénés et des composés non oxygénés.

16. — Composés oxygénés binaires. — Les corps composés binaires oxygénés, c'est-à-dire ceux qui sont formés par la combinaison de l'oxygène avec un autre corps simple, se divisent en deux groupes : les *anhydrides* et les *oxydes*.

I. — On nomme **anhydrides** ceux de ces composés qui peuvent se combiner à l'eau pour former des acides.

Règle. — Pour nommer les anhydrides, on emploie d'abord le mot anhydride qu'on fait suivre du nom du corps combiné à l'oxygène et l'on ajoute la terminaison *ique*.

Exemples : Anhydride carbonique.
Anhydride silicique.

Si le même corps forme avec l'oxygène deux anhydrides, on emploie la terminaison *eux* pour celui qui est le moins oxygéné et la terminaison *ique* pour celui qui est le plus oxygéné.

Exemples : Anhydride azoteux.
Anhydride azotique.

Lorsqu'un corps forme plus de deux anhydrides on emploie, en même temps que les terminaisons eux et que, les préfixes *hypo* et *per*.

Le préfixe hypo désigne un anhydride moins oxygéné que celui qui a la même terminaison, et pas de préfixe.

Exemple : anhydride hypochloreux.

Le préfixe per désigne un anhydride plus oxygéné que celui qui a la même terminaison et pas de préfixe.

Exemples : Anhydride azotique.
— perazotique.

2. — On nomme **oxydes** les composés binaires oxygénés autres que les anhydrides.

Règle. — Pour nommer un oxyde on énonce d'abord le mot oxyde, puis la préposition de, puis le nom du corps combiné à l'oxygène.

Exemples : Oxyde de plomb.
— de zinc.

Si un même corps forme avec l'oxygène deux oxydes, on peut appliquer la règle précédemment indiquée pour deux anhydrides.

Exemples : Oxyde mercureux.
— mercurique.

S'il existe plus de deux oxydes du même corps, on désigne généralement sous le nom de *protoxyde* le moins oxygéné. D'après la loi de Dalton, les autres oxydes renferment le poids d'oxygène du premier multiplié par un facteur simple. C'est ce facteur qu'on indique au moyen des préfixes *sesqui* (3/2), *bi* (2), *tri* (3), etc.

Exemples : Protoxyde de fer.
Sesquioxyde de fer.
Bioxyde d'étain.

L'oxyde le plus oxygéné est désigné sous le nom de peroxyde.

Exemple : Peroxyde d'azote.

Composés oxygénés ternaires. — Parmi les com-

posés oxygénés formés de trois éléments, nous distin-
guerons : les acides, les bases et les sels.

17. — Acides oxygénés. — Les acides oxygénés
proviennent de l'union des anhydrides et de l'eau; ce
sont donc des composés ternaires renfermant de l'oxygène, de l'hydrogène et un troisième corps simple.

Règle : On nomme les acides en remplaçant dans le
nom de l'anhydride correspondant le mot anhydride par
le mot acide.

Exemples :   Acide sulfureux.
                Acide sulfurique.
                Acide hypochloreux.
                Acide perchlorique.

18. — Bases oxygénées. — Elles proviennent de
la combinaison d'un oxyde avec l'eau.

On les nomme comme les oxydes, en remplaçant le
mot oxyde par *hydrate*.

Exemples : Hydrate de potassium.
             Hydrate de calcium.

19. — Sels oxygénés. — Les sels oxygénés peuvent
être considérés comme provenant soit de la substitution
d'un métal à l'hydrogène de l'acide, soit de la combinaison de l'acide avec un oxyde avec production d'eau.

Exemple : Sulfate de zinc.

Acide sulfurique + zinc = sulfate de zinc + hydrogène.
Acide sulfurique + oxyde de zinc = sulfate de zinc + eau.

Règle : On désigne ces sels en nommant d'abord
l'acide (le mot acide étant supprimé) et en remplaçant
la terminaison *ique* par *ate* et la terminaison *eux* par *ite*.
On énonce ensuite le métal substitué à l'hydrogène.

Exemple : Sulfate de zinc, provenant de la substitution du zinc à l'hydrogène de l'acide sulfurique.

Lorsqu'un acide peut donner des sels avec deux
oxydes du même métal, on nomme au lieu du métal
les oxydes qui donnent les sels.

Exemples : Sulfate de protoxyde de fer.
— sesquioxyde de fer.

On peut également se servir des terminaisons *eux* et *ique* pour désigner l'oxyde le moins oxygéné et le plus oxygéné.

Exemples : Sulfate ferreux.
— ferrique.

20. — Composés binaires non oxygénés. — Trois cas peuvent se présenter :

1° — *Combinaison de deux métaux ;*

Dans ce premier cas, les combinaisons se nomment *alliages*.

Il n'y a pas de règles spéciales pour leur nomenclature.

Lorsque l'un des métaux est le mercure, l'alliage se nomme *amalgame*.

2° — *Combinaison d'un métal et d'un métalloïde ;*

Dans ce deuxième cas, on nomme d'abord le métalloïde, on ajoute la terminaison *ure* puis la préposition *de* et le nom du métal.

Exemples : Chlorure de zinc.
Sulfure de plomb.
Phosphure de calcium.

S'il existe plusieurs composés formés par un même métal et un même métalloïde, on les distingue en employant les mêmes préfixes que pour les oxydes.

Exemples : Protochlorure d'étain.
Bichlorure d'étain.
Protosulfure de fer.
Sesquichlorure de fer.

On peut également employer les terminaisons *eux* et *ique* s'appliquant : la première au composé qui contient la plus petite quantité du métalloïde, l'autre à celui qui en contient le plus.

Exemples : Chlorure stanneux.

Sulfure stannique.

3° — *Combinaison de deux métalloïdes ;*

Pour nommer les composés provenant de l'union de deux métalloïdes, les règles sont les mêmes. On nomme le premier, celui des deux métalloïdes qui est *électronégatif,* c'est-à-dire qui apparaît à l'électrode positive, lorsque le composé est soumis à l'action d'un courant électrique.

Exemples : Chlorure de soufre.

Sulfure d'arsenic.

21. — Exceptions. — Il existe aux règles précédentes un certain nombre d'exceptions qui sont consacrées par l'usage.

Hydracides. — Les acides non oxygénés se nomment *hydracides.* Ils proviennent de la combinaison d'un métalloïde avec l'hydrogène.

On les nomme en énonçant d'abord le mot acide, puis on ajoute le nom du métalloïde avec la terminaison *hydrique.*

Exemples : Acide chlorhydrique.

— sulfhydrique.

— iodhydrique.

Composés gazeux hydrogénés. — Lorsqu'un corps simple, en se combinant à l'hydrogène, forme un composé gazeux, on nomme souvent ce composé en faisant suivre le mot hydrogène du nom de ce corps avec la terminaison *é.*

Exemples : Hydrogène sulfuré.

— silicié.

— phosphoré.

Un certain nombre d'oxydes métalliques et d'hydrates sont désignés par leur nom vulgaire.

On dit : Potasse, au lieu de : hydrate de potassium.

On dit : Soude, au lieu de hydrate de sodium.

      Chaux,   —   oxyde de calcium.

      Baryte,   —   — de baryum.

      Magnésie,   —   — de magnésium.

      Alumine,   —   — d'aluminium.

Les mêmes mots sont employés pour désigner les sels formés par ces oxydes. On dit :

Carbonate de potasse, sulfate de soude, etc.

De même l'anhydride silicique se nomme ordinairement *silice*.

CHAPITRE DEUXIÈME

Système atomique. — Théorie atomique. Notation chimique.

I — SYSTÈME ATOMIQUE

22. — Nombres proportionnels. — D'après la loi de Dalton, si un corps A forme avec un corps B différentes combinaisons, les poids du corps B qui se combinent à un même poids a du corps A sont des multiples simples d'un même nombre b. En réduisant tous les facteurs qui multiplient ce nombre b au même dénominateur et en multipliant le poids a par le dénominateur commun, on verra que toutes les combinaisons des deux corps A et B s'effectuent entre des poids $m a$ et $m'b$, m et m' étant deux nombres entiers.

De même si le corps A forme des combinaisons avec un 3e corps C, toutes ces combinaisons s'effectueront entre des poids $n a$ et $n' c$, c étant un poids du corps C obtenu, comme précédemment le poids b, par l'analyse chimique, et n et n' étant des nombres entiers.

D'après la loi des nombres proportionnels, toutes les combinaisons des corps B et C contiendront des poids *pb* et *p'c* de ces deux corps, *p* et *p'* étant des nombres entiers.

Il est donc possible de trouver pour tous les corps simples des poids *a*, *b*, *c*, etc., tels que tous les corps composés soient formés par la réunion de multiples exacts de ces poids.

Les nombres ainsi obtenus sont les *nombres propor-tionnels* des corps considérés.

Les nombres proportionnels, tels que nous venons de les définir, ne sont pas complètement déterminés.

1° Leurs rapports seuls sont déterminés. On ne changera évidemment rien au résultat final en les multi-pliant ou en les divisant tous par un même nombre.

2° On peut aussi multiplier ou diviser quelques-uns seulement d'entre eux par un facteur simple.

Les nombres proportionnels ne sont donc déterminés qu'à un facteur simple près.

C'est par des conventions convenables qu'on pourra faire disparaître cette indétermination.

Remarquons que, si deux corps simples quelconques A et B forment une combinaison, cette combinaison aura un poids qui pourra être représenté par $na + n'b$, *a* et *b* étant les nombres proportionnels des deux corps. Les poids *a*, *b*, $n\,a + n'b$, des corps pris à l'état de vapeur, occuperont des volumes qui seront entre eux dans des rapports simples, d'après la loi de Gay-Lussac.

En général, nous pouvons dire que les nombres pro-portionnels des corps simples et les poids des composés obtenus au moyen de poids de ces corps simples, qui sont des multiples de leurs nombres proportionnels, représentent, à l'état de vapeur, des volumes qui sont tous des multiples simples d'un même volume.

Les conventions que nous adopterons pour définir complètement les nombres proportionnels sont celles qui permettent de mettre ce dernier résultat sous la forme la plus simple.

23. — Poids moléculaires. — *On appelle* poids moléculaire *d'un corps le poids de ce corps qui, pris à l'état gazeux, occupe le même volume qu'un poids d'hydrogène égal à 2.*

RÈGLE. — Pour déterminer le poids moléculaire d'un corps il suffit de connaître sa densité de vapeur (1).

Le poids moléculaire d'un corps est égal à 2 fois sa densité de vapeur par rapport à l'hydrogène.

Soit en effet

d la densité du gaz par rapport à l'air;

m son poids moléculaire;

v le volume occupé par le poids 2 d'hydrogène;

δ la densité de l'hydrogène.

---

(1) *Réciproquement.* — Lorsque l'on connaît le poids moléculaire m d'un corps, on peut calculer sa densité de vapeur.

En effet, on voit que *la densité D d'un gaz par rapport à l'hydrogène est égale à la moitié de son poids moléculaire*

$$D = \frac{d}{\delta} = \frac{m}{2}$$

On en déduit

$$d = \frac{m}{2} \quad \delta = D\,\delta \qquad\qquad \text{donc}$$

quand on connaît le poids moléculaire m d'un gaz :

1° On obtient sa densité D par rapport à l'hydrogène en divisant par 2 ce poids moléculaire : $D = \dfrac{m}{2}$

2° On obtient la densité d du gaz (par rapport à l'air) en multipliant sa densité D relative à l'hydrogène par la densité connue $\delta = 0{,}0069 = \dfrac{1}{14{,}5}$ de l'hydrogène par rapport à l'air.

C'est ainsi qu'il est inutile de charger la mémoire des densités des gaz, puisqu'il est si aisé de les calculer en partant de leurs poids moléculaires qui découlent immédiatement des formules de ces corps, que l'on doit toujours savoir.

La densité $\frac{d}{\delta}$ du gaz par rapport à l'hydrogène est, par définition, égale au rapport des poids m et 2 du gaz et d'hydrogène qui occupent le même volume v.

$$\frac{d}{\delta} = \frac{m}{2} \qquad\qquad \text{d'où}$$

$$m = 2\,\frac{d}{\delta}$$

Il suffira donc, pour calculer le poids moléculaire d'un corps, de multiplier par 2 sa densité de vapeur par rapport à l'hydrogène.

Exemple. — Le poids moléculaire de l'eau dont la vapeur a pour densité $d = 0{,}622$ sera

$$2\,\frac{d}{\delta} = 2 \times 9 = 18$$

24. — Poids atomiques. — Le poids moléculaire d'un corps composé doit contenir des multiples exacts des nombres proportionnels des corps simples qui le constituent. C'est cette condition qui nous servira à définir les nombres proportionnels. Ces nombres ainsi définis se nomment poids atomiques.

On appelle **poids atomique** *d'un corps simple, le plus grand commun diviseur des différents poids de ce corps qui entrent dans la constitution des poids moléculaires de ses composés.*

Généralement le poids atomique est le *plus petit* des poids de ce corps qui entrent dans les poids moléculaires de ses composés.

Cherchons par exemple les poids atomiques de l'hydrogène et du carbone.

POIDS ATOMIQUE DE L'HYDROGÈNE

COMPOSÉS HYDROGÉNÉS	POIDS moléculaire	POIDS d'hydrogène contenu
Eau	18	2
Acide chlorhydrique	36.5	1
Acide sulfhydrique.	34	2
Ammoniac.	17	3
Formène.	16	4

Le plus grand commun diviseur des nombres 1, 2, 3, 4 est 1. Le poids atomique de l'hydrogène est donc 1.

POIDS ATOMIQUE DU CARBONE

COMPOSÉS CARBONÉS	POIDS moléculaire	POIDS de carbone contenu
Oxyde de carbone.	28	12
Gaz carbonique	44	12
Formène.	16	12
Éthylène.	28	24
Benzine	78	72

Le plus grand commun diviseur des nombres 12, 24, 72 est 12. Le poids atomique du carbone est donc 12.

25. — Il existe beaucoup de corps simples, les métaux par exemple qui ne forment qu'un très petit nombre de composés volatils. On ne peut donc connaître les poids moléculaires de presque tous leurs composés. La détermination du poids atomique d'après la règle précédente n'est plus possible.

On remarque alors que pour tous les poids atomiques précédemment déterminés, on obtient un nombre sensiblement constant en multipliant chacun d'eux par la chaleur spécifique du corps.

Ce résultat constitue la loi suivante, énoncée par Dulong et Petit :

Le produit du poids atomique d'un corps simple par sa chaleur spécifique est un nombre sensiblement constant, égal à 6,4.

En s'appuyant sur cette loi, on déterminera le poids atomique des métaux, en divisant le nombre 6,4 par leur chaleur spécifique.

26. — Remarque. — Les indications que nous venons de donner permettent de définir les poids atomiques ; mais elles ne pourraient conduire à leur détermination exacte. La loi de Dulong et Petit, en particulier, ne se vérifie qu'approximativement.

L'analyse chimique des corps composés donne avec exactitude des multiples simples des poids atomiques des corps simples. Les règles précédentes permettent de choisir entre ces différents multiples.

Exemples :

I. — *Poids atomique de l'oxygène.* — L'analyse chimique montre que 9 grammes d'eau sont formés par les combinaisons de 1 gr. d'hydrogène et 8 gr. d'oxygène. Le poids atomique de l'hydrogène est 1 *par convention.* Le poids atomique de l'oxygène sera donc 8 ou un multiple simple de 8.

Si l'on cherche les poids moléculaires des composés oxygénés volatils, on trouve que les poids d'oxygène qui y sont contenus ont pour plus grand commun diviseur un nombre voisin de 16. Le poids atomique de l'oxygène est donc 16.

II. — *Poids atomique du potassium.* — L'analyse du

chlorure de potassium montre que 39 gr. de potassium se combinent avec 35,5 de chlore, ce dernier poids étant le poids atomique du chlore. Le poids atomique du potassium est donc un multiple simple de 39. Nous choisissons 39 parce que le produit de ce nombre par la chaleur spécifique du potassiun est voisin de 6, 4.

On trouvera au paragraphe **32**, les poids atomiques de tous les corps simples.

27. — Poids moléculaires des corps simples. — On détermine les poids moléculaires des corps simples d'après la même règle que pour les corps composés.

On ne peut évidemment connaître que les poids moléculaires des corps simples volatils.

Le poids moléculaire d'un corps simple est nécessairement un multiple simple de son poids atomique.

On trouve que c'est ordinairement le double, sauf pour quelques corps dont le poids moléculaire égale le poids atomique (Zinc, Mercure) et d'autres pour lesquels il est quatre fois plus grand (Phosphore, Arsenic).

II. — THÉORIE ATOMIQUE.

28. — Les définitions et les méthodes que nous venons d'exposer, montrent qu'on peut considérer les poids atomiques comme formant un système particulier de nombres proportionnels, défini d'une manière purement conventionnelle et en dehors de toute hypothèse.

Certaines hypothèses simples permettent de retrouver tous ces résultats et de les grouper. Ces hypothèses, dont l'idée première remonte à l'antiquité, ont été formulées par Dalton, Avogadro et Ampère. Leur ensemble constitue la *théorie atomique*.

29. — Molécules. — L'étude des propriétés physiques des corps conduit à les considérer comme formés de particules très-petites séparées les unes des autres, qu'on nomme *molécules*.

Les gaz, quoiqu'ayant des densités très différentes, se compriment suivant la même loi et se dilatent de la même manière sous l'action de la chaleur. Avagadro et Ampère ont expliqué ces faits en imaginant que tous les gaz contiennent, sous un même volume, dans les mêmes conditions de température et de pression, le *même nombre* de molécules.

Les poids de ces molécules sont donc proportionnels aux densités de vapeur des différents corps.

Si donc on convient de prendre pour unité la moitié du poids de la molécule d'hydrogène on retrouvera les poids moléculaires tels que nous les avons précédemment définis.

Le poids d'une molécule d'hydrogène étant 2, le poids moléculaire d'un gaz de densité d sera

$$m = 2\ \frac{d}{\delta} = 2\ \frac{d}{0,069}$$

30. — Atomes. — L'analyse chimique permet de décomposer les molécules des corps composés en éléments provenant des corps simples qui se sont unis dans la combinaison.

Ces éléments se nomment *atomes*. Ils sont *insécables*, ce sont les dernières particules des corps simples. Cette hypothèse des atomes a été énoncée par Dalton pour expliquer la loi des rapports simples.

Il devient en effet évident que, si a et b sont les poids des atomes de deux corps simples, leurs différents composés ne pourront résulter que de la combinaison de poids $m\ a$ et $n\ b$ de ces deux corps, *m* et *n* étant des nombres entiers, puisque les atomes sont insécables.

Si l'on appelle *poids atomiques* les poids des atomes des corps simples, on est conduit à les déterminer de telle sorte que les molécules des corps composés contiennent toujours des nombres entiers d'atomes de chaque corps simple, c'est-à-dire en prenant le plus grand commun diviseur des nombres qui représentent les différents poids de chaque corps simple entrant dans la constitution des molécules de tous ses composés.

Les corps composés ont seulement un poids moléculaire. Leurs molécules sont formées d'atomes dissemblables.

Les corps simples ont à la fois un poids moléculaire et un poids atomique. Leurs molécules sont formées d'atomes tous semblables entre eux.

La molécule d'un corps simple est la plus petite partie de ce corps qui puisse exister à l'état de liberté.

L'atome est la plus petite partie de ce corps qui puisse entrer en combinaison.

31. — Atomicité des molécules. — Lorsqu'on connaît à la fois le poids moléculaire d'un corps simple et son poids atomique, on connaît le nombre des atomes dont la réunion constitue la molécule. On détermine ainsi l'*atomicité* de la molécule.

Le poids moléculaire de l'hydrogène est 2, son poids atomique est 1; on dit que la molécule de l'hydrogène est *diatomique*, c'est-à-dire qu'elle renferme deux atomes.

Le poids moléculaire du phosphore est 124, son poids atomique 31, on dit que la molécule du phosphore est *tétratomique*, ($P = 31 \ldots\ldots P^4 = 124$).

Les métalloïdes sont tous diatomiques, sauf le phosphore et l'arsenic, qui sont tétratomiques. Les poids moléculaires du carbone, du bore et du silicium sont inconnus, puisque ces éléments ne sont pas volatils; on ne connaît donc pas leur atomicité.

Parmi les métaux volatils, le mercure, le zinc et le cadmium sont *monoatomiques*, leur molécule ne renferme qu'un atome.

III. — NOTATION CHIMIQUE

On emploie en chimie une écriture symbolique permettant de représenter la composition exacte des corps.

32. — Corps simples. — Chaque corps simple est représenté par un *symbole* particulier qui indique un poids de ce corps égal à son poids atomique. Le tableau suivant donne ces symboles et les poids atomiques correspondants pour les corps simples.

MÉTALLOÏDES

NOMS	SYMBOLES	POIDS ATOMIQUES	NOMS	SYMBOLES	POIDS ATOMIQUES
Arsenic...	As	75	Iode......	I	127
Azote.....	Az	14	Oxygène...	O	16
Bore......	Bo	11	Phosphore.	P	31
Brome....	Br	80	Sélénium..	Se	79
Carbone...	C	12	Silicium...	Si	28
Chlore....	Cl	35.5	Soufre	S	32
Fluor.....	Fl	19	Tellure....	Te	128

MÉTAUX

NOMS	SYMBOLES	POIDS ATOMIQUES	NOMS	SYMBOLES	POIDS ATOMIQUES
Aluminium ...	Al	27	Nickel. ...	Ni	59
Antimoine.	Sb	120	Niobium...	Nb	94
Argent....	Ag	108	Or.........	Au	196
Baryum...	Ba	137	Osmium...	Os	195
Bismuth...	Bi	207	Palladium.	Pd	106
Cadmium..	Cd	112	Platine....	Pt	194
Cérium....	Ce	141	Plomb	Pb	207
Césium....	Cs	133	Potassium.	K	39
Chrome ...	Cr	52	Rhodium..	Rh	104
Cobalt.....	Co	59	Rubidium .	Rb	85
Cuivre .. .	Cu	63	Ruthénium	Ru	104
Didyme ...	Di	144	Samarium.	Sa	150
Erbium ...	Er	166	Scandium .	Sc	44
Etain......	St	118	Sodium ...	Na	23
Fer	Fe	56	Strontium.	Sr	87
Gallium ...	Ga	70	Tantale ...	Ta	182
Germanium ...	Ge	72	Thallium..	Tl	204
Glucinium.	Gl	9	Thorium ..	Th	232
Indium....	In	113	Titane.....	Ti	50
Iridium ...	Ir	192	Tungstène.	Tu	184
Lanthane..	La	138	Uranium..	U	240
Lithium...	Li	7	Vanadium.	Va	51
Magnésium	Mg	24	Ytterbium.	Yb	173
Manganèse	Mn	55	Yttrium...	Yt	90
Mercure...	Hg	200	Zinc	Zn	65
Molybdène	Mo	96	Zirconium.	Zr	90

33. — **Corps composés.** — A chaque corps composé correspond une *formule* qui représente son poids moléculaire. Pour obtenir cette formule, on écrit les uns à la suite des autres les symboles des corps simples qui forment le corps composé et on affecte chacun des symboles d'un exposant qui indique le nombre des atomes du corps simple contenus dans la molécule du corps composé.

Exemple : La formule de l'eau est H^2O, ce qui indique qu'une molécule d'eau est formée par deux atomes d'hydrogène et un atome d'oxygène. De plus $O = 16$; $H = 1$; $H^2O = 18$, poids moléculaire de l'eau.

34. — Acides. — Dans la formule des acides, on met en évidence les atomes d'hydrogène susceptibles d'être remplacés par un métal.

L'acide sulfurique s'écrit H^2SO^4.

L'acide azotique $H\,AzO^3$.

35. — Sels. — La formule des sels se déduit de celle des acides, en remplaçant l'hydrogène par le métal. Certains atomes métalliques se substituent à un atome d'hydrogène, d'autres à deux. Les premiers sont *monovalents*, les autres *divalents*.

Parmi les métaux usuels, le potassium, le sodium et l'argent sont monovalents. Presque tous les autres métaux sont divalents.

Le sulfate de potassium aura pour formule. $K^2\,SO^4$

Le sulfate de zinc. $Zn\,SO^4$

L'azotate de potassium. $K\,AzO$

Et l'azotate de zinc. $Zn\,(\,AzO^3\,)^2$.

Il faut en effet, avant d'opérer la substitution, doubler la formule de l'acide azotique, afin d'y introduire 2 atomes d'hydrogène $H^2\,(AzO^3)^2$ qu'on remplace ensuite par un atome de zinc.

36. — Remarque. — La formule d'un corps composé représente sa composition exacte en poids. De plus, s'il s'agit d'un composé volatil, formé d'éléments volatils, la formule représentera aussi la composition en volumes, si l'on connaît l'atomicité des éléments.

Pour un élément diatomique, le poids atomique réprésente un volume égal à la moitié de celui représenté par les poids moléculaires. Pour un élément tétratomique, le volume réprésenté par le poids atomique est le quart du volume moléculaire. Pour un élément monoatomique les deux volumes sont égaux.

Exemples : La formule H^2O indique que, en poids, 18 d'eau contiennent 16 d'oxygène et 2 d'hydrogène. En volumes, comme l'oxygène et l'hydrogène sont tous deux diatomiques : 2 volumes de vapeur d'eau sont formés par 2 volumes d'hydrogène et 1 volume d'oxygène.

La formule $P H^3$ indique que, en poids, 34 d'hydrogène phosphoré contiennent 31 de phosphore et 3 d'hydrogène. Comme l'hydrogène est diatomique et le phosphore tétratomique, on a par la composition en volumes :

2 volumes d'hydrogène phosphoré formés par 3 volumes d'hydrogène et 1/2 volume de vapeur de phosphore.

37. — Equations de réaction. — On utilise l'écriture symbolique pour représenter les diverses réactions chimiques au moyen d'égalités qu'on nomme *équations de réaction.* On exprime au moyen de ces équations que le poids total de matière employée est le même avant et après la réaction. Comme ces réactions se produisent évidemment entre des nombres entiers de molécules des différents corps, on peut exprimer les poids au moyen des formules qui représentent les poids moléculaires. L'équation indique dans son premier membre l'état des corps avant la réaction et dans son second membre, l'état des corps après la réaction.

Exemples. — Si l'on met du zinc au contact de l'acide sulfurique, il se forme du sulfate de zinc et l'on obtient un dégagement d'hydrogène. On représentera cette réaction par l'équation : .

$$H^2 SO^4 + Zn = Zn SO^4 + H^2$$

Si l'on fait passer un courant de vapeur d'eau sur du fer chauffé au rouge, il se forme de l'oxyde magnétique de fer et de l'hydrogène. Nous écrirons :

$$3 Fe + 4 H^2 O = Fe^3 O^4 + 4 H^2$$

CHAPITRE TROISIÈME

THERMOCHIMIE — DISSOCIATION — ÉQUILIBRES CHIMIQUES

I. — THERMOCHIMIE

Toute combinaison chimique est accompagnée d'un phénomène calorifique. Ce phénomène peut être un dégagement ou une absorption de chaleur.

38. — Combinaisons exothermiques. — Les corps composés qui se forment avec dégagement de chaleur sont les plus nombreux. La combinaison est dite *exothermique*. Lorsqu'un corps brûle au contact de l'air, l'expérience montre qu'il se combine à l'oxygène contenu dans l'atmosphère et le dégagement de chaleur produit dans cette combinaison est tellement manifeste qu'il apparaît comme inséparable de l'idée de combustion.

39. — Combinaisons endothermiques. — Les corps composés formés avec absorption de chaleur sont nommés corps explosifs. Leur combinaison est dite *endothermique*.

40. — Thermochimie. — L'étude des phénomènes calorifiques qui accompagnent les réactions chimiques

constitue une branche spéciale de la chimie qu'on
nomme *Thermochimie*.

Nous allons indiquer succinctement quelle est la
méthode employée et quels sont les principaux résultats obtenus.

Il faut commencer d'abord par mesurer exactement
le phénomène calorifique correspondant à chaque réaction. Pour cela, on produit la réaction à l'intérieur du
calorimètre, entre des poids bien déterminés des matières
agissantes, et on mesure la quantité de chaleur produite en calories (1).

On appelle *chaleur de formation* d'un corps composé
la quantité de chaleur qui est dégagée ou absorbée dans
la formation d'un poids de ce corps égal au poids moléculaire, à partir des éléments.

Remarque. — Pour que le nombre ainsi déterminé
soit bien défini, il importe d'indiquer exactement à quel
état sont pris les éléments et à quel état est obtenu le
composé.

Ainsi, par exemple, nous dirons que la chaleur de
formation de l'eau est 69,2 C. en supposant l'eau obtenue
à l'état liquide et à la température de 0°. Si l'on obtenait l'eau à l'état de vapeur à 100°, la chaleur dégagée
ne serait plus que 58,2 C. la différence représenterait les
onze calories nécessaires pour transformer les 18 grammes d'eau obtenus en vapeur à 100°.

41. — Équations thermiques. — L'équation

$$H^2 + O = H^2O \text{ (liquide)} \qquad + 69,2 \text{ Cal.}$$

exprime que si l'on combine 2 grammes d'hydrogène
gazeux avec 16 grammes d'oxygène également gazeux
et si l'on condense les 18 grammes d'eau provenant de
la combinaison à l'état liquide et à 0°, on obtiendra une

---

(1) On appelle calorie la quantité de chaleur nécessaire
pour élever de 1° la température d'un kilogramme d'eau.

quantité de chaleur dégagée égale à 69,2 C. C'est là ce qu'on nomme une équation thermique.

Toutes les mesures calorimétriques faites sur la formation des corps composés montrent que, pour chacun d'eux, la chaleur de formation est un nombre fixe caractérisant le corps au même degré que les rapports des poids des éléments qui le constituent.

L'étude de la thermochimie a amené M. Berthelot à formuler trois lois.

42. — Première loi. — *La quantité de chaleur dégagée ou absorbée dans une réaction chimique mesure la somme des travaux physiques et chimiques accomplis pendant cette réaction.*

Un grand nombre d'expériences ont démontré que la chaleur est équivalente à un travail mécanique. La quantité de chaleur dégagée ou absorbée dans une réaction chimique est donc équivalente à un travail déterminé. Une partie de ce travail est ordinairement un travail physique qui peut être évalué séparément. On admet que le surplus représente le travail chimique, c'est-à-dire le travail accompli sur les éléments pour former le corps composé.

Exemple. — Si nous mélangeons 2 grammes d'hydrogène et 16 grammes d'oxygène, les particules des deux corps ne sont pas modifiées, on n'a produit ni dépensé aucun travail et l'on n'observe aucun phénomène chimique.

Si l'on détermine la combinaison et si l'on refroidit l'eau jusqu'à 0°, il se dégage 69,2. C. Nous avons accompli d'abord un travail physique; le mélange s'est contracté du 1/3 de sa valeur, puis l'eau en vapeur s'est condensée à l'état liquide et refroidie. Ce travail physique représente une partie des 69,2 C. Quant au reste, c'est l'équivalent du travail chimique, c'est-à-dire du travail produit par la transformation des molécules d'hydrogène et d'oxygène en molécule d'eau.

43. — **Deuxième loi.** — *Si pour un système quelconque de corps, on passe d'un état initial à un état final
de plusieurs manières différentes, sans produire aucun
travail extérieur, la quantité totale de chaleur dégagée
ou absorbée est toujours la même, quelles que soient les
transformations intermédiaires.*

Cette loi peut être considérée comme à peu près
évidente, car ce n'est autre chose qu'une conséquence
de l'impossibilité de créer de la chaleur sans dépense
équivalente, c'est-à-dire de l'impossibilité du mouvement
perpétuel. D'autre part, M. Berthelot en a fait de nombreuses vérifications expérimentales.

Cette loi une fois admise permet de déduire des
résultats nouveaux de ceux qu'on connaît déjà, sans
faire d'expériences nouvelles.

Exemple. — Soit à déterminer la chaleur de formation du protoxyde d'azote. Nous prenons comme
état initial

$$C + 2Az^2 + O^2, \quad \text{comme état final} \quad CO +^2 2Az^2.$$

Effectuons la transformation en combinant d'abord le
charbon et l'oxygène et en ajoutant l'azote. Il n'y a de
chaleur dégagée que la chaleur de formation du gaz
carbonique. Soit q cette chaleur de formation.

$$C + O^2 = CO^2 \qquad\qquad + q.$$

Effectuons la transformation d'une deuxième manière:
Commençons par combiner

$$2Az^2 + O^2 = 2Az^2O.$$

Nous obtiendrons deux fois la chaleur de formation
du protoxyde d'azote x.

Ensuite faisons brûler le charbon dans le protoxyde
d'azote, il se dégagera une quantité de chaleur q'

$$C + 2AzO^2 = CO^2 + 2Az^2 \qquad\qquad + q'.$$

La somme des quantités de chaleur est la même
dans les deux cas : donc

$$q = q' + 2x \qquad \text{d'où}$$
$$x = \frac{q - q'}{2}$$

L'expression montre que $q' > q$, donc x est négatif. C'est-à-dire que le protoxyde d'azote est un corps explosif qui se forme avec absorption de chaleur.

44. — On peut déduire de la seconde loi cette conséquence : *Le phénomène calorifique qui accompagne la décomposition d'un corps composé est égal et de signe contraire à celui qui s'est produit au moment de sa formation.*

En effet si l'on produit successivement la combinaison et la décomposition, le système final est identique au système initial et la quantité totale de chaleur dégagée doit être nulle.

Les combinaisons exothermiques se détruisent donc avec absorption de chaleur, tandis que les corps explosifs se décomposent avec dégagement de chaleur.

45. — **Troisième loi.** — *Toute réaction chimique susceptible de se produire dans un système de corps sans l'intervention d'une énergie étrangère, tend généralement à produire le système qui correspond au dégagement de chaleur maximum.*

Il résulte de là que toute réaction qui serait accompagnée d'une absorption de chaleur ne peut se produire d'elle-même puisqu'elle est empêchée par la réaction inverse qui dégage de la chaleur.

Les corps explosifs ne peuvent se former directement, ils se décomposent au contraire directement; c'est là la cause de leurs propriétés particulières.

Les équations thermiques

$$K + Cl = KCl \text{ dissous} \qquad + 100,8 \text{ C.}$$
$$K + Br = KBr \quad - \qquad\qquad + 95 \text{ C.}$$
$$K + I = KI \quad - \qquad\qquad + 80,1 \text{ C.}$$

montrent que l'on pourra produire directement les réactions

$$KI + Cl = KCl + I$$
$$KBr + Cl = KCl + Br$$
$$KI + Br = KBr + I$$

tandis que les réactions inverses sont impossibles puisqu'elles s'effectueraient avec absorption de chaleur.

46. — **Travail préliminaire.** — La troisième loi montre dans beaucoup de cas quelles sont les réactions possibles directement, mais il ne faudrait pas en conclure que ces réactions se produiraient nécessairement. Il faut de plus que les corps qu'on veut faire réagir soient placés dans des conditions convenables. Pour les amener dans ces conditions il faut dépenser un certain *travail préliminaire*.

La combinaison de l'hydrogène et de l'oxygène est possible directement, puisqu'elle dégage de la chaleur ; mais il ne suffit pas de mettre l'oxygène et l'hydrogène en présence pour déterminer la combinaison directe. Il faut enflammer le mélange, ou le chauffer, ou y faire passer une étincelle électrique, etc. ; alors seulement la combinaison a lieu.

En étudiant les propriétés des différents corps, nous aurons occasion de donner de nombreux exemples des différents procédés employés en chimie pour déterminer les réactions. Les principaux sont l'emploi de la chaleur, de l'électricité, de la lumière, de dissolvants convenables, de corps poreux, etc.

II. — DISSOCIATION

47. — Les corps composés soumis à l'action de la chaleur finissent tous par se décomposer à une température plus ou moins élevée. L'expérience montre que la plupart d'entre eux commencent à se décomposer à une température pour laquelle la combinaison directe des éléments peut également se produire.

Exemple. — Si l'on jette dans l'eau du platine fondu, on peut recueillir une certaine quantité d'hydrogène et d'oxygène provenant de la décomposition de l'eau. Mais, si l'on remarque que le platine employé peut être fondu en employant comme source de chaleur la combinaison de l'hydrogène et de l'oxygène, on arrive à cette conclusion que l'eau peut être formée par combinaison directe de ses éléments à la température de fusion du platine et qu'à cette même température elle peut être décomposée en oxygène et hydrogène. Dans ces conditions il ne peut évidemment se produire qu'une décomposition partielle, le phénomène de la décomposition étant limité par le phénomène de la recombinaison des éléments. Ce mode de décomposition partielle a reçu le nom de *Dissociation* (1).

On distingue la dissociation des systèmes hétérogènes et celle des systèmes homogènes.

48. — **Dissociation des systèmes hétérogènes.** — C'est le cas d'un corps solide qui se décompose en donnant des produits solides à la température de la décomposition et des produits gazeux. Dans ce cas la dissociation suit des lois très simples qu'on peut mettre en évidence au moyen d'une expérience faite par Debray sur le carbonate de chaux.

Dans un tube de porcelaine on introduit une nacelle contenant du spath d'Islande C (Carbonate de calcium naturel). Le tube communique avec un manomètre et avec une machine pneumatique.

Ce tube est placé dans un appareil en fer dans

_____

(1) Phénomène découvert en 1863, par H. Sainte-Claire Deville.

lequel on peut entretenir certains corps L à leur température d'ébullition et obtenir ainsi des températures constantes bien déterminées.

On commence par faire le vide complet, puis on porte le tube à la température de 860° obtenue par l'ébullition du cadmium. On voit alors le mercure du manomètre se déplacer et indiquer au bout de quelque temps une pression fixe de 85ᵐᵐ. Si l'on enlève le gaz avec la machine pneumatique, une nouvelle décomposition a lieu et l'équilibre s'établit encore à la pression de 85ᵐᵐ.

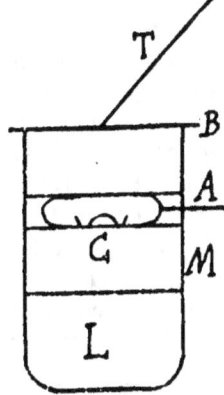

Fig. 3. — Dissociation du carbonate de calcium.

On peut répéter la même expérience en remplaçant dans l'appareil à ébullition le cadmium par du zinc. La température est alors de 1040°. Les résultats sont les mêmes sauf que la pression indiquée par le manomètre lorsque la décomposition est terminée est égale à 520ᵐᵐ.

On est conduit aux lois suivantes :

1° *Pour une température donnée, la décomposition s'arrête lorsque le produit gazeux provenant de cette décomposition exerce dans l'enceinte une pression donnée.*

On nomme cette pression la **tension de dissociation.**

2° *La tension de dissociation croît avec la température.*

49. — Dissociation des systèmes homogènes. — Il s'agit cette fois par exemple d'un composé gazeux à la température de la décomposition, donnant des produits également gazeux.

On trouve encore dans ce cas que la décomposition s'arrête lorsque le mélange gazeux obten... présente une composition définie ; mais les résultats sont plus complexes que dans le cas précédent, la composition du mélange obtenu variant ordinairement avec la pression à laquelle on opère.

Il est même souvent très difficile de montrer le fait même de la dissociation, car ces éléments se recombinent en se refroidissant.

Ste-Claire Deville a imaginé un appareil qui permet de mettre en évidence la dissociation de certains gaz composés qui ne se dissocient que faiblement à une température élevée. Tels sont l'anhydride sulfureux, l'acide chlorhydrique, l'oxyde de carbone, etc.

Fig. 4. — Tube chaud et froid. — T, T' est un tube de laiton parcouru par un rapide courant d'eau froide.

Cet appareil est ordinairement désigné sous le nom de *tube chaud et froid*.

Il se compose d'un tube de porcelaine C, dans l'axe duquel on a fixé un tube TT' plus étroit en laiton argenté. Le tout est placé dans un fourneau à réverbère permettant d'obtenir une température élevée.

On fait circuler dans le tube central un rapide courant d'eau froide et, dans l'espace annulaire compris entre les deux tubes, le gaz dont on veut montrer la dissociation.

Avec l'oxyde de carbone, on obtient sur le tube froid un dépôt de noir de fumée.

Avec l'anhydride sulfureux, on a un dépôt de sulfure d'argent, etc.

III. — ÉQUILIBRES CHIMIQUES

50. — Réactions limitées. — La dissociation est l'exemple le plus simple d'un grand nombre de phénomènes du même genre. Il existe beaucoup de réactions chimiques telles que la réaction directe et la réaction inverse peuvent se produire toutes deux dans les mêmes conditions. Alors si tous les corps restent en présence, chacune des deux réactions se produira partiellement et *l'équilibre chimique* sera obtenu lorsque les poids des corps en présence seront en rapports convenables.

Les équilibres chimiques suivent des lois analogues à celles de la dissociation.

Exemple. — Le chlorure d'antimoine (SbCl³) se décompose en présence de l'eau pour donner de l'oxychlorure d'antimoine et de l'acide chlorydrique.

$$SbCl^3 + H^2O = SbClO + 2 HCl.$$

Inversement, l'oxychlorure d'antimoine se dissout dans l'acide chlorhydrique pour donner du chlorure d'antimoine et de l'eau.

Les deux réactions sont limitées.

Si l'on verse dans de l'eau une dissolution de chlorure d'antimoine dans l'acide chlorydrique, on observe qu'il se forme un précipité d'oxychlorure; mais lorsque le liquide renferme un poids déterminé d'acide chlorhydrique la réaction cesse.

Inversement on ne peut dissoudre dans l'acide chlorhydrique qu'une quantité limitée d'oxychlorure. La dissolution cesse lorsque le poids d'acide chlorhydrique est devenu égal au précédent.

51. — Réactions complètes. — Les réactions limitées deviennent complètes si l'on empêche l'équilibre chimique de s'établir. Pour cela il suffit d'éliminer constamment l'un des corps dont la présence détermine cet équilibre.

Exemple. — Si l'on chauffe du carbonate de chaux à 860° et si l'on enlève constamment le gaz carbonique produit, l'équilibre ne pourra s'établir et la décomposition sera complète.

CHAPITRE QUATRIÈME

LIQUÉFACTION DES GAZ. — CRISTALLISATION.

————

I. — LIQUÉFACTION DES GAZ.

52. — On montre en physique qu'un gaz ne peut être liquéfié que si sa température est inférieure à une valeur déterminée qu'on nomme *point critique*.

Ce point critique a une valeur particulière pour chaque gaz. Lorsqu'on comprime un gaz, on observe d'abord que son volume diminue suivant la loi de Mariotte. Si la température est inférieure au point critique, à un certain moment la contraction devient plus rapide et enfin, lorsque la pression atteint une valeur déterminée qu'on nomme *tension maximum*, la liquéfaction commence.

Si la température à laquelle on opère est supérieure à la température critique, on observe au contraire que pour des pressions élevées, le gaz résiste à la compression, son volume diminue moins que ne l'indiquerait la loi de Mariotte et cette diminution de volume devient de plus en plus faible au fur et à mesure que la pression augmente. La liquéfaction est impossible.

La première condition à réaliser, quand on veut liquéfier un gaz, consiste donc à abaisser sa température au dessous de son point critique.

Il faut ensuite amener la pression à devenir égale à la tension maximum.

Comme cette tension maximum diminue rapidement quand la température s'abaisse, on peut obtenir cette égalité par deux moyens :

1° On peut refroidir le gaz sous pression constante, jusqu'à ce que sa température soit celle pour laquelle cette pression est la tension maximum.

2° On peut maintenir le gaz à température constante et le comprimer jusqu'à ce que la pression soit égale à la tension maximum correspondante.

Le moyen le plus puissant dont on puisse disposer pour liquéfier un gaz consiste évidemment à refroidir le gaz et à le comprimer en même temps.

Nous allons indiquer au moyen de quelques exemples quels sont les principaux procédés employés.

53. — Liquéfaction par simple refroidissement.

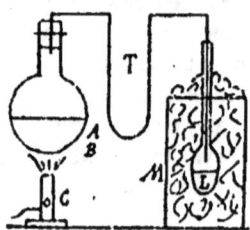

Fig. 5. — Liquéfaction du gaz sulfureux purifié en T et condensé dans le matras d'essayeur L.

— Ce procédé s'applique aux gaz qui possèdent une tension maximum égale à la pression atmosphérique pour une température relativement peu basse.

On fait arriver un courant lent du gaz qu'on veut liquéfier dans un récipient refroidi.

Exemple. — L'anhydride sulfureux a pour tension maximum 760 mm. à la température de — 11°. On obtiendra sa liquéfaction en dirigeant un courant lent de ce gaz dans un matras refroidi par un mélangé M de glace et de sel, ce mélange donnant une température inférieure à — 11°.

54. — Liquéfaction par simple compression. — On maintient un récipient à parois résistantes à une température fixe, celle de la glace fondante par exemple, puis au moyen d'une pompe de compression, on refoule le gaz dans ce récipient. Lorsque la pression devient égale à la tension maximum à 0°, la liquéfaction commence,

Exemple. — On liquéfie de cette manière en grandes quantités le protoxyde d'azote, l'anhydride carbonique, etc.

55. — Procédé de Faraday. — Le procédé de Faraday consiste à employer simultanément le refroidissement et la compression.

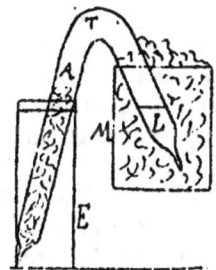

Fig. 6. — Tube de Faraday.

On prend un tube de verre épais en forme de V. Dans l'une des branches A on introduit des substances qui, chauffées, peuvent donner un dégagement de gaz abondant, puis on ferme le tube à la lampe. La branche vide est refroidie dans un mélange réfrigérant. Si l'on veut obtenir le gaz liquéfié, il suffit de chauffer l'autre branche. Le gaz se dégageant dans un espace clos se comprime de lui-même et se liquéfie bientôt dans la branche froide L.

Exemple.— Ce procédé permet de liquéfier la plupart des gaz, par exemple l'acide sulfhydrique, le chlore, l'ammoniac, etc.

56. — Gaz permanents. — Les procédés précédents permettent de liquéfier tous les gaz connus sauf six, qu'on avait nommés pour cette raison gaz permanents. Ces six gaz sont l'hydrogène, l'azote, l'oxygène, le bioxyde d'azote, l'oxyde de carbone et le formène.

La température critique des gaz permanents est extrêmement basse et ne peut être obtenue par les mélanges réfrigérants ordinaires.

Leur liquéfaction n'a été obtenue qu'en 1877 par MM. Cailletet et Pictet, qui ont pu obtenir des températures inférieures à ces températures critiques.

57. — Procédé Pictet. — Ce n'est autre que le procédé de Faraday modifié de manière à obtenir des températures beaucoup plus basses et des pressions plus considérables.

L'appareil se composait d'un récipient à parois très résistantes destiné à contenir les substances génératrices du gaz. Ce récipient communiquait avec un tube également très résistant, fermé par un robinet et refroidi au moyen de deux manchons contenant l'un de l'anhydride sulfureux liquide, l'autre de l'anhydride carbonique liquide. En faisant le vide sur le premier liquide, on refroidit le manchon qui contient le second et en faisant le vide sur le second, on refroidit l'appareil. On peut ainsi obtenir une température voisine de — 140°, inférieure à la température critique des gaz permanents et par suite obtenir leur liquéfaction, sauf pour l'hydrogène, dont la température critique est encore plus basse.

58. — Procédé Cailletet — Le procédé imaginé par M. Cailletet repose sur un principe tout différent.

Lorsque l'on comprime brusquement un gaz il s'échauffe beaucoup et sa température peut atteindre celle de l'inflammation de l'amadou. Inversement, si l'on détend brusquement ce gaz, sa température peut s'abaisser de près de 200° pour une chute de pression de 300 atmosphères.

L'appareil se compose d'un récipient en fer R à parois épaisses contenant une certaine quantité de mer-

cure. On introduit dans ce récipient un tube de verre
T fermé à sa partie supérieure, ouvert à sa partie inférieure et préalablement rempli du gaz qu'on veut
liquéfier. Ce tube présente à l'intérieur du réservoir un
renflement *c* et se termine à l'extérieur par une
partie cylindrique L très résistante.
On achève de remplir le récipient
avec de l'eau et on le met en communication en E avec une presse
hydraulique.

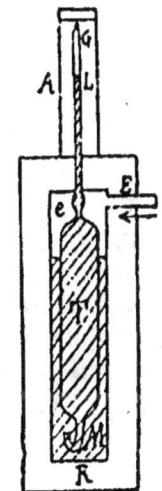

L'eau transmet la pression au
mercure qui la transmet au gaz. Le
niveau du mercure monte dans le tube
au fur et à mesure que le volume
G du gaz diminue.

On comprime par exemple le gaz
à 300 atmosphères, et on le refroidit
en plaçant dans un manchon qui
entoure le tube un liquide volatil.

Si l'on vient alors à supprimer
brusquement la pression en ouvrant
le robinet de la presse hydraulique,
la détente se produit, le gaz reprend
brusquement son volume primitif et

Fig. 7. — Appa-
reil Cailletet.

il en résulte un refroidissement tel, qu'il se condense
à l'état liquide sous forme d'un brouillard plus ou
moins épais.

M. Cailletet a pu liquéfier ainsi tous les gaz permanents.

En combinant la détente avec un refroidissement
plus grand, c'est-à-dire en abaissant la température
initiale, M. Wroblewski a obtenu ces gaz sous forme
de masses liquides ayant une surface visible.

59. — Solidification des gaz liquéfiés. — Lorsqu'on a liquéfié un gaz, il suffit ordinairement pour le

solidifier de le faire bouillir rapidement sous une faible
pression. La chaleur de vaporisation étant, dans ce cas,
empruntée au liquide, celui-ci se refroidit de plus en
plus et arrive bientôt à la température de solidification.

II. — CRISTALLISATION.

60. — Lorsqu'un corps se solidifie, il se présente
le plus souvent sous la forme de masses enchevêtrées
les unes dans les autres, présentant des formes polyédriques déterminées. Ces masses polyédriques se nomment *cristaux* et le phénomène s'appelle *cristallisation*.

61. — **Etat amorphe.** — Certains corps se soli-
difient sans prendre ces formes géométriques déterminées. Ils se prennent en une masse homogène d'apparence vitreuse ne présentant aucune forme définie.
Ces corps sont dits *amorphes*.

Cet état amorphe n'est pas un état stable. Il se produit lorsque, d'après les circonstances de la solidification, les particules du corps solide ne jouissent pas
d'une mobilité suffisante pour atteindre leurs positions
d'équilibre. C'est ce qui arrive lorsque le corps est
refroidi brusquement, comme le phosphore, ou lorsqu'il
passe avant de se solidifier par l'état pâteux, comme le
verre, le sucre d'orge, le fer, etc.

Les corps amorphes sont ordinairement translucides
et malléables. Abandonnés à eux-mêmes ils deviennent
peu à peu opaques et cassants. Leurs particules se
déplacent progressivement et atteignent peu à peu les
positions d'équilibre qui correspondent à la forme cristalline. Au bout d'un temps suffisamment long, le corps

amorphe s'est transformé en une masse de petits cristaux enchevêtrés les uns dans les autres.

62. — Structure cristalline. — Les corps cristallisés se distinguent des corps amorphes, non seulement par leurs formes extérieures, mais encore par leurs propriétés physiques.

Un corps amorphe homogène est nécessairement *isotrope*, c'est-à-dire qu'il possède les mêmes propriétés physiques dans tous les sens, autour d'un point.

Les corps cristallisés sont homogènes, mais ils ne sont pas isotropes. C'est ainsi, par exemple, que leur résistance à la rupture n'est pas la même dans toutes les directions. Il existe dans presque tous les cristaux des directions particulières, suivant lesquelles la rupture se produit beaucoup plus facilement que suivant les autres directions, ce sont les directions de *clivage*.

L'existence de cette propriété particulière permet souvent de reconnaître la structure cristalline dans un corps d'apparence amorphe.

63. — Procédés de cristallisation. — Les corps cristallisent lorsqu'au moment de leur solidification, leurs particules se déplacent facilement. Plus la solidification est lente, plus les cristaux sont volumineux. On emploie ordinairement l'un des procédés suivants :

64. — *Cristallisation par fusion.* — On fait fondre le corps et on le laisse ensuite refroidir lentement. Si l'on veut avoir des cristaux isolés, on fait écouler la partie du corps restée liquide avant que la solidification soit complète. On fait cristalliser ainsi le soufre, le bismuth, etc.

65. — *Cristallisation par dissolution.* — La plupart des corps solides sont plus solubles dans les liquides à chaud qu'à froid. On fait dissoudre le corps à chaud jusqu'à ce que la dissolution soit

saturée, puis on laisse refroidir lentement. L'excès
du corps solide se dépose sous forme de cristaux.
On fait cristalliser ainsi la plupart des sels.

Si le corps que l'on veut faire cristalliser n'est pas

sensiblement plus soluble à chaud
qu'à froid, on fait évaporer lentement
le dissolvant. C'est ainsi que le sel
marin cristallise dans les marais salants.

**66. — *Cristallisation par sublima-
tion.*** — Certains corps solides chauffés
se vaporisent sans prendre l'état
liquide. Inversement, la vapeur émise
par ces corps se solidifie quand on la
refroidit. Pour faire cristalliser un

Fig. 8. — Cristal-
lisation du soufre
par fusion.

de ces corps par *sublimation*, on le chauffe et on
dirige la vapeur dans un récipient refroidi. Les parois
de ce récipient se recouvrent de cristaux.

On fait cristalliser ainsi l'arsenic, l'anhydride arsénieux, le chlorhydrate d'ammoniaque, le chlorure de
mercure, la naphtaline, le camphre, l'iode, etc.

67. —. Cristallographie. — On nomme cristallographie, l'étude des formes et des propriétés des
cristaux.

Si l'on examine les différents cristaux qui existent
dans la nature et ceux qu'on peut reproduire artificiellement, on découvre qu'il existe un nombre considérable de formes distinctes. Un même corps peut
donner aussi beaucoup de cristaux différents.

On remarque d'abord que la forme cristalline est
définie uniquement par l'inclinaison des faces les unes
sur les autres et non par les dimensions propres de ces
faces. Deux cristaux ayant les mêmes angles dièdres
sont identiques ; ce n'est qu'accidentellement que les
mêmes faces dans l'un et dans l'autre ont pu prendre
un développement différent.

Cette remarque permet de réduire déjà considérablement le nombre des formes distinctes.

La loi suivante, dite loi de symétrie, découverte par Haüy, permet de ramener toutes les formes cristallines connues à un très petit nombre de formes simples et de rattacher toutes les formes cristallines d'un même corps à l'une de ces formes simples.

68. — Loi de symétrie.— *Toute modification affectant un des éléments d'un cristal se reproduit identiquement et simultanément sur tous les éléments semblables.*

En modifiant d'après cette loi une forme cristalline quelconque, on obtient ce qu'on nomme une forme *dérivée.*

Exemple. — Soit un cube. Tous les angles trièdres que présentent les sommets de ce cube sont des éléments semblables. Modifions-les en les coupant par des plans détachant sur les trois arêtes concourantes des longueurs égales. Pour obéir à la loi de symétrie, nous devrons remplacer les 8 sommets du cube par 8 triangles équilatéraux iden-

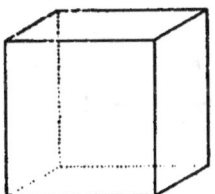

Fig. 9. — Cube.

tiques. Nous obtiendrons ainsi le solide représenté par la figure 10. C'est une forme dérivée du cube. Ce

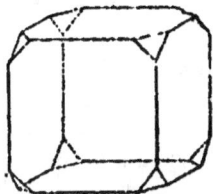

Fig. 10. — Cubo-octaèdre

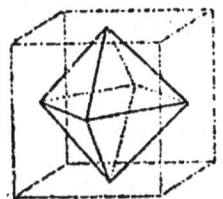

Fig. 11. — Octaèdre.

solide contient deux espèces de faces : les faces pri-

mitives du cube et des faces triangulaires à la place
des sommets de ce cube. C'est une forme *composée*.
Si l'on fait passer les plans qui coupent les sommets
du cube par les centres de ses faces, les faces du
cube disparaîtront complètement. On obtiendra ainsi
un nouveau solide, *l'octaèdre régulier*, dont toutes
les faces sont de même nature. C'est une forme *simple*.

69. — Systèmes cristallins. — *On appelle système
cristallin l'ensemble des formes dérivant d'une même
forme simple.*

Toutes les formes connues peuvent dériver de six
formes simples qui caractérisent les six systèmes cristallins.

I. — Système cubique. — La forme principale est
le *cube.*

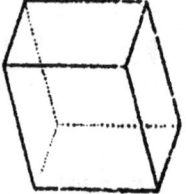

Fig. 12. — Rhom-
boèdre.

II. — Système quadratique. —
La forme principale est le *prisme
droit à base carrée.*

III. — Système orthorhombique.
— La forme principale est le *prisme
droit à base losange.*

IV. — Système rhomboédrique.
— La forme principale est le *rhom-
boèdre.* C'est un solide à six faces qui sont toutes
des losanges égaux.

V. — Système clinorhombique. — La forme principale est un *prisme oblique à base losange* possédant un plan' de symétrie, c'est-à-dire, tel que les
perpendiculaires abaissées des sommets de la base
supérieure, situés à l'extrémité de l'une des diago-
nales, sur le plan de la base inférieure, viennent percer
ce plan sur la diagonale correspondante de la base inférieure ou sur son prolongement.

VI. — Système anorthique. — La forme principale est un *prisme oblique quelconque* à base losange.

70. — Remarque. — *Toutes les formes cristallines que peut prendre un même corps appartiennent en général au même système cristallin.*

Ainsi, par exemple, l'alun ordinaire s'obtient cristallisé sous la forme de cubes et sous la forme d'octaèdres réguliers. On ne dira pas : l'alun cristallise en cubes ou en octaèdres. On dira : l'alun cristallise dans le système cubique ou dans le premier système cristallin. Il existe un certain nombre d'exceptions à la règle précédente.

71. — Polymorphisme. — Les substances, capables de cristalliser sous des formes appartenant à des systèmes différents, sont dites *polymorphes.*

Exemples. — Le soufre cristallise tantôt dans le troisième système, tantôt dans le cinquième.

Le carbonate de chaux cristallise dans le troisième et le quatrième système.

Ces deux corps sont *dimorphes.* On connaît quelques corps *trimorphes*, c'est-à-dire prenant des formes appartenant à trois systèmes différents.

72. — Isomorphisme. — Deux corps sont dits *isomorphes*, lorsque, non-seulement, ils cristallisent dans le même système, mais lorsque, de plus, ils sont susceptibles de cristalliser ensemble, c'est-à-dire de former des cristaux dans lesquels ils entrent l'un et l'autre en proportions quelconques.

Ainsi, l'alun et le sel marin, quoique cristallisant tous deux dans le système cubique, ne sont pas isomorphes. Si l'on mêle des dissolutions d'alun et de sel et si l'on fait cristalliser, on obtient deux sortes de cristaux contenant les uns uniquement de l'alun, les autres seulement du sel.

Au contraire, l'alun ordinaire et l'alun de chrome sont isomorphes, car si l'on mêle leurs dissolutions, elles abandonnent des cristaux formés d'un mélange des deux corps.

73. — Loi de Mitscherlich. — Mitscherlich a montré par un grand nombre d'exemples que les *corps isomorphes ont une composition et des pro-priétés chimiques analogues.*

Ils ont par suite des formules chimiques semblables.

Exemples :

Alun ordinaire	$K^2SO^4 + Al^2 (SO^4)^3 + 24 H^2 O$
Alun de chrome	$K^2SO^4 + Cr^2 (SO^4)^3 + 24 H^2 O$
Carbonate de calcium	$Ca CO^3$
— de magnésium	$Mg CO^3$
Sulfure cuivreux	Cu^2S
— d'argent	Ag^2S

74. — Usages de la cristallisation. — La cristallisation est un moyen fréquemment employé en chimie pour purifier les corps. En effet, si une dissolution contient un mélange de plusieurs corps, ils se séparent les uns des autres en cristallisant. On peut utiliser les différences de solubilité pour faire cristalliser seulement l'un d'eux et l'obtenir ainsi à l'état de pureté.

CHAPITRE CINQUIÈME

HYDROGÈNE. — OXYGÈNE. — EAU. — AZOTE. — AIR.

HYDROGÈNE

Poids atomique $H = 1$.   Poids moléculaire $H^2 = 2$.

75. — Propriétés physiques. — L'hydrogène est un gaz incolore, inodore, sans saveur.

L'eau en dissout 1/50 de son volume à o° ; c'est le moins soluble des gaz.

C'est aussi le plus difficile à liquéfier ; il ne l'a été qu'en 1877 dans les expériences de M. Cailletet en France et de M. Raoul Pictet à Genève.

C'est encore le moins dense de tous les gaz ; sa densité est 0,069.

Abouchons deux éprouvettes superposées et remplies, l'éprouvette supérieure avec de l'air, l'inférieure avec de l'hydrogène : nous constaterons aussitôt que les deux gaz changent de place ; à l'aide d'une allumette on pourra enflammer l'hydrogène qui a passé dans l'éprouvette supérieure.

Des bulles de savon gonflées avec de l'hydrogène s'élèvent rapidement dans l'air.

76. — *Diffusion.* — On appelle diffusion le passage des gaz au travers des parois poreuses, phénomène qui est lié à la densité des gaz par la loi suivante :

Loi de Graham. — *La vitesse de passage des gaz au travers des parois poreuses est inversement proportionnelle à la racine carrée de leur densité.*

Dès lors, l'hydrogène, le moins dense de tous les gaz, passera le plus vite au travers des parois poreuses.

Cette rapide diffusion est mise en évidence par l'expérience suivante :

Un vase en terre poreuse est fermé par un bouchon traversé par deux tubes. L'un, muni d'un robinet, amène de l'hydrogène qui, par l'autre tube vertical et très long, se dégage au travers de l'eau d'un vase disposé au-dessous. Au bout d'un moment, on ferme le robinet ; on voit aussitôt le liquide s'élever dans le tube, accusant une diminution de la force élastique du gaz enfermé dans le vase poreux. L'hydrogène, en effet, s'échappant plus vite que l'air ne rentre au travers de cette paroi, on devait obtenir cette raréfaction intérieure.

H. Sainte-Claire-Deville et M. Troost ont établi que le fer et le platine deviennent poreux à chaud en montrant qu'à haute température l'hydrogène les traverse.

Fig. 13. — Diffusion de l'hydrogène.

77. — *Condensation par les corps poreux.* — Les corps solides condensent plus ou moins les gaz à leur surface. Lorsqu'ils sont poreux ou pulvérulents, la surface de contact avec le gaz est beaucoup plus grande, ce qui accroît considérablement la condensation. C'est ainsi que le platine très divisé (éponge, mousse ou noir de platine), condense dans ses pores une grande quantité d'hydrogène. Il en résulte un dégagement de chaleur capable de porter le platine à l'incandescence.

78. — Propriétés chimiques. — *Action de l'oxygène.* — L'hydrogène se combine avec l'oxygène en donnant de l'eau ainsi que l'a constaté Cavendish dès 1766. Il disposait une cloche de verre bien propre au-dessus d'une flamme d'hydrogène et constatait bientôt sur sa paroi froide un dépôt de buée qui peu à peu se rassemblait en grosses gouttes d'eau qu'il recueillait dans un verre disposé au-dessous.

Cette combinaison s'accompagne d'un énorme dégagement de chaleur.

$$H^2 \text{ (gaz)} + O \text{ (gaz)} = H^2O \text{ (liquide)} + 69 \text{ Cal.}$$

Toutefois cette combinaison ne s'accomplit pas à froid, mais exige un travail préliminaire que l'on peut produire de diverses façons et qu'il suffit de fournir à une petite fraction de la masse. La chaleur dégagée par la combinaison qui s'effectue en ce point suffit pour provoquer de proche en proche la réaction qui s'étend à toute la masse avec une vitesse considérable.

C'est ainsi que lorsqu'on approche une allumette enflammée de l'orifice d'un flacon renfermant un mélange de 1 volume d'oxygène avec 2 d'hydrogène, la combinaison se produit avec une violente détonation.

Une étincelle électrique produit le même effet.

Même résultat encore lorsque l'on introduit du platine divisé (éponge, mousse, noir) dans le mélange. La chaleur dégagée par la condensation du gaz détermine l'explosion.

L'hydrogène se combine dans les mêmes conditions à l'oxygène de l'air. Un jet de ce gaz donne une flamme presque invisible mais très chaude. On l'allume, comme le gaz d'éclairage, à l'aide d'une allumette; mais on peut même se contenter de diriger le jet d'hydrogène sur de la mousse de platine qui devient incandescente et s'enflamme. Le petit appareil connu sous le nom de *briquet à hydrogène* réalise à volonté ce curieux mode de production du feu.

L'hydrogène se combine aussi directement avec le chlore et plus ou moins facilement avec les autres métalloïdes.

Il forme avec quelques métaux, avec le palladium en particulier, des composés définis que l'on a comparés aux alliages ($Pa^2 H$, $K^2 H$, $Na^2 H$).

79. — *Action sur les oxydes.* — L'hydrogène dégageant beaucoup de chaleur dans sa combinaison avec l'oxygène, enlèvera ce dernier à un grand nombre d'oxydes; il les *réduira*, selon l'expression consacrée; c'est un corps *réducteur*.

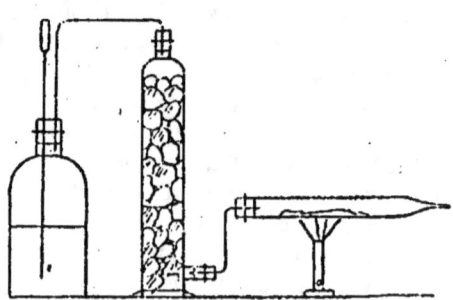

Fig. 14. — Réduction de l'oxyde cuivrique par l'hydrogène.

Faisons passer un courant d'hydrogène sec sur du bioxyde de cuivre chauffé légèrement pour amener les deux corps à la température convenable. Dès que la réduction aura commencé en quelques points, la chaleur qu'elle dégage suffira pour la propager dans toute la masse qui deviendra incandescente. Il se dégagera de la vapeur d'eau, tandis qu'au lieu de l'oxyde noir, il restera du cuivre pulvérulent, rouge, d'après l'équation

$$CuO + H^2 = Cu + H^2O \text{ (gaz)} + 22 \text{ Cal.}$$

Le sexquioxyde de fer est également réduit dans des conditions analogues, d'après l'équation

$$Fe^2O^3 + 3H^2 = 3H^2O + 2Fe.$$

80. — Etat naturel. — L'hydrogène existe dans la nature surtout à l'état de combinaison avec l'oxygène. Cette combinaison est l'eau. La plupart des matières qui entrent dans la composition des organes des animaux et des végétaux et qu'on nomme *matières organiques*, contiennent de l'hydrogène. Les combustibles minéraux, la houille, le pétrole, etc., contiennent également de l'hydrogène.

Préparation. — On extrait toujours l'hydrogène de l'eau. La plupart des métaux possèdent la propriété de décomposer l'eau à une température convenable; ils se combinent avec l'oxygène tandis que l'hydrogène est mis en liberté.

81. — *Les métaux alcalins*, le potassium et le sodium, peuvent décomposer l'eau à la température ordinaire. Si, dans une éprouvette remplie d'eau et retournée sur une cuve à eau, l'on fait passer vivement un fragment de potassium ou de sodium, piqué à la pointe d'un couteau, il se produit une vive réaction. L'hydrogène se dégage et se rassemble à la partie supérieure de l'éprouvette.

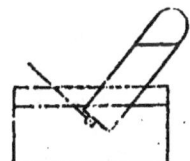

Fig. 15. — Décomposition de l'eau par le sodium.

Il reste en dissolution dans l'eau de la potasse ou de la soude (hydrates de potassium et de sodium)

$$K^2 + 2H^2O = 2KHO + H^2$$
$$Na^2 + 2H^2O = 2NaHO + H^2.$$

Cette préparation serait coûteuse et ne permettrait pas de préparer facilement de grandes quantités d'hydrogène.

On préfère employer des métaux communs, le fer par exemple.

82. — *Le fer* ne décompose pas l'eau à froid, il faut élever la température.

Dans un tube de grès ou de porcelaine, on introduit soit des clous, soit un faisceau de fils de fer. Ce tube est fermé à ses deux extrémités par un bouchon. L'un de ces bouchons est traversé par le col d'une

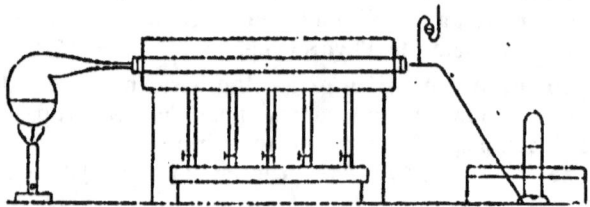

Fig. 16. — Décomposition de l'eau par le fer, au rouge.

petite cornue contenant de l'eau, l'autre bouchon par un tube abducteur débouchant sous une éprouvette pleine d'eau. On commence par porter le fer au rouge en plaçant le tube de grès sur une grille à gaz, puis on chauffe la cornue pour mettre en ébullition l'eau dont la vapeur vient passer sur le fer. L'eau est décomposée, l'oxygène se fixe sur le fer pour former un oxyde noir, l'oxyde magnétique de fer, et l'hydrogène se dégage par le tube abducteur.

$$3Fe + 4H^2 O = Fe^3 O^4 + 4H^2.$$

Un grand nombre de métaux pourraient remplacer le fer dans cette préparation.

83. — *Les acides étendus* donnent à froid de l'hydrogène en présence du fer ou du zinc. On préfère ordinairement recourir à cette opération qui revient toujours à extraire l'hydrogène de l'eau, car l'hydrogène des acides provient de l'eau.

On introduit dans un flacon de la grenaille de zinc et de l'eau. Le bouchon est traversé par un tube à entonnoir plongeant dans l'eau et par un tube abducteur débouchant sous une éprouvette pleine d'eau. Pour obtenir un dégagement d'hydrogène, il suffit de verser de l'acide sulfurique ou de l'acide chlorhydrique par l'entonnoir. Le métal déplace l'hydrogène de l'acide et il se forme un sel de zinc

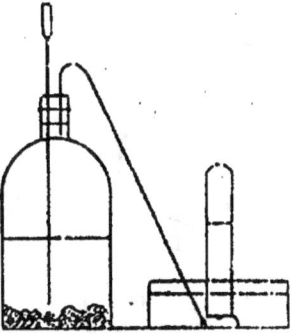

Fig. 17. — Décomposition de l'eau à froid par le zinc, en présence d'un acide.

(sulfate ou chlorure) qui reste en dissolution dans l'eau.

$$Zn + H^2 SO^4 = ZnSO^4 + H^2.$$
$$Zn + 2HCl = ZnCl^2 + H^2.$$

Avec le fer on aurait :

$$Fe + H^2 SO^4 = FeSO^4 + H^2$$
$$Fe + 2HCl = FeCl^2 + H^2.$$

84. — Usages. — L'hydrogène est employé à produire les très hautes températures. On utilise la chaleur considérable que produit sa combinaison avec l'oxygène.

On le brûle dans le *chalumeau oxyhydrique*. C'est un gros tube où l'on fait arriver l'hydrogène qu'on enflamme à l'orifice. On amène l'oxygène par un tube plus étroit disposé dans l'axe du premier. Les deux gaz arrivent par des robinets permettant de régler

l'écoulement de façon à obtenir la température maxima.
C'est avec ce chalumeau que l'on fond le platine.

En raison de sa faible densité, l'hydrogène a été

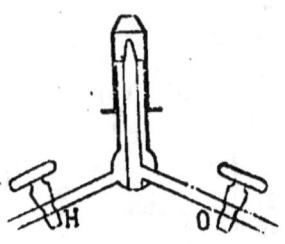

Fig. 18. — Chalumeau oxyhydrique.

depuis longtemps em-
ployé au gonflement des
aérostats. C'est lui qui
permettrait d'obtenir une
force ascensionnelle don-
née avec le plus petit
ballon. Il a cependant un
grave défaut dû préci-
sément à sa faible den-
sité : il traverse très facilement les enveloppes

légères employées par les aéronautes. C'est pourquoi
on lui préfère généralement le gaz d'éclairage, plus
dense mais plus facile à retenir.

Enfin les propriétés réductrices de l'hydrogène sont
fréquemment utilisées dans les laboratoires.

OXYGÈNE

Poids atomique O = 16   Poids moléculaire O^2 = 32

85. — Historique. — L'oxygène a été découvert
en 1774 par Priestley. Ses principales propriétés ont
été indiquées par Lavoisier.

86. — Propriétés physiques. — C'est un gaz
incolore, inodore et sans saveur, sa densité est 1,105.

Il est très peu soluble dans l'eau qui, à 0°, en
dissout 1/25 de son volume.

C'est un des gaz les plus difficilement liquéfiables.

Il a été liquéfié pour la première fois en 1877 par MM. Cailletet et Pictet. L'oxygène liquide est incolore et bout à la température de — 180° sous la pression atmosphérique.

Sous l'action des effluves électriques, l'oxygène éprouve une modification particulière. Il se contracte du tiers de son volume (O^3) et devient odorant. On donne le nom d'*Ozone* à l'oxygène ainsi modifié.

. C'est à la présence de l'ozone qu'est due l'odeur que l'on perçoit auprès des machines électriques en activité. La transformation de l'oxygène en ozone n'est jamais que partielle. Au point de vue chimique l'ozone se comporte comme une variété plus active que l'oxygène ordinaire.

87. — Propriétés chimiques. — L'oxygène peut se combiner directement avec la plupart des corps simples. Il n'y a guère exception que pour le fluor, le chlore, le brome, l'iode, l'azote, l'or et le platine.

Lavoisier a montré que les corps *combustibles* brûlent beaucoup mieux dans l'oxygène que dans l'air et que le produit de la combustion est le même.

Exemples. — Le charbon brûle vivement dans l'oxygène en produisant des étincelles. Le produit de cette combustion est le gaz carbonique CO^2.

Du soufre placé dans un petit têt en terre, enflammé à l'air puis plongé dans un flacon plein d'oxygène,

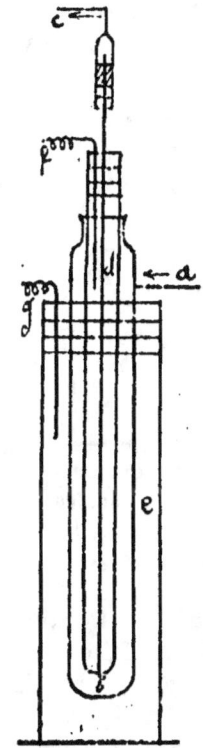

Fig. 19. — Production de l'ozone. — L'oxygène arrive en *a*, sort en *c*, après avoir été soumis à l'effluve produite entre *f* et *g*.

brûle avec une flamme bleue très vive en se transformant en anhydride sulfureux (SO^2).

Le phosphore brûle avec un éclat éblouissant en donnant de l'anhydride phosphorique $P^2 O^5$.

Les métaux peuvent brûler dans l'oxygène. Un ressort d'acier terminé par un morceau d'amadou est plongé, après l'inflammation de l'amadou, dans un flacon plein d'oxygène. Au bout de quelques instants on voit le fer brûler en projetant de tous côtés de nombreuses étincelles et en se transformant en oxyde magnétique de fer ($Fe^3 O^4$). La température produite par cette combustion est assez élevée pour fondre l'oxyde de fer qu'on voit tomber goutte à goutte au fond du flacon.

Fig. 20.—Combustion du soufre ou du phosphore dans l'oxygène.

Le zinc et le magnésium brûlent dans l'oxygène avec une flamme très brillante en donnant de l'oxyde de zinc ZnO et de la magnésie MgO.

88. — Combustion. — Les expériences de Lavoisier, faites à la suite de la découverte de l'oxygène, ont démontré que les phénomènes que nous désignons sous le nom de combustion sont un cas particulier du phénomène général de la combinaison chimique. Lorsqu'un corps brûle dans l'air, ses éléments se combinent à l'oxygène de l'air. Le dégagement de chaleur qui accompagne ces combinaisons élève la température des corps en présence et détermine les phénomènes lumineux qu'on observe.

Lorsqu'un corps brûle dans l'oxygène ou dans l'air, du gaz d'éclairage, par exemple, nous sommes amenés à dire que ce corps est *combustible* et que l'oxygène ou l'air le fait brûler. On a longtemps employé pour

rappeler cette propriété de faire brûler un corps, le
mot *comburant*.

Ainsi, dans la combustion du gaz d'éclairage dans
l'air, le gaz est combustible et l'air est comburant.

Cette distinction est purement apparente. Il est en
effet très facile de faire brûler de l'oxygène dans le gaz
au lieu de faire brûler le gaz dans l'oxy-
gène.

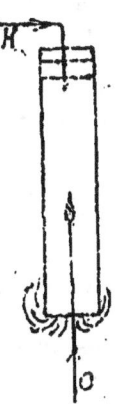

Faisons arriver un courant d'hydrogène par un tube traversant un bouchon
qui ferme le sommet d'un large tube de
verre. Lorsque l'hydrogène se dégage
au bas du tube, on l'allume.

Dégageons de l'oxygène par un tube
mince, vertical, effilé à son sommet et
faisons pénétrer cette extrémité au milieu de l'hydrogène.

A son passage au travers de la
flamme d'hydrogène on en voit apparaître une nouvelle au sommet du tube
effilé ; elle persiste au milieu de la
masse d'hydrogène.

Fig. 21.—Com-
bustions si-
multanées
de l'hydro-
gène dans
l'air et de
l'air dans
l'hydrogène.

C'est la flamme de l'oxygène brûlant dans l'hydrogène.

On peut aussi bien brûler l'air dans
l'hydrogène que l'hydrogène dans l'air
et si le phénomène n'est pas réversible
avec le charbon, c'est seulement parce que ce dernier
est solide.

Il n'y a donc ni combustible ni comburant, mais simplement combinaison de l'hydrogène et de l'oxygène
avec dégagement de chaleur.

89. — *Combustions lentes.* — Les expériences
précédentes amènent à rapprocher de la combustion
tous les phénomènes d'oxydation. Mais un certain

nombre de ces phénomènes se produisent sans dégagement apparent de chaleur.. On les distinguera des premiers, nommés combustions vives, en les désignant sous le nom de combustions lentes. Telle est par exemple, l'oxydation lente du fer au contact de l'air humide. Cette combinaison du fer avec l'oxygène s'effectue bien avec dégagement de chaleur; mais cette chaleur se dissipe au fur et à mesure de sa production et il n'en résulte pas une élévation de température appréciable.

90. — Respiration. — Le rôle de l'oxygène de l'air dans le phénomène de la respiration se rapproche considérablement de son action dans les combustions. L'oxygène de l'air est transporté par le sang dans les différents organes ; là certaines matières sont brûlées et donnent du gaz carbonique et de l'eau qui sont expulsés dans l'atmosphère. C'est évidemment à la chaleur dégagée par ces combustions qu'est dû l'entretien de la chaleur animale.

91. — *Caractères*. — L'oxygène se distingue aisément des autres gaz au moyen des deux caractères suivants :

1° Il rallume une allumette ne présentant plus que quelques points rouges ;

2° Il donne au contact du bioxyde d'azote (AzO) des vapeurs rutilantes de peroxyde d'azote (AzO^2).

92. — État naturel. — L'oxygène est extrêmement répandu dans la nature. Il forme à l'état libre le 1/5 du volume de l'air. L'eau en contient les 8/9 de son poids. On trouve dans le sol un grand nombre d'oxydes métalliques et de sels oxygénés. Enfin l'oxygène entre dans la constitution de presque toutes les matières organiques.

Préparation. — On peut préparer de l'oxygène par

un grand nombre de procédés. Nous nous bornerons aux plus importants.

93. — *Par l'oxyde rouge du mercure.* — C'est de cette manière que l'oxygène a été préparé pour la première fois par Priestley. L'oxyde de mercure chauffé au rouge se décompose en mercure et oxygène.

$$2HgO = 2Hg + O^2$$

L'oxyde de mercure n'est pas un produit naturel.

94. — *Par le bioxyde de manganèse.* — Ce corps se trouve dans la nature en assez grande quantité. Chauffé au

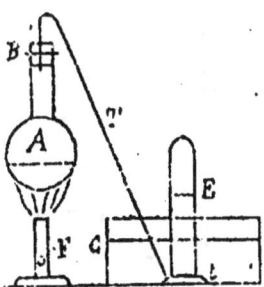

Fig. 22. — Décomposition de l'oxyde mercurique en mercure et oxygène.

rouge vif, il perd le tiers de son oxygène et se transforme en oxyde brun de manganèse Mn^3O^4, plus stable à cette température.

$$3Mn\,O^2 = Mn^3\,O^4 + O^2$$

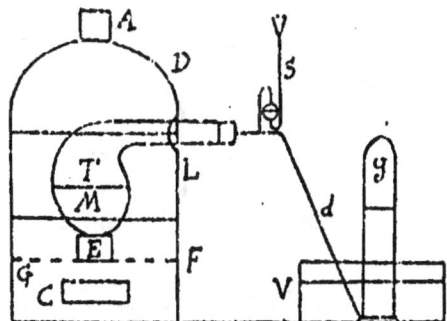

Fig. 23. — Décomposition du bioxyde de manganèse au rouge vif. — ADLFC, fourneau à réverbère. — C, cendrier. — F, foyer. — G, grille. — E, fromage. — L, laboratoire. — D, réverbère ou dôme. — A, cheminée. — T, cornue en grès. — S, tube de sûreté.

Le bioxyde de manganèse est introduit dans une cornue en grès, chauffée dans un fourneau à réverbère.

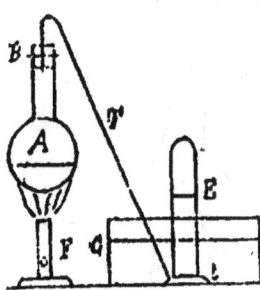

Fig. 24. — Préparation de l'oxygène par le chlorate de potassium.

95. — *Par le chlorate de potassium.* — Dans les laboratoires on préfère employer le chlorate de potassium qui contient une quantité d'oxygène beaucoup plus grande, qu'on peut lui faire perdre entièrement. Ce sel est introduit dans une cornue de verre munie d'un tube abducteur. Lorsqu'on le chauffe, il fond d'abord et se décompose ensuite partiellement en donnant du perchlorate de potassium et du chlorure de potassium avec dégagement d'oxygène

$$2\,KClO^3 = KClO^4 + KCl + O^2$$

Quand cette première partie de la réaction est terminée, la masse se solidifie et le dégagement de gaz s'arrête.

Si l'on élève la température on peut décomposer le perchlorate de potassium

$$KClO^4 = KCl + 2O^2$$

Il faut opérer avec précaution pour effectuer cette deuxième partie de la réaction, car une explosion pourrait se produire si la décomposition devenait trop rapide.

96. — *Par le chlorate de potassium et le bioxyde de manganèse.* — On obtient une décomposition beaucoup plus aisée et beaucoup plus régulière du chlorate de potassium en le mélangeant préalablement avec un oxyde métallique en poudre. Dans ces conditions le chlorate de potassium se décompose à basse température en chlorure de potassium et oxygène.

L'oxyde métallique ajouté n'exerce qu'une simple action physique. Une fois l'opération terminée, il n'a éprouvé aucune modification. On emploie soit l'oxyde brun de manganèse, soit le bioxyde de manganèse.

Dans les laboratoires, quand on veut préparer de grandes quantités d'oxygène, on introduit le chlorate de potassium mélangé à un poids égal de bioxyde de manganèse en petits grains dans une corne en fonte formée de deux parties A et B réunies par du plâtre. On évite ainsi les explosions : si la pression augmente trop rapidement, le plâtre se brise et l'appareil s'ouvre laissant échap-

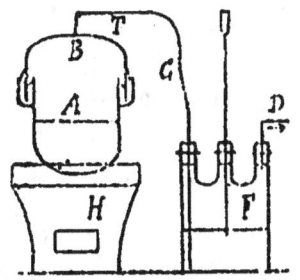

Fig. 25. — Cornue inexplosible pour la préparation de l'oxygène.

per le gaz. Le tube T de la cornue est réuni par un tube de caoutchouc C. à un flacon laveur F contenant une dissolution de soude destinée à retenir une petite quantité de chlore qui se produit toujours dans cette réaction. On recueille l'oxygène dans un gazomètre ou un sac en caoutchouc.

Lorsque l'on veut employer l'oxygène emmaganisé dans le sac à gaz S, on dispose celui-ci dans un châssis en bois C que l'on charge de poids P. L'oxygène s'échappe

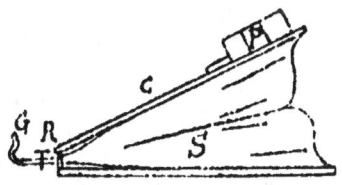

Fig. 26. — Sac à gaz S pour recueillir l'oxygène. — C et P, châssis et poids pour l'en extraire.

alors par le tube G du sac et l'on peut régler l'écoulement en variant les poids P et en manœuvrant le robinet R du tube G.

97. — Extraction industrielle. — Un grand nombre de procédés ont été essayés pour extraire industriellement l'oxygène de l'air.

Le seul employé couramment est le *procédé Brin* qui repose sur le principe suivant donné par Boussingault.

Le protoxyde de baryum (BaO) absorbe à chaud l'oxygène de l'air en donnant du bioxyde de baryum, d'après l'équation

$$BaO + O = BaO^2$$

Le bioxyde de baryum se dissocie à la même température de sorte que l'on peut lui enlever la moitié de son oxygène, d'après l'équation

$$BaO^2 = BaO + O$$

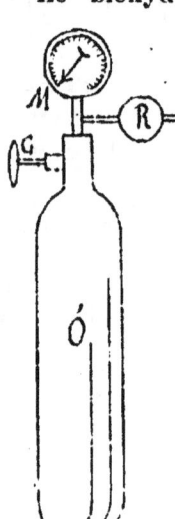

Fig. 27. — O, tube à oxygène ; M, manomètre ; R, régulateur du débit.

soit en chauffant plus fort (ce qui aurait l'inconvénient d'effriter le protoxyde régénéré), soit, mieux, en diminuant la pression du gaz.

Le protoxyde est chauffé à 700° dans de grands tubes de fer où l'on comprime sous une pression de deux atmosphères de l'air débarrassé de sa vapeur d'eau et de son gaz carbonique qui s'uniraient à l'oxyde. En dix minutes l'oxygène est absorbé.

On fait alors le vide dans les tubes jusqu'à réduire la pression à 6 c. m. de mercure.

Dans la première minute on recueille l'azote restant.

Dans les quatre minutes suivantes on recueille

de l'oxygène qui ne contient que 10 % d'azote, et suffit à la plupart des applications.

Cet oxygène se trouve dans le commerce, soit dans des récipients en tôle sous pression de cinq atmosphères, soit dans des tubes en acier O, sous pression de 120 atmosphères.

Pour l'employer, il suffit de mettre au tube à dégagement un tube de caoutchouc qui conduira le gaz où l'on veut et d'ouvrir le robinet à vis C qui bouchait l'orifice du réservoir.

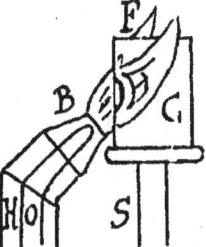

Fig. 28. — Bec de Drummond. C, chaux ; B, chalumeau oxyhydrique.

98. — Usages. — L'oxygène pur sert à obtenir les hautes températures du chalumeau oxyhydrique, dans la métallurgie du platine et dans les projections à la lumière Drummond.

On en fait respirer aux malades atteints de certaines affections pulmonaires.

L'oxygène de l'air est employé dans un grand nombre d'opérations industrielles (production de l'anhydride sulfureux; des oxydes de zinc, de plomb, etc...).

Il est indispensable enfin à la respiration des animaux et des végétaux.

EAU   (H^2O)

99. — L'eau était autrefois considérée comme un élément. Lavoisier et Meusnier ont montré qu'elle est une combinaison d'hydrogène et d'oxygène. Ils en ont fait l'analyse en décomposant la vapeur d'eau par le fer chauffé au rouge et la synthèse en combinant directement l'hydrogène et l'oxygène.

100. — Propriétés physiques. — L'eau, à l'état solide, se présente sous deux formes, en apparence très différentes : la neige et la glace. La neige s'obtient par le refroidissement brusque de la vapeur d'eau. Elle est formée de cristaux très petits présentant la symétrie hexagonale bien caractérisée. La glace s'obtient au contraire par la solidification de l'eau à l'état liquide. Elle forme une masse vitreuse, transparente et en apparence amorphe. Mais il est facile d'établir que la glace est un corps cristallisé formé des mêmes cristaux que la neige, agglomérés les uns aux autres. Si l'on concentre sur une lame de glace un faisceau de lumière solaire ou de lumière électrique et si l'on projette l'image de la lame de glace sur un écran, on voit apparaître, au fur et à mesure que la glace fond, des figures identiques aux cristaux qui constituent la neige. D'autre part la compression transforme peu à peu la neige en glace parfaitement limpide. C'est ainsi que la neige qui couvre le sommet des hautes montagnes, comprimée par son propre poids, devient peu à peu de la glace transparente.

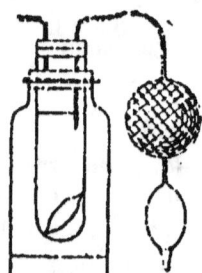

Fig. 29. — Rupture d'une ampoule de verre par congélation de l'eau qu'elle contient. Le froid est produit par l'évaporation rapide de l'éther où barbotte un courant d'air.

La densité de la glace est inférieure à celle de l'eau. A 0° elle est 0,93.

La glace fond à 0° centigrade. La solidification de l'eau est accompagnée d'une augmentation de volume. C'est à cette dilatation que sont dus les effets mécaniques tels que la rupture des tuyaux, qu'on observe fréquemment pendant les gelées.

A l'état liquide l'eau est incolore sous une faible épaisseur. En grande quantité elle présente une coloration bleue. Chauffée à partir de 0°, elle se contracte d'abord et présente un maximum de densité à 4°.

La chaleur spécifique de l'eau a été prise pour unité de chaleur. Elle est très considérable par rapport aux chaleurs spécifiques des autres corps. Cette propriété est fréquemment utilisée. C'est ainsi que pour obtenir une température à peu près constante on pratique le chauffage au *bain-marie*, les variations d'intensité du foyer ne produisant que de très petites variations dans la température d'une grande masse d'eau. Le chauffage par l'eau chaude est efficace parce que l'eau à une température peu élevée est susceptible en se refroidissant d'abandonner

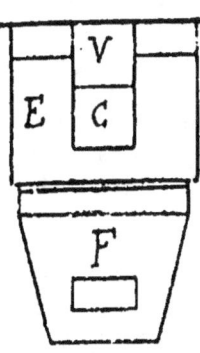

Fig. 30. — Bain-Marie. — F, fourneau; E, eau chaude; V, vase où l'on chauffe par l'eau le corps C.

une très grande quantité de chaleur. C'est par la même raison que la présence d'une grande masse d'eau comme la mer a pour effet d'atténuer les variations de la température ambiante et que les régions voisines de la mer jouissent d'un climat beaucoup plus constant que les régions centrales des continents.

L'eau bout sous la pression de 760^{mm} à une température de 100° centigrades. Elle se transforme en un gaz incolore, moins dense que l'air. La densité de la vapeur d'eau est 0,622, environ 5/8.

101. — Propriétés chimiques. — La formation de

l'eau est accompagnée d'un dégagement de chaleur considérable :

$$H^2 \text{ (gaz)} + O \text{ (gaz)} = H^2 O \text{ (liquide)} + 69 \text{ Calories.}$$

Comme tous les composés formés avec un grand dégagement de chaleur, l'eau est très stable.

Elle ne se dissocie qu'à une température très élevée. Cette dissociation n'est sensible qu'à partir de 1100° environ, et les températures les plus élevées que nous puissions obtenir ne permettent pas de produire la décomposition complète de l'eau.

Un assez grand nombre de corps simples peuvent décomposer l'eau, à une température plus ou moins élevée en lui enlevant un de ses éléments.

Le fluor s'empare de l'hydrogène de l'eau à froid en mettant l'oxygène en liberté.

$$2H^2 O + 2Fl^2 = 4HFl + O^2.$$

La plupart des métaux décomposent l'eau en s'emparant au contraire de l'oxygène. Par exemple, le potassium se combine à l'oxygène pour former la potasse et donne un dégagement d'hydrogène.

$$K^2 + 2H^2 O = 2KOH + H^2.$$

La plupart des anhydrides se combinent directement avec l'eau avec un grand dégagement de chaleur, pour former des acides. Si l'on projette de l'anhydride sulfurique dans l'eau, on obtient une combinaison avec un dégagement de chaleur tel qu'une partie de l'eau est volatilisée ; on entend un bruissement analogue à celui que produirait l'immersion d'un fer rouge. Le résultat de la combinaison est l'acide sulfurique.

$$SO^3 + H^2O = H^2 SO^4.$$

Il en est de même pour les anhydrides azotique, phosphorique, etc.

Beaucoup d'oxydes métalliques peuvent se combiner à l'eau pour former les *hydrates métalliques* qui sont de véritables sels dans lesquels l'eau joue le rôle d'acide.

Si l'on verse de l'eau sur la chaux vive, on obtient la chaux éteinte (hydrate de calcium). Il se dégage dans cette combinaison une grande quantité de chaleur. Une partie de l'eau se dégage à l'état de vapeur.

$$Ca\,O + H^2O = Ca\,(HO)^2$$

102. — Propriétés dissolvantes. — L'eau agit surtout, dans un grand nombre de cas, comme dissolvant. Tous les gaz sont plus ou moins solubles dans l'eau. Cette dissolution se fait avec dégagement de chaleur. La solubilité des gaz diminue quand la température s'élève. Presque tous les corps solides sont de même solubles dans l'eau; mais la dissolution s'effectue avec absorption de chaleur et la solubilité augmente avec la température.

Lorsqu'on fait dissoudre dans l'eau des sels métalliques, on obtient souvent en même temps une véritable combinaison. On observe que si l'on fait cristalliser la dissolution, les cristaux obtenus contiennent une quantité d'eau invariable. Ainsi, par exemple, les cristaux de sulfate de cuivre ont une composition exprimée par la formule

$$Cu\,SO^4 + 5\,H^2O$$

L'eau ainsi combinée dans les cristaux se nomme *eau de cristallisation.*

Le sel peut perdre facilement son eau de cristallisation sous l'action de la chaleur.

Composition. — La composition de l'eau a été établie par un grand nombre de méthodes. Nous décrirons les deux méthodes les plus précises :

103. — Synthèse eudiométrique. — On nomme *eudiomètres* des instruments permettant de mesurer exactement le volume des gaz et de les soumettre à certaines réactions.

L'eudiomètre le plus simple et en même temps le plus précis est l'eudiomètre à mercure de Bunsen. Il se compose d'un tube de verre D un peu épais fermé à l'une de ses extrémités et portant une graduation en parties d'égal volume, dont le o se trouve à l'extrémité fermée. Deux fils de platine A (+, —) mastiqués dans le verre permettent de faire jaillir au milieu du gaz des étincelles électriques.

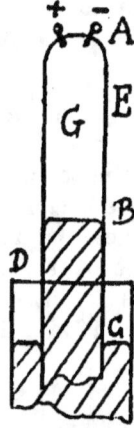

Fig. 31. — Eudiomètre de Bunsen.

Pour faire une expérience, on commence par remplir l'eudiomètre de mercure et on le retourne sur une cuve également pleine de mercure. Le volume de gaz G qu'on introduit est indiqué par la graduation volumétrique. Si l'on veut éviter toute correction relative à la pression, il suffit de prendre une cuve assez profonde pour que l'on puisse y enfoncer l'eudiomètre jusqu'à ce que les niveaux du mercure soient sur le même plan horizontal à l'intérieur C et à l'extérieur B. Les volumes sont ainsi mesurés à la pression atmosphérique (1).

Pour faire la synthèse de l'eau, on introduira dans l'eudiomètre un certain volume d'oxygène, puis de l'hydrogène, on mesurera le volume du mélange, ce qui permettra d'en déduire le volume de l'hydrogène.

Ensuite on fait jaillir une étincelle électrique : les

---

(1) Si le peu de profondeur de la cuve ne permet pas d'exécuter cette opération, on trace sur l'eudiomètre une graduation en millimètres ayant le o dans le plan du niveau du mercure dans la cuvette et on dispose le tube verticalement. On peut ainsi mesurer au moyen de cette graduation la pression à laquelle on mesure le volume du gaz. On calculera les différents volumes par une même valeur de la pression.

deux gaz se combinent en partie pour former de l'eau qui se condense à l'état liquide et dont le volume est insignifiant. On mesure le volume du gaz restant et on détermine sa nature. On sait ainsi quels sont les volumes d'hydrogène et d'oxygène qui se sont combinés pour former l'eau.

Supposons qu'on ait introduit 2 centimètres cubes d'oxygène et 2 centimètres cubes d'hydrogène. Après l'étincelle électrique, on verra qu'il reste 1 centimètre cube de gaz et que ce gaz est de l'oxygène.

2 centim. cubes d'hydrogène et 1 centim. cube d'oxygène se sont donc combinés pour former de l'eau.

Si l'on entourait l'eudiomètre d'un manchon parcouru par un courant de vapeur, on constaterait que le volume de la vapeur d'eau obtenue est 2 centim. cubes.

On peut vérifier ces conclusions en déterminant par le calcul le volume de la vapeur d'eau. Il suffit d'exprimer que le poids de 2 cent. c. d'hydrogène augmenté du poids de 1 cc. d'oxygène donne le poids du volume cherché de vapeur d'eau. Si l'on désigne par p le poids de 1 cc. d'air, on a l'équation :

$$2 \times 0,069 \times p + 1,1 \times p = x \times 0,62 \times p.$$

d'où l'on déduit

$$x = \frac{2 \times 0,069 + 1,1}{0,62} = \frac{1,22}{0,62} = 2 \ \text{(environ)}.$$

2 volumes d'hydrogène se combinent donc à 1 vol. d'oxygène pour former 2 volumes de vapeur d'eau.

Ces résultats sont contenus dans la formule chimique H_2O, l'hydrogène et l'oxygène étant tous deux diatomiques, les poids H^2, O^2 et H^2O représentent des volumes égaux.

104. — *Méthode de Dumas*. — Dumas a déterminé en 1843 la composition de l'eau en poids en opérant par synthèse. La méthode consiste à faire passer un courant d'hydrogène pur et sec sur de l'oxyde de cuivre chauffé. La diminution de poids de l'oxyde de cuivre donne le poids d'oxygène employé, on détermine directement le poids de l'eau produite et l'on a, par différence, le poids de l'hydrogène.

L'hydrogène est produit dans le flacon F à trois tubulures par l'action de l'acide sulfurique sur le zinc. Il est conduit au travers d'une série de tubes T destinés à absorber les impuretés de l'hydrogène et les dernières traces de vapeur d'eau qu'il peut entraîner.

Le tube témoin t qui contient de la ponce sulfurique ne devra pas changer de poids.

L'oxyde de cuivre bien sec est placé dans le ballon A muni de robinets.

La vapeur d'eau produite sera arrêtée par un ballon

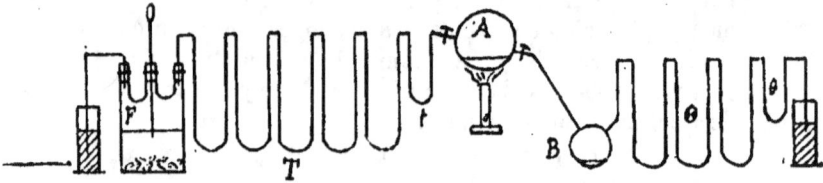

Fig. 32. — Appareil de Dumas pour la synthèse de l'eau en poids.

de condensation B suivi de tubes absorbant Θ et d'un tube témoin θ à ponce sulfurique.

Avant de monter l'appareil, on fait le vide dans le ballon A et on le tare. On tare également l'appareil absorbant B Θ et les deux tubes témoins t et θ puis on monte l'appareil.

On verse de l'acide sulfurique par le tube à entonnoir du flacon F ; l'hydrogène traverse tout l'appareil d'où il chasse l'air et se dégage au travers du mercure de l'éprouvette figurée à droite.

En cas d'obstruction, le dégagement se produirait

par l'éprouvette de gauche où un tube à dégagement s'enfonce un peu plus dans le mercure.

Quand le ballon A est purgé d'air, on le chauffe et la réduction commence dans le courant d'hydrogène qu'on fait passer très lentement.

Avant que tout l'oxyde soit décomposé, on le laisse refroidir dans le courant d'hydrogène, qu'on chasse ensuite lui-même par un courant d'air bien sec et l'on démonte l'appareil. On vérifie que les témoins t et θ n'ont pas changé de poids.

On fait le vide dans le ballon A et on détermine sa diminution de poids p.

On mesure également l'augmentation de poids P de l'appareil absorbant B Θ.

Dumas trouva ainsi :

Eau............	P	9		100
Oxygène.....	p	8	ou	88,89
Hydrogène.		1		11,11

Ce résultat conduit à la formule H^2O qui exprime qu'une molécule d'eau (18) est formée par l'union de deux atomes d'hydrogène (2) avec un atome d'oxygène (16).

105. — Etat naturel. — On trouve l'eau dans la nature sous les trois états : solide, liquide et gazeux. On trouve l'eau à l'état de neige et de glace dans les régions froides de la terre, on la trouve à l'état de vapeur dans l'atmosphère.

A l'état liquide, l'eau n'est jamais pure. Elle contient en dissolution des gaz et des solides.

Les substances qu'on rencontre en dissolution dans l'eau sont extrêmement variées.

106. — Gaz de l'eau. — On peut facilement séparer et analyser les gaz dissous dans l'eau.

On remplit d'un poids connu de liquide un ballon d'environ un litre qu'on ferme par un bouchon muni d'un tube à dégagement qui affleure juste la base du bouchon. On enfonce le bouchon de façon que l'eau remplace tout l'air du tube à dégagement.

On fait aboutir le tube à dégagement sous une éprouvette pleine de mercure et l'on fait bouillir l'eau pen-

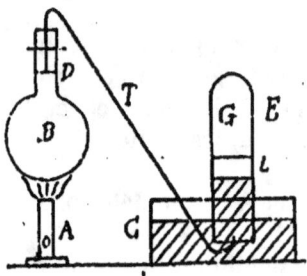

dant une heure environ. Elle abandonne les gaz dissous qui se rassemblent dans l'éprouvette. On mesure leur volume.

On fait ensuite passer dans l'éprouvette de la potasse qui absorbe le gaz carbonique. On observe la diminution du volume.

Fig. 33. — Extraction du gaz de l'eau.

On introduit ensuite, dans le gaz un bâton de phosphore qui, en quelques jours, absorbe tout l'oxygène.

Le gaz restant est de l'azote dont on mesure le volume.

On trouve ainsi que les eaux courantes contiennent en moyenne, par litre : 50 c. c. de gaz formé de moitié d'anhydride carbonique et

Oxygène............ 33
Azote............. 67
        ———
        100

Air dissous dans l'eau. — L'air de l'eau qui fournit aux animaux et végétaux aquatiques l'oxygène nécessaire à leur respiration est, comme l'on voit, plus riche que l'air atmosphérique. Il contient environ 1/3 au lieu de 1/5 d'oxygène. Les diverses eaux naturelles contiennent d'ailleurs des quantités de gaz très variables.

107. — **Matières solides contenues dans les eaux naturelles.** — On trouve à l'état de dissolution dans l'eau ordinaire, des sulfates et carbonates de calcium et autres métaux, des chlorures, des matières organiques, enfin de très petites quantités d'azotates, de phosphates, de silice, etc.

On reconnaît la présence de la *chaux* au moyen de l'oxalate d'ammonium qui donne un précipité blanc d'oxalate de calcium.

$$Ca\ CO^3 + (Az\ H^4)^2\ C^2O^4 = Ca\ C^2O^4 + (Az\ H^4)^2\ CO^3$$

On se sert aussi pour reconnaître et doser les sels de calcium d'une solution alcoolique de savon. Le savon est détruit par la chaux. On reconnaît que la réaction est terminée lorsqu'on peut obtenir par l'agitation une mousse persistante. Cette opération est la base de l'*hydrotimétrie*. L'eau est d'autant plus chargée de sels calcaires que la quantité de savon qu'il faut employer est plus grande.

Le *carbonate de calcium* est insoluble dans l'eau pure. Il n'est dissous qu'à cause du gaz carbonique contenu dans l'eau. Lorsqu'on fait bouillir de l'eau contenant ce sel, le gaz carbonique se dégage et le carbonate de calcium devenu insoluble se dépose.

Le *sulfate de calcium* donne avec le chlorure de baryum un précipité blanc de sulfate de baryum.

$$Ca\ SO^4 + Ba\ Cl^2 = Ca\ Cl^2 + Ba\ SO^4$$

On reconnaît la présence de *chlorures* dans l'eau au moyen du nitrate d'argent. Il se forme un précipité blanc, noircissant à la lumière, de chlorure d'argent.

$$Na\ Cl + Ag\ Az O^3 = Ag\ Cl + Na\ Az O^3$$

Les *matières organiques* réduisent à l'ébullition le chlorure d'or en donnant un dépôt brun d'or métallique très divisé.

108. — Eaux potables. — Pour qu'une eau soit propre à l'alimentation, il faut qu'elle soit limpide, fraîche, aérée, exempte de matières organiques (elle ne prend pas d'odeur lorsqu'on la maintient quelques jours à une température de 30°) et peu chargée de sels de calcium.

Elle ne doit pas contenir plus de o gr. 2 de sulfate de calcium par litre. Une plus grande quantité de ce sel rend l'eau indigeste, impropre au savonnage et à la cuisson des légumes (eaux sélénitcuses). L'eau potable enfin doit contenir de 0,1 à 0,5 gr. par litre de matières solides.

109. — Eaux minérales. — Dans ce qui précède nous ne nous sommes occupés que de l'eau ordinaire dont le type est l'eau de rivière.

On rencontre fréquemment des sources fournissant de l'eau chargée de substances particulières, quelquefois en grande quantité. Ces eaux se nomment eaux minérales.

Elles sont très-nombreuses et leur composition est extrêmement variée. On peut cependant distinguer plusieurs types d'eaux minérales :

EAUX GAZEUSES ; très riches en gaz carbonique. Ce gaz a été ordinairement dissous sous une pression plus grande que la pression atmosphérique ; il se dégage peu à peu à l'air libre. (*Seltz, Pougues, Soultzmatt,* etc.).

EAUX ALCALINES, dans lesquelles le bicarbonate de sodium domine (*Vichy, Vals, Ems,* etc.).

EAUX FERRUGINEUSES, contenant des sels de fer à acide organique (*Spa, Orezza,* etc.) ou du sulfate de fer (*Passy*).

EAUX SULFUREUSES, contenant des sulfures de sodium et de calcium (*Barèges, Enghien,* etc.)

EAUX PURGATIVES, contenant soit du sulfate de sodium (*Plombières, Carlsbad,* etc.), soit du sulfate de magnésium (*Sedlitz, Pullna, Epsom,* etc.).

EAUX SALÉES, dont le type est l'eau de mer. Elles contiennent des chlorures, bromures et iodures (*Bourbonne,* etc.).

EAUX THERMALES, venant ordinairement d'une grande profondeur et dont la température peut dépasser 50°.

110. — Eau distillée. — Pour obtenir l'eau chimiquement pure, il faut la débarrasser de toutes les substances qu'elle tient en dissolution. On y parvient par la *distillation*.

L'eau est portée à l'ébullition dans une chaudière en cuivre (*cucurbite*) surmontée d'un dôme (*cha*

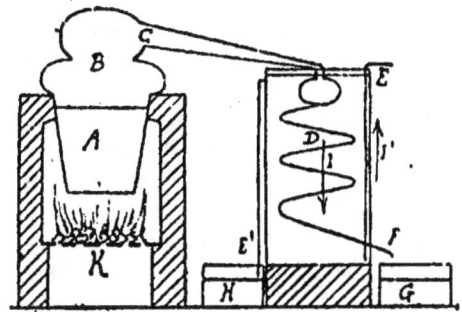

Fig. 34. — Alambic à distiller l'eau. — A, cucurbite. — B, chapiteau. — C, col de cygne. — D, serpentin. — E, I, E', réfrigérant. — G, eau distillée.

piteau). La vapeur est conduite dans un *serpentin* en étain placé dans un *réfrigérant* parcouru par un courant continu d'eau froide. Elle s'y condense ; on la recueille à son extrémité inférieure.

AZOTE

Poids atomique Az = 14   Poids moléculaire Az² = 28

Historique. — L'azote a été découvert en 1772 par Rutherford. Il a été étudié par Lavoisier.

111. — Propriétés physiques. — C'est un gaz incolore, inodore et insipide ; sa densité est 0,97. Il est très peu soluble dans l'eau qui n'en dissout que 1/50

de son volume. Il a été liquéfié en 1877 par MM. Cailletet et Pictet. Il bout vers — 190°. Il a été solidifié vers
— 210°.

112. — Propriétés chimiques. — Ce qui caractérise
surtout l'azote c'est son inertie au point de vue
chimique. Il n'agit, en effet, directement sur aucun des
corps usuels. Il n'attaque que quelques corps rares
comme le bore et le titane.

Il n'entretient pas la combustion.

Il n'entretient pas non plus la respiration; cependant il n'est pas toxique; un animal plongé dans une
atmosphère d'azote périt seulement par privation d'oxygène.

113. — *Caractères.* **—** On reconnaît l'azote à ce
qu'il éteint une allumette sans s'enflammer à son
contact.

Il n'agit pas sur la teinture de tournesol et ne
trouble pas l'eau de chaux. Ces dernières propriétés le distinguent de l'anhydride carbonique qui
éteint également les corps en combustion.

114. — État naturel. — L'azote existe à l'état
libre dans l'air atmosphérique dont il forme environ
les 4/5 en volume. Il entre dans la constitution des
matières organiques constituant les parties les plus
essentielles des organes des végétaux et des animaux.

Malgré son inertie chimique, il joue cependant dans
la nature un rôle très important. L'azote est un élément indispensable à la nutrition des animaux et des
végétaux.

Ce corps n'est absorbé par les animaux qu'à l'état
de combinaisons organiques; aussi les animaux pren-
nent-ils l'azote qui leur est nécessaire dans la substance
des végétaux.

Les végétaux prennent la plus grande partie de
l'azote qu'ils s'assimilent, dans le sol, sous la forme

d'engrais azotés provenant de matières animales ou végétales. Une partie de cet azote peut repasser à l'état de gaz et n'être plus assimilable, ce qui fait que la quantité totale d'azote capable d'être absorbé par les végétaux et les animaux irait constamment en diminuant si l'azote de l'atmosphère ne venait réparer ces pertes.

Certaines plantes possèdent la propriété de fixer directement une petite quantité d'azote prise dans l'atmosphère. D'autre part, sous l'action des étincelles électriques, l'azote peut se combiner à l'oxygène, il se forme ainsi, dans l'atmosphère, un peu d'acide azotique qui se combine aussitôt à l'ammoniaque provenant de la décomposition des matières organiques pour former de l'azotate d'ammoniaque. Ce dernier corps est dissous dans l'eau de pluie et ramené sur le sol où il est utilisé pour la nutrition des plantes.

Préparation. — L'azote s'extrait ordinairement de l'air atmosphérique.

115. — *Par le phosphore.* — On dispose sur un flotteur en liège un petit têt contenant du phosphore qu'on enflamme. Ce flotteur, placé sur une cuve à eau, est recouvert par une cloche pleine d'air. La cloche s'emplit de fumées blanches d'anhydride phosphorique provenant de la combinaison du phosphore avec

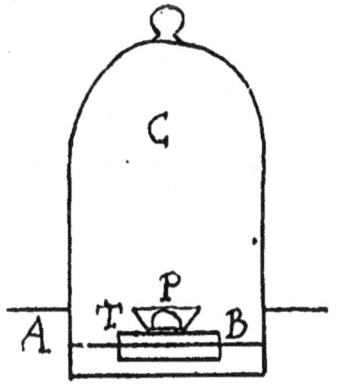

Fig. 35. — Extraction de l'azote de l'air par le phosphore.

l'oxygène de l'air. Lorsque tout l'oxygène a été absorbé, le phosphore s'éteint; on laisse refroidir; au bout de quelques instants l'anhydride phosphorique s'est dissous dans l'eau et l'azote reste dans la cloche.

L'azote ainsi obtenu est humide; de plus, il contient encore un peu d'oxygène et une petite quantité d'anhydride carbonique.

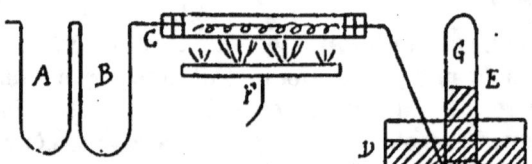

Fig. 36. — Extraction de l'azote de l'air, par le cuivre.

116. — *Par le cuivre.* — Pour avoir de l'azote pur, on fait passer un courant d'air successivement à travers une solution de potasse A qui absorbe l'anhydride carbonique, sur de la pierre ponce B imbibée d'acide sulfurique qui absorbe la vapeur d'eau et enfin dans un tube C contenant de la tournure de cuivre et chauffé au rouge qui absorbe l'oxygène. Le gaz G est recueilli sur la cuve à mercure D.

117. — **Usages.** — L'azote n'est guère employé dans les laboratoires que pour réaliser des atmosphères inertes.

AIR

118. — **Historique.** — L'air était un élément pour les anciens.

Lavoisier a montré en 1774 que c'est un mélange d'oxygène et d'azote.

Il prit un ballon de verre dont le large col recourbé venait déboucher dans l'air contenu dans une cloche graduée, reposant sur une cuve à mercure. Ce ballon contenait une certaine quantité de mercure qu'on pouvait porter à une température voisine de celle de l'ébullition au moyen d'un fourneau.

Fig. 37. — Analyse de l'air, par Lavoisier.

Lavoisier chauffa ce ballon pendant douze jours consécutifs. Il s'était formé dès les premiers jours une matière rouge à la surface du mercure. Lavoisier cessa de chauffer lorsque cette matière rouge eut cessé d'augmenter depuis longtemps. Il laissa alors refroidir l'appareil et constata que la masse enfermée dans le ballon et la cloche avait diminué de volume.

Il recueillit le gaz restant et montra qu'il était inerte, qu'il avait perdu toutes les propriétés de l'air. Il éteignait les corps en combustion, et les animaux qu'il y plongea furent asphyxiés. Ce gaz inerte était l'azote.

Il introduisit ensuite la matière rouge qui s'était formée à la surface du mercure dans une petite cornue de verre et la chauffa. Cette matière fut décomposée. Il resta dans la cornue un peu de mercure et il recueillit un gaz incolore dont le volume représentait précisément celui qui avait disparu dans l'expérience primitive.

Ce gaz possédait toutes les propriétés de l'air ; mais à un degré beaucoup plus élevé. Les combustions s'y effectuaient avec beaucoup plus d'éclat et les animaux introduits semblaient y respirer avec plus d'activité. Ce gaz était l'oxygène. Lavoisier conclut de cette analyse que l'air était constitué par deux éléments : une matière inerte : l'azote et une autre matière, active :

l'oxygène, possédant toutes les propriétés de l'air et
doué d'une énergie plus grande.

Il constata ensuite qu'en mélangeant l'azote et l'oxygène dans le rapport indiqué par l'analyse qu'il avait
faite, il reconstituait un gaz identique à l'air atmosphérique.

Il réalisa ainsi successivement l'analyse et la synthèse de l'air.

119. — Propriétés. — Les propriétés générales de
l'air atmosphérique sont celles de l'oxygène, affaiblies
par la présence de l'azote.

Le poids spécifique normal de l'air est 0,001293 ;
1 litre d'air à 0° et 760ᵐᵐ, pèse 1 gr. 293.

Sa densité est prise pour unité de densité des gaz
et vapeurs.

120. — Composition de l'air atmosphérique. —
L'air, comme tous les gaz, peut être plus ou moins
humide, c'est-à-dire mélangé à une certaine quantité
de vapeur d'eau (0,01 environ). Cette quantité est
variable, aussi ne doit-elle pas être considérée comme
faisant partie intégrante de l'air atmosphérique. L'étude
de l'air à ce point de vue constitue l'*hygrométrie* qui
est une branche de la physique.

Nous allons nous occuper de la composition de *l'air
sec*. La plus grande partie de l'air est constituée par un
mélange d'azote et d'oxygène. Ce sont les deux seuls
corps dont on puisse reconnaître la présence quand on
opère sur une petite quantité.

On peut déterminer les quantités d'azote et d'oxygène contenues dans l'air, soit en volumes, soit en
poids.

Composition en volumes. — Le principe des
méthodes employées consiste à introduire dans un

certain volume d'air une substance capable d'absorber l'oxygène; on mesure ensuite l'azote restant.

121 — *Analyse par le phos-phore.* — On peut opérer soit à froid soit à chaud.

Dans le premier cas, on intro-duit un certain volume d'air, 100cc par exemple dans une éprouvette graduée A, renversée sur l'eau E. On fait passer dans cette éprou-vette un bâton de phosphore P et on laisse en contact pendant plusieurs heures. Le phosphore absorbe directement l'oxygène en donnant des composés qui se dissolvent dans l'eau. L'opération est terminée quand le volume du gaz cesse de diminuer. On le mesure alors et l'on trouve 79 cc. En exprimant que le poids de

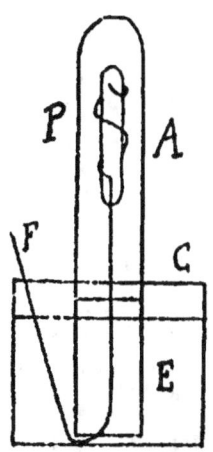

Fig. 38. — Analyse de l'air par le phos-phore, à froid.

l'air est égal au poids de l'azote, plus le poids de l'oxygène, on obtient facilement le volume de ce dernier corps.

$$100 \times p = 79 \times 0,97 \times p + x \times 1,1 \times p$$

où p représente le poids d'un centimètre cube d'air

$$x = \frac{100 - 79 \times 0,97}{1,1} = 21 \text{ c. c.}$$

100 c. c. d'air contiennent donc :
21 c. c. d'oxygène et
79 d'azote.

Soit environ 1/5 d'oxygène et 4/5 d'azote.

Le volume de l'air est donc la somme des volumes de l'azote et de l'oxygène.

On peut obtenir plus rapidement le même résultat, en opérant à chaud.

On introduit 100 cc· d'air dans une cloche courbe A munie d'une petite ampoule dans laquelle on a mis un

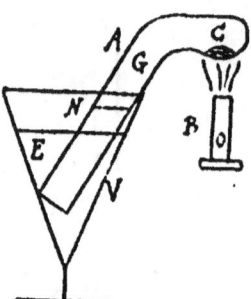

morceau de phosphore C. Cette cloche repose sur un vase V plein d'eau. On chauffe le phosphore jusqu'à ce qu'il s'enflamme. On voit alors une flamme parcourir toute l'étendue de la cloche puis s'éteindre. L'oxygène est absorbé. Il s'est formé de l'anhydride phosphorique qui se dissout dans l'eau et il reste dans la cloche 79 c.c. d'azote.

Fig. 39. — Analyse de l'air par le phosphore, à chaud.

122. — *Analyse eudiométrique* — On introduit dans l'eudiomètre à mercure un certain volume d'air, 10cc par exemple, et de

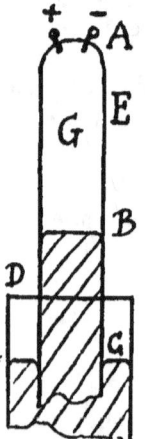

l'hydrogène, soit 10cc. On a ainsi 20cc de mélange. On fait passer l'étincelle électrique et on constate qu'il reste 13c7 de gaz. Il en a donc disparu 6cc3. Ce gaz a disparu parce qu'il s'est condensé sous forme d'eau liquide. Il était donc constitué par 1/3 d'oxygène et 2/3 d'hydrogène. Il contenait 2cc1 d'oxygène, ce qui représente tout l'oxygène contenu dans l'air employé, puisqu'il reste encore de l'hydrogène.

Puisqu'il a disparu 4cc2 d'hydrogène, il en reste encore 5cc8, qui, retranchés du volume du résidu 13cc7, donnent 7cc9, volume de l'azote.

Fig. 40. — Eudiomètre de Bunsen.

123. — **Analyse en poids**. — La composition de l'air en poids a été déterminée par Dumas et Boussingault.

Ils employaient un appareil composé d'un tube peu fusible T contenant de la tournure de cuivre, muni de deux robinets r et r' et chauffé sur une grille à analyse G.

Il est mis en rapport : d'une part avec une série de tubes destinés à absorber le gaz carbonique et la vapeur d'eau de l'air, d'autre part avec un grand ballon B à robinet R où l'on a fait le vide et qui est destiné à recevoir l'azote de l'air qui se sera dépouillé de son oxygène au contact du cuivre chaud.

Avant de monter l'appareil, on fait la tare du ballon vide B, du tube à cuivre T où l'on a fait le vide et du tube témoin t qui contient de la pierre ponce imbibée de potasse dans sa branche gauche, et dans sa branche droite de l'anhydride phosphorique.

On dispose alors l'appareil comme l'indique la figure 41.

On porte au rouge sombre le tube à cuivre. On ouvre graduellement le robinet r, puis R pour faire passer l'air de l'atmosphère au travers des tubes absorbants, très lentement, jusqu'à ce que T et B soient remplis d'azote sous la pression atmosphérique.

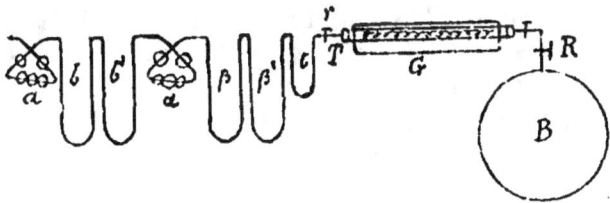

Fig. 41. -- Appareil de Dumas et Boussingault, pour l'analyse de l'air en poids.

L'air traverse d'abord le tube à boules a (de Liebig) qui contient une solution de potasse (KHO) et les tubes en U : b et b' contenant de la pierre ponce imbibée de sol tion potassique; il y abandonne tout son gaz carbonique.

Il parcourt ensuite le tube à boules α chargé d'acide sulfurique concentré ($H^2 SO^4$) et les tubes en U: β et β' remplis d'anhydride phosphorique ($P^2 O^5$); il s'y débarrasse de sa vapeur d'eau.

Après le tube témoin *t*, l'air abandonne son oxygène au cuivre du tube T et l'azote se rend dans le ballon B.

Lorsque l'appel d'air a cessé, on laisse refroidir le tube T, on ferme les robinets *r*, *r'*, R et l'on démonte l'appareil.

On reporte à la balance le tube témoin *t*. S'il a augmenté de poids c'est que les tubes précédents n'avaient pas assez purifié l'air et l'expérience est toute à recommencer.

Si *t* n'a pas changé de poids, on reporte à la balance le ballon B qui a éprouvé une augmentation de poids P mesurant le poids d'azote entré dans ce ballon.

On reporte ensuite à la balance le tube T qui a éprouvé une augmentation de poids Q mesurant le poids d'oxygène absorbé, plus celui de l'azote restant dans le tube.

On fait le vide dans ce tube T et la diminution de poids *p* qu'il éprouve alors mesure le poids d'azote qu'il contenait.

Ainsi l'air analysé contenait les poids

$$Q - p \text{ d'oxygène et}$$
$$P + p \text{ d'azote}$$

Dumas et Boussingault ont ainsi trouvé

Oxygène... $(Q - p)$. .. 23
Azote...... $(P + p)$.... 77
Air......... $(P + Q)$.... 100

124.— Autres substances contenues dans l'air.— Outre l'azote et l'oxygène, l'air atmosphérique contient un grand nombre d'autres substances. Ces dernières sont en quantités tellement petites qu'on ne peut les doser qu'en opérant sur des volumes d'air considérables ; mais elles n'en ont pas moins un rôle très important dans la nature.

On trouve dans l'air du gaz carbonique (environ 0,0003 de son volume), des sels ammoniacaux (carbonate et azotate), des composés nitreux, de l'ozone, des débris organiques, des poussières minérales et enfin des êtres organisés microscopiques.

Le gaz carbonique et les sels ammoniacaux sont utilisés par les végétaux, les microbes déterminent les phénomènes connus sous le nom de *fermentations*, etc.

125. — L'air est un mélange. — Dans l'air, les matières autres que l'azote et l'oxygène peuvent être considérées comme des impuretés, mais ces deux corps existant en rapport sensiblement constant, il est nécessaire d'indiquer par des raisons précises, pourquoi l'air est considéré comme un mélange et non comme une combinaison d'azote et d'oxygène.

1° Quand on mélange 79,2 volumes d'azote et 20,8 d'oxygène on obtient de l'air sans qu'il se produise aucun phénomène calorifique.

2° L'air ne possède aucune propriété nouvelle. Ses propriétés résultent de celles de l'azote et de l'oxygène.

La composition de l'air ne suit pas les lois générales des combinaisons chimiques.

3° Elle est en contradiction avec la loi de Dalton, car tous les composés oxygénés de l'azote doivent contenir pour 1 atome d'azote (14) un multiple simple du poids atomique de l'oxygène (16), ce qui n'a pas lieu pour l'air.

4° Elle est également contraire aux lois de Gay-Lussac. Les volumes 79,2 et 20,8 ne sont pas dans un rapport simple.

5° Ils ne sont pas non plus en rapports simples avec le volume 100 de l'air.

6° Les deux gaz s'unissant à volumes inégaux, il devrait y avoir contraction, ce qui n'a pas lieu.

7° Enfin toutes les lois physiques qui s'appliquent aux mélanges, s'appliquent également à l'air atmosphérique.

L'exemple le plus concluant est fourni par la dissolution des gaz dans l'eau. Si l'on analyse le mélange d'azote et d'oxygène dissous dans l'eau, on trouve environ 2/3 d'azote et 1/3 d'oxygène, tandis que l'air atmosphérique contient environ 4/5 d'azote et 1/5 d'oxygène.

L'air ne s'est donc pas dissous comme un composé défini ; chacun des gaz s'est dissous comme s'il était seul, résultat qu'on ne peut observer que lorsqu'il s'agit d'un mélange.

CHAPITRE SIXIÈME

MÉTALLOÏDES

Ire FAMILLE. — FLUOR, CHLORE, BROME, IODE

CHLORE

Poids atomique $= Cl = 35,5$.   Poids moléculaire $= Cl^2 = 71$.

126. — Propriétés physiques. — Le chlore est un gaz jaune-verdâtre, d'une odeur irritante provoquant la toux et même des crachements de sang. Sa densité est 2,4. Il est assez soluble dans l'eau qui en absorbe environ 3 fois son volume à 10°, solubilité maximum, qui décroît au-dessus et au-dessous de cette température.

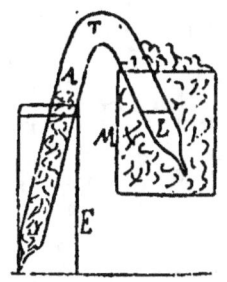

Fig. 42. — Liquéfaction du chlore. — A, hydrate de chlore. — L, chlore liquide.

Ce mode rare de variation de solubilité est dû à la combinaison du chlore avec l'eau. L'hydrate de chlore ($Cl + 5\ H^2 O$)

s'obtient en cristaux jaunes lorsque l'on fait arriver du chlore dans de l'eau maintenue à 0°. Il se dissocie au-dessus de 0° et peut servir à obtenir le chlore liquide dans le tube de Faraday.

Dans la grande branche on met des cristaux d'hydrate de chlore. On ferme ensuite à la lampe les deux extrémités du tube. Si l'on porte maintenant la grande branche dans de l'eau chaude et qu'on entoure la petite d'un mélange réfrigérant, le chlore abandonne l'eau et vient se condenser liquide dans la partie froide. C'est un liquide jaune très mobile qui bout à —34° sous la pression ordinaire et dont la tension maximum est d'environ 6 atmosphères à 0°.

Il se solidifie vers — 100°.

127. — Propriétés chimiques. — Le chlore se combine directement avec tous les corps simples, sauf l'oxygène, l'azote, le carbone.

Avec l'hydrogène il donne de l'acide chlorhydrique et un dégagement de chaleur considérable.

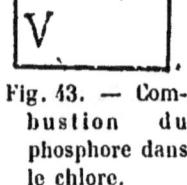

Fig. 43. — Combustion du phosphore dans le chlore.

$$Cl_2 + H_2 = 2\,H\,Cl \qquad + 44 \text{ Calories.}$$

La réaction ne se produit pas à froid dans l'obscurité, mais elle a lieu avec détonation au contact d'une flamme ou d'une étincelle électrique. A la lumière diffuse du jour, elle se produit lentement. Elle est instantanée et d'une violence extrême sous l'action du moindre rayon de lumière solaire directe ou réfléchie. La lumière de l'arc électrique, celle du magnésium provoquent une détonation moins vive.

Avec le phosphore, le potassium, l'arsenic et l'antimoine pulvérisés, l'étain, la combinaison se produit vivement à froid. L'antimoine, l'arsenic en poudre projetés dans un flacon de chlore donnent une belle pluie de feu. Le mercure aussi est attaqué à froid, mais lentement. Les autres corps simples s'y combinent à température plus ou moins élevée.

Le chlorure qui se forme en présence d'un excès de chlore est toujours le plus chloruré qui soit stable dans les conditions de l'expérience.

128. — ACTION SUR LES CORPS COMPOSÉS. — Le chlore agit sur un grand nombre de composés. Souvent il leur enlève un de leurs éléments, comme l'hydrogène ou un métal.

129. — COMPOSÉS HYDROGÉNÉS. — Le chlore décompose l'eau au rouge d'après l'équation

$$2\,H^2O + 2\,Cl^2 = 4\,HCl + O^2$$

mais la réaction est limitée par l'action inverse.

La même réaction se produit lentement à froid sous l'action de la lumière, aussi la dissolution de chlore (eau de chlore) ne se conserve-t-elle qu'à l'obscurité ou dans des flacons jaunes.

130. — *Oxydation.* — Cette décomposition se produit instantanément en présence des corps réducteurs. Ainsi la dissolution d'acide sulfureux donne de l'acide sulfurique au contact du chlore.

$$H^2SO^3 + H^2O + Cl^2 = 2\,HCl + H^2SO^4$$

Chlore et acide sulfureux se partageant les éléments de l'eau.

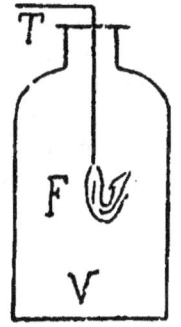

Fig. 44. — Flamme de chlore dans le gaz ammoniac.

La dissolution de sulfate ferreux donne avec la potasse un précipité vert d'hydrate ferreux.

En présence du chlore, le sulfate ferreux s'oxyde

et se convertit en sulfate ferrique qui donne avec la potasse un précipité jaune d'hydrate ferrique.

131. — *Désinfection*. — Le chlore décompose de même l'ammoniaque

$$8 \, As \, H^3 + 3 \, Cl^2 = 6 \, As \, H^4 \, Cl + As^2$$

ainsi que l'acide sulfhydrique, s'emparant aussi de son soufre lorsqu'il est en excès

$$H^2S + Cl^2 = 2 \, H \, Cl + S$$

C'est pourquoi il est employé à désinfecter les lieux d'aisance où sont répandus de l'ammoniaque, de l'acide sulfhydrique et surtout la combinaison de ces deux gaz.

132. — OXYDES MÉTALLIQUES. — Il s'empare du métal de certains oxydes pour former le chlorure correspondant et chasse l'oxygène

$$2 \, MgO + 2 \, Cl^2 = 2 \, Mg \, Cl^2 + O^2$$

mais avec les oxydes alcalins et alcalino-terreux, en présence de l'eau, il se combine aussi à l'oxygène, à la faveur de la chaleur produite par la formation du chlorure. L'acide chloré ainsi produit se combine à la base en excès pour former un sel qu'on trouvera mélangé au chlorure.

C'est ainsi que l'action du chlore sur la chaux donne, à froid, le mélange de chlorure et d'hypo-chlorite de calcium connu sous le nom de *chlorure de chaux*.

$$2 \, Ca \, (HO)^2 + 2 \, Cl^2 = Ca \, Cl^2 + Ca \, (Cl \, O)^2 + 2 \, H^2O$$

L'action du chlore sur la solution concentrée ou chaude de potasse donne du chlorate et du chlorure de potassium.

$$6 \, K \, H \, O + 3 \, Cl^2 = 5 \, K \, Cl + K \, Cl \, O^3 + 3 \, H^2O$$

133. — *Décoloration*. — Le chlore détruit également, en leur enlevant leur couleur, un grand nombre de matières colorantes (tournesol, indigo, encre, etc...).

On utilise cette réaction dans l'industrie en employant de préférence le chlorure de chaux

$$Ca\ Cl^2 + Ca\ (ClO)^2$$

Ce dernier, au contact des acides, abandonne son acide hypochloreux dont l'anhydride (Cl^2O) joue le rôle d'oxydant par son oxygène et par son chlore à la fois ; si bien qu'une molécule d'anhydride Cl^2O est capable de décolorer autant de matière que les deux molécules de chlore $2\ Cl^2$ employées à la préparation du chlorure de chaux.

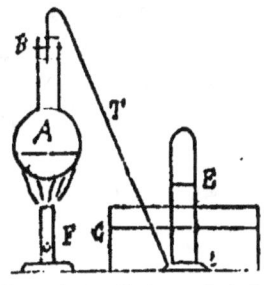

Fig. 15 — Préparation du chlore. — C, eau salée.

134. — Caractères. — Le chlore se reconnaît à sa couleur, à son odeur, à son action sur les matières colorantes. Il est encore caractérisé par la propriété qu'il a de déplacer le brome et l'iode de leurs combinaisons métalliques.

135. — État naturel — Le chlore n'existe pas dans la nature à l'état libre; mais les chlorures y sont très abondants, en particulier le chlorure de sodium de la mer et des salines.

136. — Préparation. — L'acide chlorhydrique donne avec le bioxyde de manganèse : de l'eau, du chlorure de manganèse et dégage la moitié de son chlore.

$$MnO^2 + 4\ H\ Cl = H^2O + Mn\ Cl^2 + Cl^2$$

On introduit dans un ballon du bioxyde de manganèse en grains et de l'acide chlorhydrique concentré. La réaction commence à froid; mais elle ne marche régulièrement que si l'on chauffe doucement.

On ne peut recueillir le chlore sur l'eau où il est trop soluble ni sur le mercure qu'il attaque à froid.

Buguet. — 7.

On le recueille sur l'eau salée qui en dissout fort peu.

Lorsqu'on ne craint pas la présence d'un peu d'air, on se contente de le recueillir par déplacement.

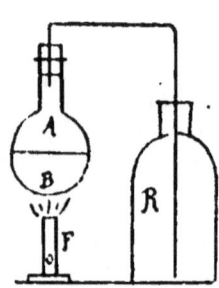

Fig. 46. — Chlore recueilli par déplacement.

On l'a plus pur en le faisant passer d'abord dans un flacon laveur contenant un peu d'eau qui retient les poussières et l'acide chlorhydrique entraîné. Enfin on peut le dessécher en lui faisant traverser une colonne de chlorure de calcium.

Eau de chlore. — On obtient l'eau de chlore en faisant passer le gaz au travers d'une série de flacons à trois tubulures (flacons de Woolf) à moitié remplis d'eau. Le gaz qui s'échappe du dernier flacon est retenu par une dissolution de soude où on le fait arriver.

Fig. 47. Eprouvette à dessécher chargée de chlorure de calcium D.

137. — *Fabrication industrielle.* — Dans l'industrie on prépare souvent le chlore par le procédé de Scheele; mais, en raison du prix du bioxyde de manganèse, on régénère ce dernier en oxydant par l'air et en présence de la chaux, le chlorure de manganèse qui s'est produit.

On pratique depuis peu le procédé de M. Schlœsing qui consiste en la décomposition du chlorure anhydre de magnésium, à chaud, dans un courant d'air

$$2\,Mg\,Cl^2 + O^2 = 2\,Mg\,O + 2\,Cl^2$$

La magnésie obtenue est utilisée dans la fabrication du carbonate de soude artificiel.

138. — Usages. — L'industrie fournit ainsi de grandes quantités de chlore dont la majeure partie est transformée en *chlorure de chaux*. Ce dernier se comporte, en présence des matières colorantes, comme le chlore qui a servi à le produire, tandis que son état solide le fait plus transportable.

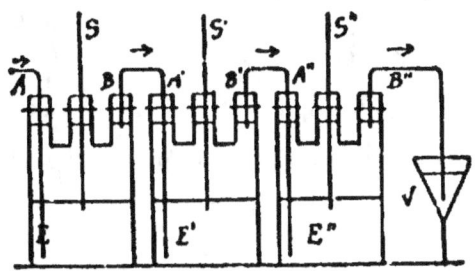

Fig. 48. — Appareil de Woolf. — S, S', S", tubes de sûreté ; V, solution alcaline.

Le *blanchiment* en emploie de grandes quantités depuis que Berthollet a montré qu'il suffit de quelques heures de contact avec le chlore pour rendre soluble dans la lessive la matière grise des *toiles écrues*. Le blanchiment s'obtenait autrefois en exposant les toiles à l'action de l'ozone de l'air qui agit comme le chlore. Mais il fallait alors les étendre pendant des mois sur les prés et les soumettre à une série de lessivages.

Le chlore détruit également l'encre qui est un gallate de fer. Il laisse, à la place, une tache jaune formée de sesquioxyde de fer (rouille). Il suffit d'un lavage à l'acide chlorhydrique très étendu pour enlever cette dernière trace.

Le chlore est enfin employé à détruire l'ammoniaque et l'acide sulfhydrique qui se dégagent des matières organiques en putréfaction.

Principaux composés du chlore. — Le chlore forme avec l'*hydrogène* une seule combinaison :

L'acide chlorhydrique.   (HCl)

Avec l'oxygène, il forme :

L'anhydride hypochloreux . . . . .   ($Cl^2 O$)
Le peroxyde de chlore . . . .   ($Cl O^2$)

On connaît également les

Acide hypochloreux . . . .   (H Cl O)
»   chloreux . . . .   (H Cl O²)
»   chlorique. . . . .   ·H Cl O³)
»   perchlorique . . . .   (H Cl O⁴)

Tous sont des composés indirects, éminemment explosifs.

ACIDE CHLORHYDRIQUE   (H Cl)

Connu autrefois sous le nom d'*esprit de sel* ou *acide muriatique*, l'acide chlorhydrique a été obtenu à l'état gazeux par Cavendish.

140. — Propriétés physiques. — C'est un gaz incolore, d'une odeur piquante, d'une saveur acide. Sa densité est 1,3.

L'eau en dissout environ 500 fois son volume à 0°. Cette grande solubilité est mise en évidence par les expériences suivantes.

Si l'on débouche sur l'eau une éprouvette ou un flacon plein de gaz chlorhydrique, le liquide s'y précipite avec violence et brise parfois le vase *(figures 49 et 50)*.

Un grand flacon ou ballon, plein de gaz chlorhydrique, porte un bouchon traversé par un tube effilé à l'intérieur du vase et bouché à l'extérieur. On le retourne sur de l'eau colorée par de la teinture bleue de tour-

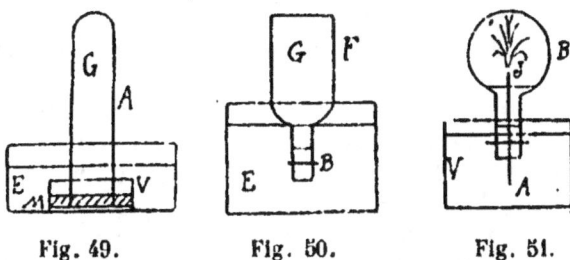

Fig. 49. Fig. 50. Fig. 51.

Absorption de l'acide chlorhydrique par l'eau.

nesol. Lorsqu'on débouche le tube, sous l'eau, celle-ci dissout le gaz et s'élève dans le tube. Dès qu'une petite quantité d'eau a pénétré dans le vase, tout le gaz est dissous et le vide se produit. L'eau jaillit alors sous l'action de la pression atmosphérique et la teinture bleue de tournesol se colore en rouge (*figure 51*).

Le gaz chlorhydrique se liqué-fie à 15° sous une pression de 40 atmosphères. On montre aisément cette liquéfaction à l'aide d'un tube de Faraday, contenant dans l'une de ses branches du charbon de bois saturé d'acide chlorhydrique.

Il a été solidifié à — 115°.

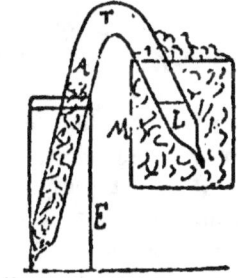

Fig. 52. — Liquéfaction de HCl. — A, charbon. — L, liquide chlorhydrique.

141. — Hydrates. — Lorsqu'on chauffe une disso-lution d'acide chlorhydrique, elle se comporte d'abord comme les dissolutions gazeuses ordinaires et perd une partie de son gaz. Au bout de quelque temps le dégagement gazeux s'arrête, la température s'élève jusqu'à 110°, puis le liquide distille avec une compo-sition voisine de (H Cl + 6 H²O).

Sous l'action de la chaleur, les solutions plus étendues perdent de la vapeur d'eau. Dans tous les cas la température s'élève jusqu'à 110° et demeure fixe tandis que le liquide distille sans changer de composition.

Les solutions plus concentrées peuvent être considérées comme provenant de la dissociation d'un hydrate $(HCl + 2 H^2O)$ stable seulement au-dessous de — 20° et qui dégage peu à peu du gaz chlorhydrique jusqu'à arriver à la composition $(HCl + 6 H^2O)$

C'est ainsi que ces solutions concentrées fument abondamment à l'air comme le gaz chlorhydrique lui-même.

Celui-ci, en effet, forme avec l'humidité de l'atmosphère l'hydrate $(HCl + 6 H^2O)$ qui se condense aussitôt sous forme de brouillard.

142. — Propriétés chimiques. — Le gaz chlorhydrique, formé avec un grand dégagement de chaleur,

$$H^2 + Cl^2 = 2 H Cl \qquad + 44 \text{ Calories}$$

est très stable. Il commence à peine à se dissocier au-delà de 1200°.

Il est décomposé par l'oxygène au rouge en donnant de l'eau et du chlore d'après l'équation

$$4 H Cl + O^2 = 2 H^2O \text{ (gaz)} + Cl^2 + (118 - 88 = 30 \text{ } Cal.)$$

Le gaz chlorhydrique donne un chlorure, à température plus ou moins élevée, avec tous les métaux, sauf l'or et le platine. La solution étendue en dissout un certain nombre, même à froid, comme le fer et le zinc (préparation de l'hydrogène).

Le chlorure obtenu est toujours le protochlorure.

Avec les oxydes, il donne le chlorure correspondant (1) et de l'eau.

$$FeO + 2 H Cl = Fe Cl^2 + H^2O$$
$$Fe^2O^3 + 6 H Cl = Fe^2 Cl^6 + 3 H^2O$$

----

(1) Le chlorure correspondant à un oxyde contient 2 fois autant d'atomes de chlore qu'il y a d'atomes d'oxygène dans l'oxyde.

143. — *Caractères.* — L'acide chlorhydrique donne au tournesol la teinte rouge *pelure d'oignon*. C'est un acide énergique. Il fume à l'air.

Le gaz chlorhydrique donne au contact du gaz ammoniac (Az H³) du chlorure d'ammonium (Az H⁴ Cl) qui forme d'abondantes fumées blanches.

144. — **Analyse.** — On fait passer dans une cloche courbe, reposant sur le mercure, un volume connu d'acide chlorhydrique et un morceau d'étain. On chauffe ; l'étain absorbe le chlore et lorsque le gaz est refroidi, on constate que le volume est réduit de moitié et qu'il ne reste plus que de l'hydrogène.

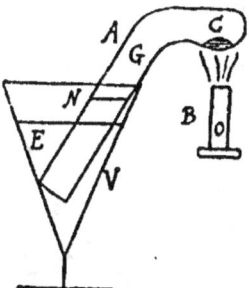

Fig. 53. — Analyse de l'acide chlorhydrique. — C, étain.

Le volume x de chlore combiné à 1 volume d'hydrogène est donc donné par l'équation :

$$2,4\, x + 0,069 = 1,3 \times 2 \qquad \text{d'où}$$

$$x = \frac{1,3 \times 2 - 0,069}{2,4} = 1$$

Ainsi : 2 volumes de gaz chlorhydrique résultent de la combinaison de 1 volume de chlore à 1 volume d'hydrogène (pas de condensation).

145. — **Synthèse.** — On fait la synthèse de l'acide chlorhydrique en abouchant par leurs cols deux flacons de même capacité remplis : l'un d'hydrogène, l'autre de chlore sous la même pression. A la lumière diffuse la combinaison s'effectue lentement ; on l'achève à la lumière directe du soleil.

Si l'on ouvre alors les deux flacons sur le mercure on constate que la pression n'a pas changé, que le mercure n'est pas attaqué et que tout le gaz est absorbé par l'eau. Donc les flacons ne contenaient plus que de l'acide chlorhydrique résultant de la combinaison du chlore et de l'hydrogène, à volumes égaux, sans condensation.

146. — Etat naturel. — L'acide chlorhydrique se trouve en petite quantité dans les fumerolles des volcans. Les rivières qui passent au voisinage en peuvent contenir ; c'est ainsi que dans les eaux du Rio-Vinagre on en trouve jusqu'à 1,2 gr. par litre.

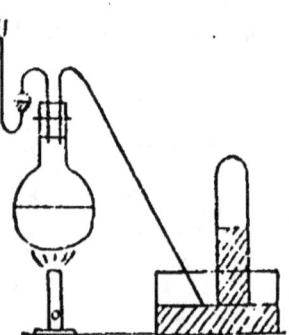

Fig. 54. — Préparation du gaz chlorhydrique.

147. — Préparation. — On prépare l'acide chlorhydrique par l'action de l'acide sulfurique concentré sur le chlorure de sodium. Il se produit du sulfate acide de sodium et de l'acide chlorhydrique.

$$Na\,Cl + H^2SO^4 = Na\,HSO^4 + H\,Cl$$

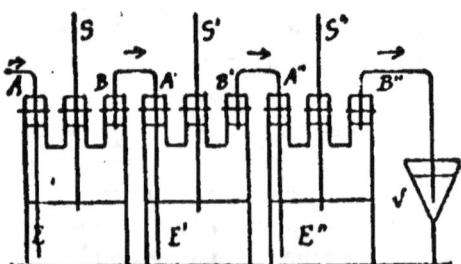

Fig. 55. — Appareil de Woolf. — S, S', S", tubes de sûreté; V, solution alcaline.

Dans les laboratoires, on emploie le sel préalablement fondu et concassé pour éviter le boursouflement que donne le sel ordinaire. Il est bon de chauffer un peu, vers la fin.

On recueille sur la cuve à mercure ou bien par déplacement d'air. Lorsque l'on veut avoir le gaz sec, on lui fait traverser une colonne de chlorure de calcium.

Dissolution. — On prépare la dissolution d'acide chlorhydrique en faisant passer le gaz, purifié par un flacon laveur, au travers d'une série de flacons de Woolf à moitié pleins d'eau.

148. — *Fabrication industrielle.* — Dans l'industrie, on n'emploie que la moitié de l'acide sulfurique nécessaire à la réaction précédente.

Son mélange avec le sel *brut* est légèrement chauffé par les gaz du foyer F dans la *cuvette* C.

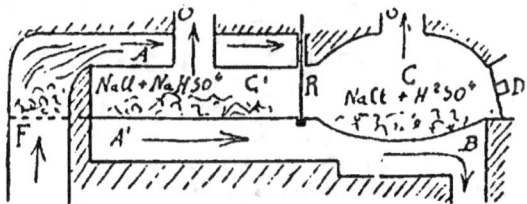

Fig. 56. — Four à moufles pour la fabrication de HCl. — F, foyer. — C, *cuvette.* — C' calcine.

Lorsque le sulfate acide de sodium est produit, on fait passer la masse dans le récipient C' appelé *calcine*, plus près du foyer, où l'on pourra atteindre une température plus élevée nécessaire pour produire la réaction du sulfate acide sur le reste du chlorure de sodium, d'après l'équation.

$$Na\,Cl + Na\,H\,SO^4 = Na^2\,SO^4 + H\,Cl$$

Le gaz chlorhydrique dégagé par les tubes O et O' est condensé dans des récipients contenant de l'eau et disposés comme les flacons de Woolf.

Les dernières traces de gaz arrivent au pied d'une

tour remplie de coke, au sommet de laquelle coule un filet d'eau qui, divisée dans sa descente au travers du coke, absorbe le gaz chlorhydrique marchant en sens inverse *(figure 57)*.

Le sulfate neutre de sodium resté dans la *calcine* est employé sous le nom de *sel de Glauber* dans la fabrication de la soude artificielle.

149. — Usages. — L'acide chlorhydrique est surtout employé à la préparation du chlore. Il sert aussi à l'extraction de l'osséine des os et au *décapage* des métaux.

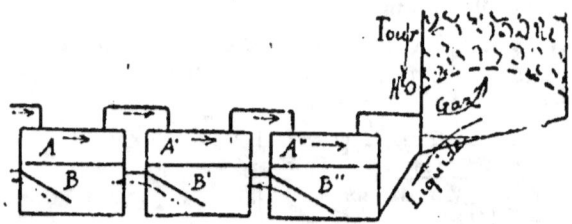

Fig. 57. — Dissolution du gaz H Cl qui chemine suivant A A' A'' et monte dans la tour, tandis que l'eau descendue de la tour, marche en sens inverse B'' B' B.

BROME

Poids atomique Br = 80.   Poids moléculaire Br² = 160.

150. — Propriétés. — Le brome, découvert par Balard en 1826, est un liquide rouge, solide à — 7°, bouillant à 63°. Il émet à la température ordinaire d'abondantes vapeurs rouges très irritantes qui ont pour densité 5,4.

Peu soluble dans l'eau, il forme avec elle à 0° un hydrate (Br + 5 H²O) correspondant à l'hydrate de chlore. Il est très soluble dans le sulfure de carbone qu'il colore en jaune.

Il présente avec le chlore les plus grandes analogies. Comme lui, il se combine directement à la plupart des corps simples. Il forme des bromures généralement isomorphes des chlorures des mêmes métaux.

Il se combine au rouge sombre à son volume d'hydrogène, pour donner, sans condensation, le gaz acide bromhydrique (H Br) analogue à l'acide chlorhydrique.

Il est *oxydant, décolorant, désinfectant* à la manière du chlore.

Il est déplacé par le chlore de ses combinaisons avec l'hydrogène et les métaux. Il déplace à son tour l'iode de ces mêmes combinaisons.

Il donne les

Acide hypobromeux (H BrO)
— bromique (H BrO³)

analogues aux composés correspondants du chlore mais un peu plus stables.

151. — *Caractères.* — On le reconnaît à sa couleur, à son odeur et au précipité jaunâtre de bromure d'argent (AgBr) que les bromures dissous donnent avec le nitrate d'argent. Ce bromure d'argent, peu soluble dans l'ammoniaque, est très soluble dans l'hyposulfite de sodium et très employé en photographie.

152. — **Extraction.** — Le brome se tire des bromures des mines de sel de Stassfurth et de ceux qu'on trouve dans l'eau et dans les végétaux de la mer.

Les *eaux mères* d'où l'on a déjà tiré du sel de cuisine et de l'iode sont traitées par un courant de chlore qui met le brome en liberté.

$$Mg\ Br^2 + Cl^2 = Mg\ Cl^2 + Br^2$$

Le brome est séparé du liquide par évaporation puis condensé à l'état liquide.

IODE

Poids atomique I = 127.   Poids moléculaire I² = 254.

153. — Propriétés. — L'iode est un solide gris métallique, d'odeur comparable à celle du chlore. Sa densité est 4,9. Il fond à 114°, bout à 200°. Il émet dès la température ordinaire une vapeur violette de densité 8,7.

Il est à peine soluble dans l'eau, mais beaucoup plus dans l'alcool, l'éther, le chloroforme, le sulfure de carbone. Il donne à ces deux derniers une couleur violette caractéristique.

Analogue au chlore et au brome, il se combine comme eux directement à la plupart des corps simples.

Il se combine à l'hydrogène pour former (à volumes égaux, sans condensation) de *l'acide iodhyrique* (IH), gaz très soluble dans l'eau et fumant à l'air comme les acides chlorhydrique et bromhydrique. La combinaison est facilitée par la mousse de platine.

L'acide iodhydrique, moins stable que l'acide bromhydrique, est dissocié facilement par la chaleur. Il suffit d'introduire dans le gaz un fil de platine chauffé au rouge pour voir apparaître la couleur violette de la vapeur d'iode.

Il forme des iodures le plus souvent isomorphes des chlorures et bromures du même métal.

Il est déplacé, de ses combinaisons avec l'hydrogène et les métaux, par le brome et à plus forte raison par le chlore.

Avec l'oxygène il donne les

anhydride iodeux (I^2O^3)
— iodique (I^2O^5)

On connaît également les

acide iodique (IHO^3)

— periodique (IHO^4)

plus stables que les composés oxygénés du brome et du chlore.

Caractères. — L'iode se reconnaît à la couleur violette de sa vapeur.

Les iodures donnent avec le nitrate d'argent un précipité jaune insoluble dans l'ammoniaque, très soluble dans l'hyposulfite de soude.

Il suffit de traces d'iode libre pour donner une coloration bleue intense à l'empois d'amidon.

154. — **État naturel.** — On le trouve à l'état d'iodures dans l'eau de la mer, dans certains êtres marins (fucus, éponges). On le rencontre aussi à l'état d'iodates.

155. — **Extraction.** — On tire l'iode de l'iodure de sodium en traitant ceux-ci par le mélange oxydant de bioxyde de manganèse et d'acide sulfurique.

Il se produit des sulfates de sodium et de manganèse, de l'eau et tout l'iode est mis en liberté, d'après l'équation

$$2\,NaI + 3\,H^2SO^4 + MnO^2$$
$$= 2\,NaHSO^4 + MnSO^4 + 2\,H^2O + I^2$$

qui rappelle la préparation du chlore par le procédé de Berthollet.

Le mélange chauffé dans des cornues en grès dégage l'iode qui vient se condenser en cristaux dans un récipient en terre.

Plus souvent encore, on extrait l'iode des iodures en le déplaçant comme le brome à l'aide d'un courant de chlore.

156. — **Usages.** — L'iode et les iodures sont employés en médecine et en photographie.

FLUOR

Poids atomique : Fl = 19   Poids moléculaire Fl² = 38

157. — Propriétés. — Isolé par M. Moissan en 1886, le fluor est un gaz d'une couleur jaune verdâtre faible, d'odeur suffocante, de densité 1,3.

Analogue au chlore mais plus actif encore, il se combine directement à tous les corps simples sauf l'oxygène et l'azote.

Le carbone amorphe et le silicium cristallisé qui résistent au chlore brûlent à froid dans le fluor.

Il se combine violemment avec l'hydrogène, à froid dans l'obscurité même. L'union à volumes égaux donne du gaz acide fluorhydrique, sans condensation.

Il décompose instantanément à froid tous les corps hydrogénés. Il enlève à l'eau son hydrogène en mettant en liberté l'oxygène dont une grande partie à l'état d'ozone montre la couleur bleue de ce dernier. Il déplace le chlore de l'acide chlorhydrique.

Caractères. — Il se reconnaît immédiatement au contact du silicium cristallisé qu'il brûle avec incandescence.

158. — Préparation. — M. Moissan l'a extrait, par électrolyse, du fluorure de potassium dissous dans l'acide fluorhydrique liquide.

$$K Fl = K + Fl$$
$$K + H Fl = K Fl + H$$

Le courant électrique est amené par deux électrodes en platine dans de l'acide fluorhydrique tenant en dissolution du fluorure de potassium. Le liquide est enfermé

dans un tube de platine en U et refroidi à — 50° par du
chlorure de méthyle où un courant
d'air détermine une évaporation active. L'hydrogène mis en liberté à
l'électrode négative se perd dans l'air.

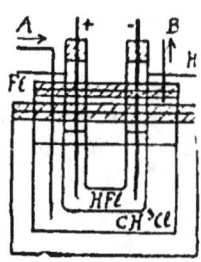

Le fluor, dégagé à l'électrode positive, est conduit par un tube latéral
dans un appareil en platine destiné à
condenser les vapeurs d'acide fluorhydrique entraînées. Le fluor pur est
recueilli par déplacement dans des
vases en platine.

Fig. 58. — Prépa-
ration du fluor.

159. — Acide fluorhydrique. —
L'acide fluorhydrique est un liquide incolore qui bout à
20' et se solidifie à — 100°. Sa densité est 0,99. Il
répand d'abondantes vapeurs de densité 1,5 qui forment
un épais brouillard avec l'humidité de l'air. Il se dissout
abondamment dans l'eau avec dégagement de chaleur.

Il attaque la plupart
des métaux. Il est extrê-
mement dangereux pour
la peau et surtout pour
les poumons. Il dissout
la silice en donnant du
fluorure de silicium gazeux.

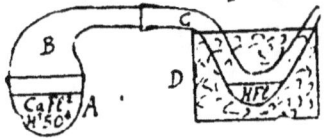

Fig. 59. — Préparation de HFl.

$$Si\ O^2 + 4HFl = 2\ H^2O + Si\ Fl^4$$

et attaque ainsi rapidement le verre, la porcelaine, etc.,
formés de silicates alcalins et terreux.

160. — Préparation. — On le prépare, comme l'acide
chlorhydrique, en chauffant le fluorure de calcium
naturel (*fluorine*) avec de l'acide sulfurique concentré,
dans une cornue en plomb ou en platine.

$$Ca\ Fl^2 + H^2\ SO^4 = Ca\ SO^4 + 2\ HFl$$

Les vapeurs sont condensées dans un récipient
entouré de glace.

On ne peut le conserver que dans des vases en plomb, en argent, en platine ou en gutta-percha.

161. — Usages. — L'acide fluorhydrique est très employé pour graver sur verre. La surface de ce dernier est d'abord couverte d'un enduit protecteur (vernis, cire). On y trace le dessin en mettant le verre à nu à l'aide d'une pointe. On fait ensuite arriver sur le dessin des vapeurs fluorhydriques ou bien un liquide fluorhydrique approprié au genre de gravure (trait mat ou transparent) qu'on veut obtenir. On enlève enfin l'enduit protecteur.

CHAPITRE SEPTIÈME

MÉTALLOÏDES

2ᵉ FAMILLE. — OXYGÈNE, SOUFRE, SÉLÉNIUM, TELLURE.

SOUFRE

Poids atomique : S = 32   Poids moléculaire : S^2 = 64

162. — Propriétés physiques. — Le soufre est un corps solide jaune ambré, sans odeur ni saveur. Il conduit mal la chaleur et l'électricité. Sa densité est environ 2.

Il fond vers 114° et bout vers 440°.

Il est insoluble dans l'eau, un peu plus dans l'alcool, mais se dissout bien dans la benzine (C^6H^6) et surtout dans le sulfure de carbone (CS^2).

163. — États allotropiques. — *Soufre octaédrique.* — La dissolution de soufre dans le sulfure de carbone abandonne à froid des cristaux *octaédriques* du système orthorhombique, c'est également la forme que l'on trouve dans la nature.

Il fond à 113°, a pour densité 2,07.

A 105°, ces cristaux deviennent peu à peu opaques, jaune-citron et se sont divisés par clivage en une infinité de petits cristaux prismatiques clinorhombiques.

Buguet. — 8.

164. — *Soufre prismatique.* — En faisant cristalliser le soufre par fusion, on obtient directement des
aiguilles prismatiques appartenant au système clino-

rhombique. Le soufre est donc *dimorphe.*

Sous cette forme, il fond à 117° et
a pour densité 1,97.

Ces aiguilles conservent leur transparence au dessus de 100° ; mais, à
froid, elles deviennent lentement opaques, jaune-citron, en se transformant en une infinité de petits octaèdres orthorhombiques. Cette transformation se produit instantanément

Fig. 60. — Soufre
prismatique cris-
tallisé par fusion.

avec dégagement de chaleur au contact d'un cristal
octaédrique ou du sulfure de carbone.

M. Gernez a montré qu'on obtient à volonté l'une
ou l'autre forme en touchant avec un cristal de la forme
voulue : soit du soufre maintenu en surfusion au voisinage de 100°, soit une solution de soufre dans la benzine sursaturée à la température ordinaire.

La forme prismatique n'est *stable* qu'au voisinage
de 100°, la forme octaédrique seulement à la température ordinaire.

165. — *Soufre insoluble.* — Toutes les variétés
de soufre contiennent une partie insoluble dans le
sulfure de carbone lorsqu'elles ont été chauffées au-
dessus de 155°. Ce soufre *amorphe*, qui se produit aussi
dans certaines réactions, se transforme en soufre prismatique soluble lorsqu'on le maintient quelque temps
à 100°.

166. — *Soufre fondu.* — Vers 120°, le soufre a la
consistance et la couleur de l'huile; au-dessus, il devient
plus foncé et visqueux; vers 220°, il l'est assez pour
qu'on puisse renverser le vase sans qu'il en coule.

A température plus élevée, il devient un peu fluide mais de plus en plus foncé.

En refroidissant il repasse par les mêmes états. Un thermomètre plongé dans la masse reste stationnaire à plusieurs reprises, accusant des dégagements de chaleur et, par suite, des changements d'état.

167. — *Soufre mou.* — Si l'on coule dans l'eau froide, en mince filet, le soufre chauffé vers 230°, il éprouve une sorte de *trempe* et garde une élasticité qui rappelle celle du caoutchouc.

Le soufre mou se transforme peu à peu, spontanément, à froid, en soufre octaédrique. Chauffé vers 95°, il donne instantanément du soufre prismatique avec dégagement de chaleur.

En résumé : le soufre solide se présente sous les quatre aspects différents de

Soufre octaédrique,
— prismatique,
— insoluble,
— mou.

168. — *Vapeur de soufre.* — La vapeur de soufre à 500° est rouge et a pour densité 6,6. A température plus élevée, elle devient jaune clair et sa densité à 1000° n'est plus que 2,2 que l'on prend pour densité théorique.

169. — **Propriétés chimiques.** — Le soufre se combine au chlore à froid en donnant un chlorure ($S Cl$ ou $S Cl^2$).

Il se combine au carbone au rouge en donnant du sulfure de carbone ($C S^2$) ; la réaction est limitée par l'action inverse.

Avec l'hydrogène et les métaux il donne des combinaisons analogues à celles de l'oxygène.

A 440° il se combine à l'hydrogène pour former de l'acide sulfhydrique (H^2S) ; mais la réaction est limitée par l'action inverse.

Le cuivre brûle dans la vapeur du soufre comme le fer dans l'oxygène.

Le soufre réduit certains composés oxygénés. Chauffé avec l'acide azotique, il se convertit en acide sulfurique.

170. — *Caractères.* — Il brûle dans l'air avec une flamme bleue en donnant du gaz sulfureux.

171. — **Etat naturel.** — Le soufre se trouve à l'état natif au voisinage des volcans (*solfatares*) et mélangé aux calcaires tertiaires de la Sicile.

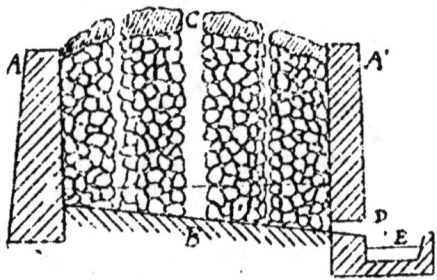

Fig. 61. — Calcarone pour l'extraction du soufre (Sicile).

On le rencontre aussi abondamment à l'état de sulfures (pyrite, galène, blende) et de sulfates (gypse).

172. — **Extraction.** — La plus grande partie du soufre provient de la Sicile où on l'isole par fusion des calcaires auxquels il est mélangé. Sur un sol dallé et incliné, bordé d'un petit parapet, on forme avec les calcaires une meule analogue à celle des charbonniers (calcarone). On a ménagé dans la masse une cheminée centrale et des canaux latéraux pratiqués à diverses hauteurs. Le tout est enveloppé de terre humide (*figure 61*).

On allume à l'aide d'herbes enflammées qu'on projette par la cheminée et l'on conduit le tirage de façon qu'il brûle juste assez de soufre pour que la chaleur produite fonde le reste qui se rassemble dans la partie

déclive. On reçoit le liquide dans des moules en bois
où il se solidifie.

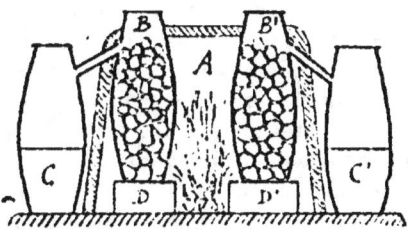

Fig. 62. — Extraction du soufre des solfatares (Italie).

Les minerais moins riches de l'Italie sont chauffés
dans des pots en terre d'où la vapeur de soufre va se
condenser dans des pots semblables, refroidis par l'air,
en dehors du fourneau *en galère* où sont chauffés à la
fois un grand nombre de vases rangés en deux files
parallèles *(figure 62)*.

173. — Raffinage. — Le soufre *brut* contient encore
des matières terreuses
dont on le débarrasse par
le raffinage.

Il est introduit dans le
récipient A où il fond,
dépose au fond les impu-
retés, tandis que le liquide
se rend par le tube B
dans le cylindre de fonte
C où il est porté à l'ébullition. La vapeur vient se
condenser dans une
grande chambre en ma-
çonnerie E *(figure 63)*.

Si l'on veut du soufre
en *canons*, on laisse la
température de la chambre s'élever assez pour que

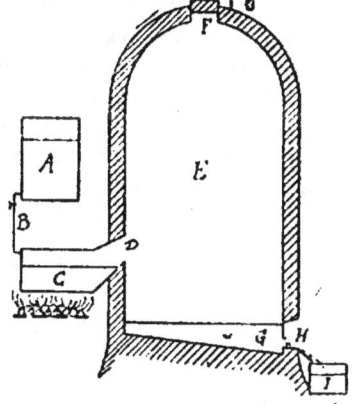

Fig. 63. — Raffinage du soufre
brut.

la masse se rassemble liquide sur le plancher incliné.
Par un trou pratiqué dans la partie déclive on fait
couler le soufre dans une auge 1 où les ouvriers le
prennent à la cuiller pour le faire passer dans des
moules en bois de forme tronconique entourés d'eau
froide. Ces moules sont formés de deux pièces que
l'on sépare pour enlever le canon solidifié.

Pour obtenir le soufre en *fleur*, on empêche la
température de la chambre de condensation de s'élever
au-dessus de 100°.

174. — Usages. — Le soufre est employé dans la
fabrication des allumettes, de l'acide sulfurique, de la
poudre, du sulfure de carbone.

Incorporé au caoutchouc par la *vulcanisation*, il lui
permet de conserver son élasticité à toute température.

Il sert à sceller le fer dans la pierre et à prendre
des empreintes.

On en consomme beaucoup pour combattre l'*oïdium*,
champignon parasite de la vigne, et pour faire les
mèches à soufrer les tonneaux. Le gaz sulfureux retenu
dans la fleur de soufre ou produit par la combustion
agit au contact de l'eau comme réducteur. C'est ainsi
qu'il prévient ou arrête les fermentations qui déterminent l'oxydation des liquides alcooliques.

La médecine en fait usage dans le traitement des
maladies de la peau.

ACIDE SULFHYDRIQUE   (H^2S)

175. — Propriétes physiques. — C'est un gaz
incolore, d'une odeur infecte, d'une saveur douceâtre.
Sa densité est 1,19.

L'eau en dissout 3 fois son volume à 15°.

On peut le liquéfier en aban-
donnant dans un tube de Faraday
du bisulfure d'hydrogène ($H^2 S^2$)
qui, spontanément, se dédouble
en soufre et acide sulfhydrique.

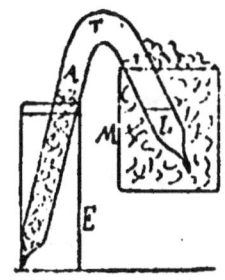

C'est un liquide incolore qui
bout à — 60° sous la pression ordinaire ; à la température ordinaire
sa tension maximum est d'environ
16 atmosphères. Il est solide à
— 80°.

Fig. 64. — Liquéfaction
de H^2S.

176.— Propriétés chimiques.

— Le gaz sulfhydrique se dissocie vers 450°, réaction
limitée par l'action inverse.

Le chlore et le brome décomposent le gaz et la dissolution en s'emparant de l'hydrogène d'abord puis du
soufre.

$$2 H^2S + 2 Cl^2 = 4 H Cl + S^2$$

L'iode ne décompose que la dissolution, réaction
utilisée au dosage du soufre des eaux sulfureuses.

Dans l'air, au contact d'une flamme, l'hydrogène
sulfuré brûle avec une flamme bleue.

$$2 H^2S + 3O^2 = 2 H^2O + 2 SO^2$$

Si l'oxygène fait défaut, une partie du soufre reste
libre.

Un charbon imprégné d'acide sulfhydrique et introduit dans l'oxygène détermine dans ses pores une
combinaison graduelle qui dégage assez de chaleur
pour amener l'explosion du mélange.

En présence de l'eau, l'oxygène déplace le soufre à
froid.

$$2 H^2S + O^2 = 2 H^2O + S^2$$

C'est pourquoi on doit préparer la solution sulfhydrique dans l'eau bouillie récemment et la conserver
dans des flacons pleins et bien bouchés.

En présence des corps poreux, l'oxydation est plus complète; il se forme de l'acide sulfurique.

$$H^2S + 2O^2 = H^2SO^4$$

C'est ce qui se produit dans le tissu des rideaux des établissements sulfureux. L'acide sulfurique produit carbonise le linge qui noircit et tombe en poussière.

La plupart des métaux décomposent l'acide sulfhydrique en prenant la place de l'hydrogène. L'argent humide donne à froid du sulfure noir (Ag^2S).

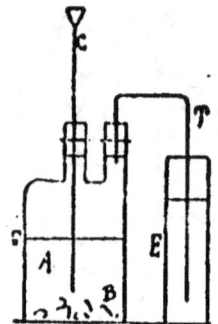

Fig. 65. — Précipitation de PbS par H^2S.

L'acide sulfhydrique est un réducteur puissant.

Il réduit l'acide sulfurique à froid et plus vite à chaud.

$$2 H^2S + 2 H^2SO^4 = 4 H^2O + 2 SO^2 + S^2$$

Il réduit à froid l'acide azotique.

$$2 H^2S + 4 HA^3O^3 = 4 H^2O + 4 A^3O^2 + S^2$$

L'acide sulfhydrique donne des précipités colorés de sulfures avec la plupart des sels métalliques. Ces réactions sont très employées pour caractériser l'*espèce* des sels. La production du sulfure noir de plomb sert à reconnaître l'acide sulfhydrique.

$$H^2S + Pb (A^3O^3)^2 = 2 HA^3O^3 + PbS$$

Un papier blanc imprégné d'une solution d'un sel de plomb noircit au contact du gaz sulfhydrique.

L'acide sulfhydrique se combine aux alcalis en donnant un sulfure (K^2S) ou un sulfhydrate (KHS); c'est un acide faible.

L'acide sulfhydrique est un poison violent dont on combat les effets en faisant respirer le chlore qui se dégage d'un linge imbibé de vinaigre et saupoudré de chlorure de chaux.

177. — *Caractères*. — L'acide sulfhydrique colore en *rouge vineux* la teinture de tournesol.

Il se reconnaît encore à son odeur et au précipité noir qu'il donne avec les sels de plomb.

178. — Analyse. — Dans une cloche courbe, sur le mercure, on introduit un volume connu de gaz sulfhydrique et un morceau d'étain qui, chauffé, absorbe le soufre. On trouve, après refroidissement, un volume d'hydrogène égal à celui du gaz primitif.

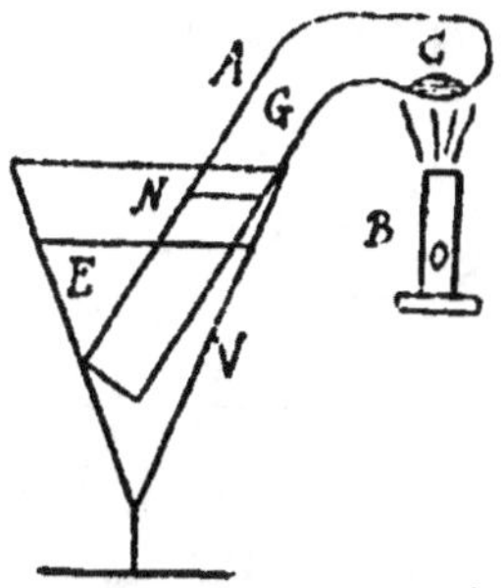

Le volume x de vapeur de soufre qui était combiné à 2 volumes d'hydrogène est donc donné par l'équation

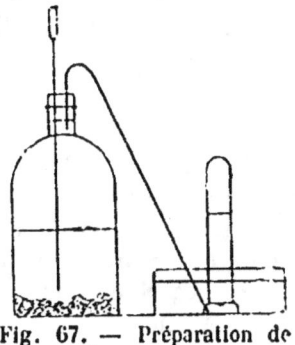

Fig. 66. — Analyse de H^2S par Sn.

$$2,2\,x + 0,069 \times 2 = 1,19 \times 2$$

d'où
$$x = \frac{2\,(1,19 - 0,069)}{2,2} = 1$$

Ainsi 1 volume de vapeur de soufre se combine à 2 volumes d'hydrogène pour donner 2 volumes (contraction 1/3) de gaz sulfhydrique.

179. — Etat naturel. — Les eaux sulfureuses contiennent : tantôt de l'acide sulfhydrique libre (Aix, Allevard), tantôt des sulfures alcalins qui dégagent de l'acide sulfhydrique sous l'action du gaz carbonique de l'air (Cauterets, Barèges).

Fig. 67. — Préparation de H^2S par Fe S.

Le gaz sulfhydrique se dégage des matières organiques sulfurées en décomposition (œufs pourris, matières fécales). On en trouve dans certaines *fumerolles* volcaniques.

Préparation — La plupart des sulfures traités par les acides dégagent du gaz sulfhydrique.

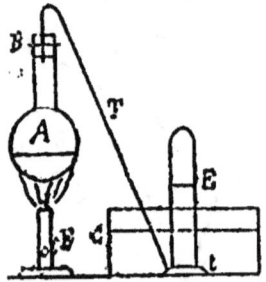

180. — Le *sulfure de fer* artificiel obtenu en projetant un mélange de fleur de soufre et de limaille de fer dans un creuset chauffé au rouge, donne à froid du gaz sulfhydrique au contact des acides sulfurique ou chlorhydrique étendus.

Fig. 68. — Préparation de H²S par Sb²S³ et HCl.

$$Fe\,S + 2\,HCl = Fe\,Cl^2 + HS^2$$

La réaction s'effectue dans le flacon à hydrogène.

Le gaz est toujours mélangé d'hydrogène libre parce que le sulfure de fer contient toujours un excès de fer libre.

181. — Le *sulfure d'antimoine* (stibine) donne du gaz sulfhydrique pur lorsqu'on le chauffe avec de l'acide chlorhydrique concentré.

$$Sb^2\,S^3 + 6\,HCl = 2\,Sb\,Cl^3 + 3\,H^2S$$

Il suffit de chauffer doucement le mélange dans un ballon de verre.

On peut arrêter le gaz chlorhydrique entraîné par un flacon laveur contenant un peu d'eau.

On recueille l'acide sulfhydrique sur l'eau ou mieux sur le mercure.

On le dessèche en lui faisant traverser une colonne de chlorure de calcium.

182. — *Dissolution*. — On prépare la dissolution

d'acide sulfhydrique, en grand usage dans l'analyse chi-

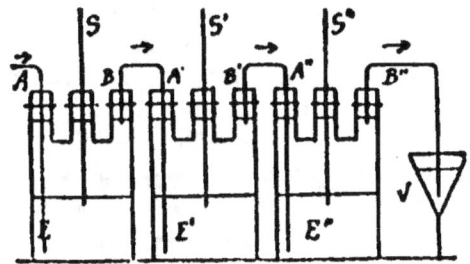

Fig. 69. — Appareil de Woolf. — Préparation de la solution
de H2S.

mique, en faisant passer le gaz dans une série de flacons
de Woolf à moitié pleins d'eau récemment bouillie.

ANHYDRIDE SULFUREUX   (SO²)
ACIDE SULFUREUX   (H²SO³)

183. — Propriétés physiques. — Le gaz sulfureux
est incolore, d'une odeur
suffocante, sa densité est 2,2.
L'eau en dissout 50 fois son
volume à la température
ordinaire.

On l'obtient facilement liquide incolore, bouillant à
— 8°. Il suffit pour cela de
faire arriver le gaz bien sec
dans un matras d'essayeur
L entouré d'un mélange réfrigérant M de glace et de sel.

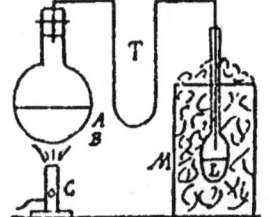

Fig. 70. — Liquéfaction en L
de SO2, préparé en A, pu-
rifié en T, refroidi par M.

A 20°, sa tension maximum n'étant que de 4 atmosphères, on peut le conserver dans des vases minces, scellés à la lampe ou dans des siphons à eau de Seltz.

L'évaporation rapide de ce liquide abaisse sa température d'environ 60°.

Il se solidifie à — 75°.

184. — Propriétés chimiques. — Le gaz sulfureux n'est que faiblement dissocié aux plus hautes températures (49).

Il joue le plus souvent le rôle d'un *réducteur*. Toutefois l'oxygène à sec n'agit sur le gaz sulfureux à aucune température, mais il suffit, dans le mélange, de mousse de platine légèrement chauffée pour qu'il se produise de l'anhydride sulfurique.

$$2\,SO^2 + O^2 = 2\,SO^3$$

En présence de l'eau il se produit de l'acide sulfurique.

$$2\,SO^2 + O^2 + 2\,H^2O = 2\,H^2SO^4$$

C'est pourquoi la solution sulfureuse doit être préparée avec de l'eau purgée d'air par une récente ébullition et conservée dans des flacons pleins et bien bouchés.

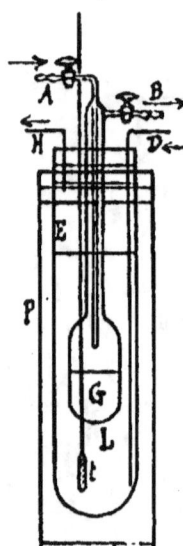

Fig. 71. — Liquéfaction en G de SO2 dans le matras à robinet A, B, refroidi par l'évaporation de l'éther L, activée par un courant d'air D H. — H2 SO4 dans l'éprouvette à pied extérieure absorbe l'humidité de l'atmosphère qui entoure le tube refroidi.

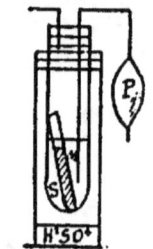

Fig. 72. — Solidification du mercure M par évaporation du liquide sulfureux S, activée par un courant d'air entretenu par la poire pneumatique P.

Il réduit à froid l'acide nitrique concentré en donnant aussitôt des vapeurs rutilantes.

Fig. 73. — Dissociation de SO^2 dans le tube chaud et froid.

$$2 HAz O^3 + SO^2 = H^2SO^4 + 2 Az O^2$$

Si l'acide sulfureux est en excès, il se produit du *sulfate acide de nitrosyle* (AzO) H SO⁴
que nous retrouverons plus loin sous le
nom de *cristaux des chambres de plomb.*

$$HAz O^3 + SO^2 = (AzO) HSO^4$$

Avec l'acide azotique étendu, on
obtient très lentement à froid, plus
vite à chaud, du bioxyde d'azote.

$$2 HAz O^3 + 3 SO^2 + 2 H^2O =$$
$$3 H^2SO^4 + 2AzO$$

L'acide sulfureux réduit de même les
sels ferriques à l'état de sels ferreux ;
il réduit et décolore le permanganate de
potassium.

$$2 KMn O^4 + 5 SO^2 + 2 H^2O =$$
$$K^2SO^4 + 2 MnSO^4 + 2 H^2SO^4$$

Il décompose l'eau à froid en pré-
sence d'un corps capable d'en prendre l'hydrogène,
comme le chlore, le brome, l'iode.

$$SO^2 + 2 H^2O + Cl^2 = H^2SO^4 + 2 HCl$$

Il joue enfin, plus rarement, le rôle d'*oxydant.*
Au rouge il est réduit par l'hydrogène.

$$2 SO^2 + 4 H^2 = 4 H^2O + S^2$$

Fig. 74. — Fu-
mées de SO^3
en A par O et
S O^2 amenées
sur Pt chaud.

Introduit dans un appareil à hydrogène en activité, il donne même de l'acide sulfhydrique,

$$SO^2 + 3 H^2 = 2 H^2O + H^2S$$

à la faveur de la réaction exothermique qui donne naissance à l'hydrogène.

Il oxyde l'acide sulfhydrique sec au rouge.

$$2 SO^2 + 4 H^2S = 4 H^2O + 3 S^2$$

A froid il transforme en acide phosphorique les acides phosphoreux et hypophosphoreux.

$$4 H^2P^3OH + 2 SO^2 = 4 H^3PO^4 + S^2$$

L'acide sulfureux *décolore* un grand nombre de matières organiques animales ou végétales.

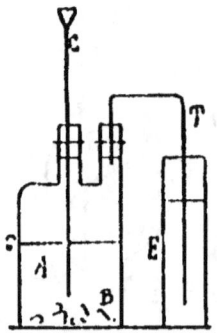

Des violettes deviennent blanches dans l'anhydride sulfureux ; mais la matière colorante n'est pas détruite. Elle reparaît au bout d'un certain temps, par suite, sans doute, de la disparition du gaz sulfureux. Ces violettes blanches verdissent dans un alcali, rougissent dans un acide comme les violettes ordinaires.

Pour empêcher la coloration de réapparaître, il suffit de laver à grande eau après le traitement sulfureux.

On admet que la dissolution de gaz sulfureux contient de l'hydrate (H^2SO^3) qui serait l'*acide sulfureux*, acide bibasique formant des

Fig. 75.—Production de H²S par SO² dans l'appareil à H. — H²S produit donne en E, dans de l'azotate de plomb, un précipité noir de PbS.

Sulfites acides .... $MHSO^3$
Sulfites neutres .... M^2SO^3

185. — *Caractères.* — L'acide sulfureux rougit puis décolore le tournesol.

Son odeur suffit pour le reconnaître.

186. — Synthèse. — Dans un ballon B plein d'oxygène et retourné sur la cuve à mercure on fait passer un morceau de soufre S, dans une coupelle portée au bout d'un fil de fer. On enflamme le soufre en y faisant converger, à l'aide d'une lentille L la chaleur solaire.

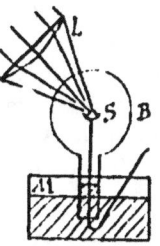

Fig. 76. — Synthèse de SO².

Après combustion et refroidissement, on constate que le volume du gaz n'a pas changé.

Donc 2 volumes de gaz sulfureux résultent de la combinaison de 2 volumes d'oxygène avec un volume x de vapeur de soufre donné par l'équation :

$$2,2\,x + 2 \times 1,1 = 2 \times 2,2 \quad \text{d'où}$$

$$x = \frac{2\,(2,2 - 1,1)}{2,2} = 1$$

187. — Préparation dans les laboratoires. — On l'extrait de l'acide sulfurique fourni à bon compte par l'industrie et qu'on décompose par un métal peu oxydable comme le cuivre ou le mercure, d'après l'équation

$$Cu + 2\,H^2SO^4 = Cu\,SO^4 + 2\,H^2O + SO^2$$

On chauffe doucement le mélange d'acide concentré avec de la tournure de cuivre dans un ballon de verre, en

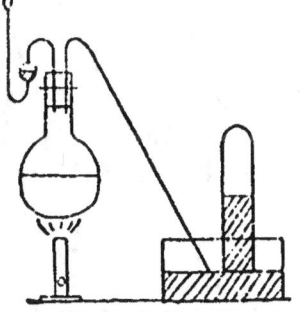

Fig. 77. — Préparation de SO² par H²SO⁴ et Cu ou Hg.

ayant soin d'enlever le feu dès que la masse se boursoufle, car elle amènerait l'obstruction du tube à dégagement et l'explosion du ballon. Quand le boursouflement est tombé, on peut chauffer sans danger.

Le mercure ne présente pas cet inconvénient.

On recueille le gaz sur le mercure et non sur l'eau
où il est très soluble.

On peut arrêter l'acide sulfurique entraîné à l'aide
d'un flacon laveur.

On peut dessécher le gaz en lui faisant traverser
une colonne de chlorure de calcium ou de ponce sulfurique.

188. — Dissolution. — Il est plus économique de
réduire l'acide sulfurique concentré en le chauffant
dans un ballon de verre avec des fragments de
charbon de bois.

Il se dégage un volume de gaz carbonique pour
deux de gaz sulfureux

$$2\,H^2SO^4 + C = 2\,SO^2 + CO^2 + 2\,H^2O$$

Ce mélange suffira pour les expériences où le gaz
carbonique ne gêne pas; mais on l'emploie surtout à
la préparation de la dissolution d'acide sulfureux.

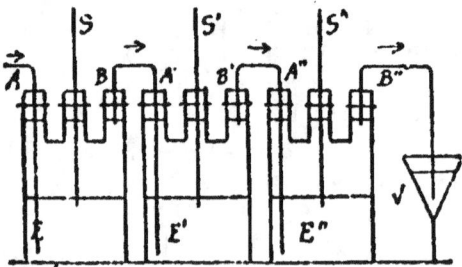

Fig. 78.— Appareil de Woolf.—Préparation de la solution de SO²

On le fait passer dans une série de flacons de
Woolf à moitié remplis d'eau récemment bouillie.

La solution ne contient plus alors qu'un volume
de gaz carbonique pour 100 de gaz sulfureux; elle
est suffisamment pure pour tous les usages.

189.— Dans l'industrie.— 1°.— Les fabriques d'acide sulfurique produisent le gaz sulfureux par la combustion du soufre, mais plus économiquement par le grillage des pyrites de fer qui donnent du gaz sulfureux et du sesquioxyde de fer

$$4\,Fe\,S^2 + 11\,O^2 = 2\,Fe^2\,O^3 + 8\,SO^2$$

2°.— Lorsque l'on veut recueillir le gaz sulfureux pur, on le prépare en faisant arriver goutte à goutte de l'acide sulfurique concentré sur du soufre maintenu à 400° dans une cornue en fonte. Il se dégage de l'anhydride sulfureux et de la vapeur d'eau

$$4\,H^2\,SO^4 + S^2 = 4\,H^2\,O + 6\,SO^2$$

On dessèche le gaz et on le liquéfie, à l'aide de machines de compression, dans des récipients résistants.

190. — Usages. — L'acide sulfureux est transformé en acide sulfurique dans les chambres de plomb.

Il est employé au blanchiment des matières animales (laine, soie, plumes, éponges) que le chlore altérerait. Imbibées d'eau, ces matières sont suspendues dans des chambres closes où l'on brûle du soufre. Après décoloration on les soumet à un lavage abondant.

La production industrielle du froid consomme aujourd'hui beaucoup d'anhydride sulfureux liquide.

Il sert, comme désinfectant, à détruire les germes, les insectes, au soufrage des tonneaux destinés aux liquides alcooliques dont il empêche la fermentation. Il est employé en fumigations dans le traitement de maladies de la peau.

Enfin on éteint parfois les feux de cheminée en jetant du soufre dans le foyer et bouchant l'orifice inférieur avec un drap mouillé. Le gaz sulfureux produit arrête bientôt toute combustion.

ANHYDRIDE SULFURIQUE   (SO³)

191. — Propriétés. — L'anhydride sulfurique est un corps solide blanc cristallisant en longues aiguilles soyeuses. Il fond à 15°, bout à 46. Sa densité de vapeur est 2,76.

Il se décompose au rouge en gaz sulfureux et oxygène.

Projeté dans l'eau il s'y dissout avec un grand dégagement de chaleur en produisant le même bruit qu'un fer rouge et donnant de l'acide sulfurique SO^3 (sol.) + H^2O (liq.) = H^2SO^4 (dissous) + 31,4 calories.

La vapeur d'anhydride, déjà abondante à la température ordinaire, se combine à l'humidité de l'air en produisant d'abondantes fumées.

On ne peut conserver ce corps que dans des vases scellés à la lampe.

192. — Analyse. — On fait passer au travers d'un tube de porcelaine chauffé au rouge de la vapeur d'anhydride sulfurique qui donne un mélange de 2 volumes de gaz sulfureux avec 1 volume d'oxygène.

En tenant compte de la composition du gaz sulfureux, on voit que l'anhydride sulfurique résulte de la combinaison de 3 volumes d'oxygène à 1 volume de vapeur de soufre.

Son volume x est donné par l'équation

$$2,76 \times x = 1,1 \times 3 + 2,2 \quad \text{d'où}$$

$$x = \frac{1,1 \times 3 + 2,2}{2,76} = 2$$

Sa formule est dès lors SO^3.

193. — Préparation. — On le prépare en faisant

passer sur de la mousse de platine légèrement chauffée, un mélange d'oxygène et de gaz sulfureux bien secs qui se combinent.

$$2 SO^2 + O^2 = 2 SO^3$$

Les vapeurs d'anhydride sont condensées dans un matras d'essayeur entouré d'un mélange réfrigérant.

ACIDE SULFURIQUE (H²SO⁴)

L'acide sulfurique, *huile de vitriol* des alchimistes, s'obtenait dès le XIIIe siècle par la distillation du sulfate de fer (*vitriol vert*).

194. — Hydrates. — On trouve dans le commerce trois hydrates sulfuriques.

1° — L'acide sulfurique *normal* (H²SO⁴), qui absorbe peu à peu l'humidité de l'air.

2° — L'acide sulfurique *ordinaire*, qui contient en plus 1/12 de molécule d'eau et aurait pour formule

$$H^2SO^4 + 1/12 \ H^2O$$

Il distille avec une composition invariable. C'est lui qu'on obtient en distillant tout autre hydrate plus concentré ou plus étendu.

C'est de beaucoup le plus important.

3° — L'acide *fumant* est un mélange d'un peu d'acide normal avec l'hydrate (H²S²O⁷) appelé acide *disulfurique* ou *pyrosulfurique*.

Enfin on connaît encore un hydrate cristallisé (H²SO⁴ + H²O) appelé *acide sulfurique glacial*.

195. — Propriétés physiques. — L'acide sulfurique ordinaire est un liquide incolore, inodore, de consistance huileuse. Sa densité est 1,84 à 15°. Il marque

alors 66° à l'aréomètre de Baumé. Il se solidifie vers
— 30°.

A la température ordinaire, il n'émet pas de vapeur.
Il bout à 338°.

196. — Propriétés chimiques. — Au rouge, l'acide
sulfurique se décompose en gaz sulfureux, oxygène
et eau

$$2 H^2SO^4 = 2 H^2O + 2 SO^2 + O^2$$

il est réduit, à température peu élevée, à l'état d'acide
sulfureux par le soufre, le phosphore, le charbon et
quelques autres métalloïdes.

L'*hydrogène* au rouge le ramène à l'état de gaz
sulfureux et isole même le soufre s'il est en excès

$$H^2SO^4 + H^2 = 2 H^2O + SO^2$$
$$2 H^2SO^4 + 6 H^2 = 8 H^2O + S^2$$

Les *métaux* facilement oxydables (fer, zinc) donnent à froid, avec l'acide étendu : un sulfate et de l'hydrogène **(83)**. Si la température s'élève, l'acide sulfurique
est réduit en partie par l'hydrogène et donne un peu
de gaz sulfhydrique

$$5 H^2SO^4 + 4 Zn = 4 Zn SO^4 + 4 H^2O + H^2S$$

L'acide concentré et chaud donne de l'hydrogène,
du gaz sulfureux et du soufre.

$$8 H^2SO^4 + 6 Zn = 6 Zn SO^4 + 8 H^2O + S^2$$

Les métaux peu oxydables (cuivre, plomb, mercure, argent), sans action sensible sur l'acide étendu,
le réduisent à chaud à l'état de gaz sulfureux **(187)**.

L'acide sulfurique est sans action sur l'or et le
platine.

L'*eau* est absorbée par l'acide sulfurique avec
contraction et un dégagement de chaleur qui peut
élever la température jusqu'à 100°. On pourrait même
provoquer une explosion en versant de l'eau dans
de l'acide sulfurique concentré.

L'acide sulfurique absorbe aussi très vite la vapeur d'eau de l'air et permet d'évaporer rapidement un liquide L à froid en enfermant celui-ci sous une cloche G, avec un vase contenant de l'acide sulfurique. L'opération sera plus rapide encore si l'on fait le vide sous la cloche.

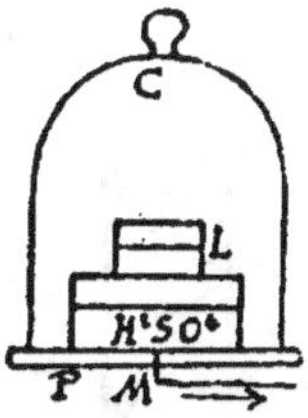

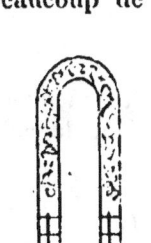

Fig. 79 — Exsiccateur à H2SO4 — M, tube de la platine P, en relation avec une machine pneumatique.

On dessèche les gaz qui n'agissent pas sur l'acide sulfurique en leur faisant traverser une colonne de pierre ponce imbibée de ce liquide.

Il enlève également à un grand nombre de corps les éléments de l'eau entrant dans leur composition ; c'est ainsi qu'il réduit le bois, le papier, le sucre à l'état de charbon, qu'il détruit rapidement la peau et autres matières animales.

C'est un *acide* énergique qui dégage beaucoup de chaleur en se combinant avec les bases.

Il est bibasique, donnant des

sulfates acides   M H SO⁴

sulfates neutres   M² SO⁴

197. — Caractères. — L'acide sulfurique donne à la teinture de tournesol la teinte pelure d'oignon. Avec la baryte il forme un sulfate insoluble dans l'eau et les acides.

198. — Analyse. — En évaporant à sec un poids p d'un hydrate sulfurique avec un excès p' de protoxyde de plomb, on obtient comme résidu un poids q de sulfate anhydre de plomb.

Fig. 80. — Tube à ponce sulfurique pour dessécher les gaz.

$p + p' - q$ est le poids d'eau contenue dans le poids p d'hydrate analysé.

FABRICATION. — La fabrication de l'acide sulfurique ordinaire est une des plus importantes opérations industrielles.

Elle repose sur les principes suivants :

199. — Principes. — 1° — On produit du gaz sulfureux par combustion du soufre à l'air.

2° — On transforme le gaz sulfureux en acide sulfurique, toujours aux dépens de l'oxygène de l'air, en faisant intervenir les composés oxygénés de l'azote (Az O, H Az O², Az O², H Az O³ — *produits nitreux*) dans les réactions suivantes.

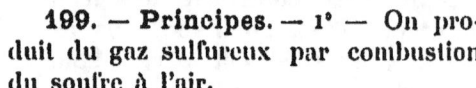

Le mélange de ces produits nitreux avec le gaz sulfureux, l'oxygène de l'air et la vapeur d'eau, donne naissance à de l'*acide nitrososulfurique* ou *sulfate acide* de *nitrosyle* ayant pour formule

$$(AzO)\ HSO^4,$$

Fig. 81.
Éprouvette à ponce sulfurique pour dessécher les gaz.

dans lequel une molécule de bioxyde d'azote (*nitrosyle*) joue le rôle d'un radical monovalent

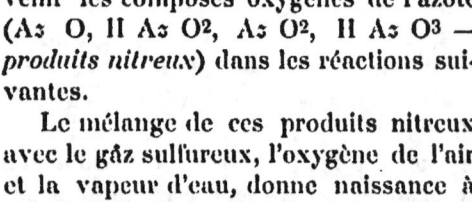

(1)
$$HAz\ O^3 + SO^2 = Az\ OHSO^4$$
$$4\ Az\ O^2 + 4\ SO^2 + O^2 + 2\ H^2O = 4\ Az\ OHSO$$
$$2\ HAz\ O^2 + 2\ SO^2 + O^2 = 2\ AzOHSO^4$$
$$4\ Az\ O + 4\ SO^2 + 3\ O^2 + 2\ H^2\ O = 4\ Az\ OHSO^4$$

Le sulfate de nitrosyle réagit sur l'eau en donnant de l'acide sulfurique et de l'acide azoteux d'après l'équation

(2) $$Az\ OHSO^4 + H^2O = H^2\ SO^4 + HAz\ O^2$$

Tous ces produits sont mis en présence dans de vastes espaces (chambres de plomb) où ils sont mélangés en rapports qui varient d'un point à l'autre.

Dans les parties chaudes où abonde l'acide sulfurique concentré, il se produit du sulfate de nitro-syle stable en sa présence.

Dans les régions froides où l'eau se condense et étend l'acide sulfurique en suspension dans la masse gazeuse, le sulfate de nitrosyle se décompose et laisse déposer de l'acide sulfurique. Ces réactions dépendent d'ailleurs de beaucoup d'autres facteurs qu'il serait trop long de faire intervenir ici.

La conduite de l'opération consiste donc à entretenir dans les diverses parties de l'appareil les conditions les plus favorables à la production rapide de l'acide sulfurique.

En considérant les réactions inverses (1) et (2), on voit qu'en somme un poids fini de produits nitreux, en passant par la forme *sulfate de nitrosyle* fixe l'oxygène de l'air sur un poids illimité de gaz sulfureux.

Les appareils sont bien le siège d'autres réactions entre ces divers produits, mais l'expérience montre que ce ne sont là que des phénomènes locaux, accidentels pour ainsi dire, qui n'interviennent que de façon insignifiante dans la production de l'acide sulfurique.

Il est facile de montrer dans un cours la succession de ces deux réactions inverses et fondamentales.

Dans un grand ballon, on met un peu d'eau et l'on fait arriver du bioxyde d'azote qui donne aussitôt d'abondantes vapeurs nitreuses rouges. On amène alors dans le ballon du gaz sulfureux; la couleur rouge disparaît peu à peu tandis qu'il se dépose sur les parois sèches des cristaux de sulfate de nitrosyle. Il suffit alors de promener l'eau sur les cristaux pour les décomposer et faire réapparaître la couleur rouge des vapeurs nitreuses. Quelques gouttes de solution de chlorure de baryum versées dans le liquide du ballon donneront un abondant précipité de sulfate de baryum accusant la production d'acide sulfurique qui accompagne la décomposition du sulfate de nitrosyle.

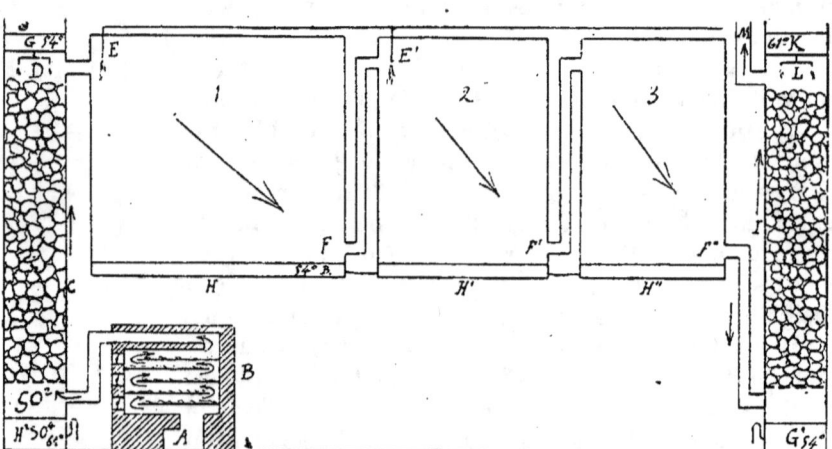

Fig. 89. — Fabrication de l'acide sulfurique. — B, four à griller la pyrite étendue sur des planchers en chicane. — C, Glover. — H, H', H", chambres de plomb. — I, Tour de Gay-Lussac.

L'opération industrielle se produit en deux temps :

1° — Production d'anhydride sulfureux;

2° — Oxydation de l'anhydride sulfureux.

200. — Production du gaz sulfureux. — On prépare le gaz sulfureux par la combustion du soufre, lorsque l'on veut un acide sulfurique exempt d'arsenic comme il le faut pour la pharmacie et quelques autres applications.

Le plus souvent on se contente de griller les pyrites de fer ($Fe\ S^2$) (toujours un peu arsénicales) que l'on trouve abondamment dans la nature. Il reste de l'oxyde ferrique et il se dégage du gaz sulfureux d'après l'équation

$$4\ Fe\ S^2 + 11\ O^2 = 2\ Fe^2O^3 + 8\ SO^2$$

La combustion s'effectue dans des fours spéciaux B alimentés par un actif courant d'air A et disposés d'ailleurs de façons différentes selon qu'il s'agit de brûler le soufre ou les pyrites.

201. — Oxydation du gaz sulfureux. — Cette transformation en acide sulfurique s'effectue dans un vaste appareil formé de trois parties principales :

1° — la tour de Glover;

2° — les chambres de plomb;

3° — la tour de Gay-Lussac.

202. — Tour de Glover. — C'est un grand cylindre C en plomb protégé intérieurement contre l'acide chaud pour un revêtement en brique siliceuse. La cavité est garnie de gros fragments de silex.

Le gaz sulfureux, mélangé d'azote et d'oxygène, arrive à 300° à la partie inférieure du Glover.

Au sommet, un réservoir déverse régulièrement, par un tourniquet D, de l'acide sulfurique nitreux G provenant de la tour de Gay-Lussac, étendu par de l'acide extrait des chambres de plomb et additionné d'un peu d'acide azotique destiné à remplacer le peu de produits nitreux qui se perdent dans la fabrication. Ce liquide se répand sur la surface des matériaux qui remplissent le Glover et se trouve en contact avec les gaz qui marchent en sens inverse.

Il leur abandonne tous ses produits nitreux et une partie de son eau.

Le gaz ascendant arrive au sommet du Glover chargé de vapeur d'eau et de produits nitreux en même temps qu'il s'est refroidi vers 60°. Il se trouve là dans de bonnes conditions pour donner de l'acide sulfurique et le Glover en fournit en effet 1/10 environ de la production totale.

203. — Chambres de plomb. — Au sortir du Glover le gaz passe dans de vastes chambres H, H', H″, d'une capacité totale d'environ 5000 m³ dont les parois sont en plomb. Elles sont généralement au nombre de trois et les gaz passent par de gros tuyaux en plomb de la base de l'une au sommet de la suivante E F, E′ F′, F″.

Les deux premières chambres reçoivent des jets de vapeur d'eau fournie par une chaudière et sont le siège des réactions principales. La dernière chambre ne sert qu'à achever la condensation.

L'acide sulfurique condensé dans les trois chambres se rassemble, par des tubes de communication, dans la première qui descend un peu plus bas et le liquide s'en écoule dans un réservoir.

204. — Tour de Gay-Lussac. — Le gaz qui sort de la dernière chambre renferme des produits nitreux. Il arrive au bas de la tour de Gay-Lussac I, cylindre de plomb semblable au Glover et rempli d'une colonne de coke au sommet de laquelle on amène de l'acide sulfurique concentré K, L.

Il s'empare de tous les produits nitreux entraînés ; c'est lui G' qui, du bas du Gay-Lussac, sera dirigé vers le sommet du Glover en G où il ramènera ces produits nitreux dans la fabrication.

Du sommet M du Gay-Lussac, les gaz complètement décolorés arrivent à une cheminée d'appel qui les rejette dans l'atmosphère et détermine ainsi dans tout l'appareil une circulation convenable.

205. — Concentration. — En bonne marche, l'usine produit environ 4 kg. d'acide par mètre cube des chambres en 24 heures. L'acide recueilli au bas du Glover marque 60 à 62° Baumé ; comme il est assez impur on l'emploie d'ordinaire à cet état.

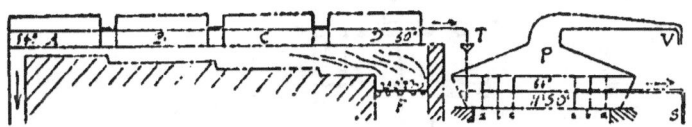

Fig. 83. — Concentration de l'acide sulfurique par évaporation à l'air.

Le liquide des chambres marque 54° Baumé ; une partie est employé à la fabrication des superphosphates, le reste est soumis à la concentration.

On concentre encore souvent le liquide jusqu'à 60° dans des bassines en plomb A, B, C, D, puis, jusqu'à 66°, dans un alambic en platine P.

L'appareil Kessler donne de meilleurs résultats. L'acide des chambres se réchauffe en D Z E et arrive au *récupérateur* R, où il est concentré par les gaz venus en A d'un four à coke.

Le liquide descend graduellement par les *trop-plein* O et P jusqu'au *saturateur* S, tandis que les gaz chauds s'élèvent au travers de S et des orifices N, barbottant successivement au travers de liquides de

moins en moins concentrés. Les dernières traces d'acide
sont condensées dans une colonne de coke Q et rame-
nées par J au récupérateur.

Le liquide L à 66°, sorti chaud du saturateur S par
le tube V, cède en B sa chaleur à l'acide des chambres
et par le tube C est distribué dans les touries d'expé-
dition.

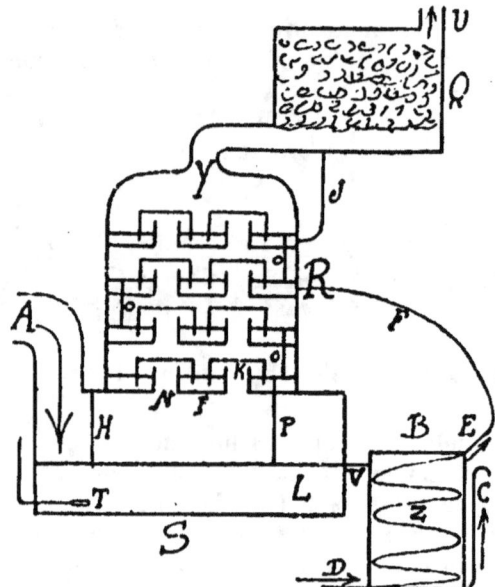

Fig. 84. — Graduateur Kessler pour l'acide sulfurique.

206. — Préparation de l'acide fumant. — On
fait arriver goutte à goutte de l'acide ordinaire dans
une cornue chauffée au rouge où il se décompose
en eau, oxygène et gaz sulfureux.

Les gaz traversent une colonne de coke où coule
de l'acide sulfurique concentré qui absorbe toute la
vapeur d'eau.

Le mélange d'oxygène et de gaz sulfureux secs passe alors dans des tubes en grès contenant de l'amiante platinée où il donne de l'anhydride sulfurique dont les vapeurs sont amenées au bas d'une nouvelle colonne de coke à acide concentré qui les dissout.

On recueille au pied de cette dernière tour de l'acide fumant dont la composition dépend de la façon dont on a réglé la marche de l'opération.

207. — Préparation de l'acide normal. — En refroidissant l'acide concentré à — 25° à l'aide d'un appareil frigorifique Carré, on détermine la formation dans la masse de cristaux d'acide normal ($H^2 SO^4$) assez recherché aujourd'hui dans l'industrie. On fait passer le tout dans une essoreuse en ébonite où l'on isole les cristaux qu'on fait fondre ensuite.

208. — Usages. — L'acide sulfurique ordinaire est un des produits les plus importants de l'industrie. Il sert à la fabrication de la soude et de la potasse artificielles, des engrais, à la préparation de la plupart des acides et d'un grand nombre de sulfates. Il est employé au décapage des métaux, à la production des courants électriques.

L'acide fumant est employé dans l'industrie des matières colorantes, particulièrement à la dissolution de l'indigo.

SÉLÉNIUM ET TELLURE

Poids atomique : Se = 79   Poids atomique : Te = 125.
Poids moléculaire : Se² = 158 Poids moléculaire : Te² = 250

209. — Le sélénium et le tellure sont des métal-loïdes qui présentent de grandes analogies avec l'oxy-gène et surtout avec le soufre.

Ils forment, avec l'hydrogène, des gaz plus infects encore et dangereux que l'acide sulfhydrique.

Avec les métaux ils forment des composés iso-morphes des sulfures correspondants.

Les acides sélénieux et tellureux, sélénique et tellu-rique sont analogues aux acides sulfureux et sul-furique.

CHAPITRE HUITIÈME

MÉTALLOÏDES

3ᵉ FAMILLE. — AZOTE, PHOSPHORE, ARSENIC.

AMMONIAC (Az H³)

210. — Propriétés physiques. — L'ammoniac est
un gaz incolore, d'une odeur suffocante ; il pique les
yeux et provoque les larmes. Il a une saveur caustique.
Sa densité est 0,59.

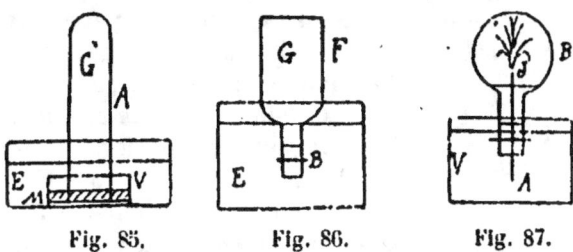

Fig. 85.   Fig. 86.   Fig. 87.
Absorption du gaz ammoniac par l'eau.

Il est extrêmement soluble dans l'eau qui en absorbe
1000 fois son volume à 0°. Cette solubilité diminue rapidement quand la température s'élève ; elle n'est plus
que 500 à 15° et le gaz s'est complètement dégagé à 70°.

La dissolution est très employée sous le nom d'*am-moniaque* ou *alcali volatil*. Cette grande solubilité du gaz ammoniac peut être mise en évidence comme nous l'avons fait pour l'acide chlorhydrique (140).

Le gaz ammoniac est aussi absorbé abondamment par le *charbon de bois* qui en condense dans ses pores jusqu'à 90 fois son volume. Si dans une éprouvette remplie de gaz ammoniac sur le mercure, on fait passer un morceau de charbon de bois, le gaz est rapidement absorbé et le mercure s'élève jusqu'au sommet de l'éprouvette. Il est bon de chauffer préalablement le charbon au rouge pour chasser de ses pores l'air qu'il contenait. Son passage ensuite au travers du mercure l'aura suffisamment refroidi.

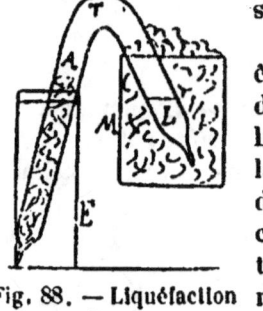

Fig. 88. — Liquéfaction de AzH³ dans le tube de Faraday. — A, charbon de bois ou chlorure d'argent ammoniacal.

Cette dernière propriété peut être utilisée pour la *liquéfaction* de l'ammoniac. On emplit de charbon de bois bien pur, en grains, la grande branche A d'un tube de Faraday T. On maintient le charbon à très basse température tandis qu'on y fait passer un courant d'ammoniac bien pur qui est abondamment absorbé. On ferme à la lampe les deux extrémités du tube. Plongeant alors la branche A dans de l'eau chaude E, on entoure L d'un mélange réfrigérant M. Le charbon abandonne à chaud le gaz ammoniac qui, augmentant de pression dans cet espace clos, vient donner dans la branche froide un liquide incolore, très mobile, qui, à l'air libre, bouillirait vers — 34°. A 0°, il a une tension de vapeur de 4 atmosphères environ.

Si l'on abandonne maintenant le tube à l'air, l'ammoniac reprend l'état gazeux et se condense de nouveau dans le charbon. L'appareil peut ainsi servir indéfiniment.

Cette évaporation du liquide ammoniac s'accompagne d'un *refroidissement* intense qui détermine tout autour, sur la paroi du tube, le dépôt de l'humidité de l'air qui bientôt se solidifie en une couche blanche de givre.

En activant encore l'évaporation du liquide ammoniac, on le refroidirait assez pour le *solidifier*. On l'obtiendrait également solide en le plongeant dans un mélange d'anhydride carbonique solide et d'éther. Le solide ammoniac est incolore et fond à — 75°.

211. — Propriétés chimiques. — Le gaz ammoniac est *décomposé par la chaleur* en hydrogène et azote. Il suffit, pour obtenir ce résultat, de faire passer le gaz dans un tube de porcelaine rempli de fragments de porcelaine et chauffé au rouge vif. Une série d'étincelles électriques produit le même effet.

L'*oxygène* est sans action sur le gaz ammoniac à froid ; mais à chaud il brûle son hydrogène et met l'azote en liberté.

$$4 \text{ Az H}^3 + 3 \text{ O}^2 = 6 \text{ H}^2\text{O} + 2 \text{ Az}^2$$

Un jet d'ammoniac ne brûle pas dans l'air, mais il s'enflamme dans l'oxygène pur, au contact d'un corps chaud. On peut encore le brûler dans le chalumeau oxyhydrique en le faisant arriver à la place de l'hydrogène.

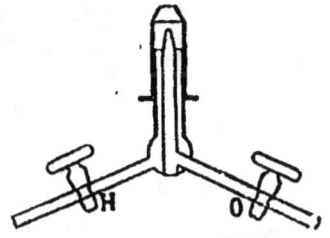

Fig. 89. — Chalumeau. Amener AzH³ en H.

Le mélange d'ammoniac et d'oxygène, au contact d'une flamme ou d'une étincelle électrique, *détone* avec une extrême violence.

Le même mélange, passant sur de la *mousse de*

platine en T légèrement chauffée, donne une combustion plus complète encore avec formation d'eau et d'acide azotique, d'après l'équation

$$Az\ H^3 + 2O^2 = H^2O + HAz\ O^3$$

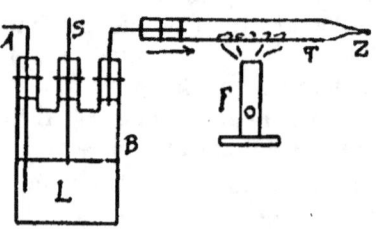

Un papier de tournesol rouge bleuit dans le gaz en Z avant qu'on chauffe le platine; le papier bleu rougit au contraire dès que le platine est chaud (**242**).

Fig. 90. — Oxydation de AzH3 par O sur la mousse de platine.

Le *chlore* décompose l'ammoniac en donnant du chlorure d'ammonium (AzH^4Cl) et mettant l'azote en liberté(**131**).

$$8\ Az\ H^3 + 3\ Cl^2 = 6\ Az\ H^4\ Cl\ (solide) + Az^2 + 343,8\ Cal.$$

Fig. 91.
Flamme de chlore dans l'ammoniac.

En abouchant deux flacons contenant : l'un du chlore, l'autre de l'ammoniac, on voit jaillir une grande flamme et il se répand dans l'air d'abondantes fumées blanches de chlorure d'ammonium.

On mettra en évidence la production de l'azote en opérant sur les corps dissous. Dans un long tube fermé à un bout, on verse une solution de chlore (eau de chlore) et par-dessus la solution ammoniacale. On bouche avec le doigt et l'on retourne sur la cuve à eau. On voit l'azote se dégager en bulles abondantes qui se rassemblent au sommet du tube (1).

---

(1) Il faut avoir grand soin, dans ces expériences, d'employer toujours un excès d'ammoniac, car si le chlore

Le gaz ammoniac se combine à froid aux *chlorures métalliques* anhydres. Le chlorure d'argent qui en absorbe jusqu'à 3oo fois son volume peut être employé comme le charbon à la liquéfaction de l'ammoniac dans le tube de Faraday *(Fig. 88)*. Le chlorure de calcium peut en absorber 120 fois son volume.

212. — Ammonium. — La dissolution ammoniacale forme, avec les acides des combinaisons isomorphes des composés correspondants du potassium et du sodium. Elle se comporte ainsi le plus souvent comme la potasse et la soude.

Elle déplace de leurs solutions salines les oxydes insolubles.

Elle bleuit la teinture de tournesol rouge.

D'ailleurs la dissolution du gaz ammoniac dans l'eau dégage de la chaleur et semble indiquer une combinaison.

Pour ces raisons, Ampère, en 1816, a admis que tous les composés ammoniacaux contiennent le groupe

$$Az\,H^4$$

jouant le rôle d'un métal monovalent.

Il a appelé *ammonium* ce radical métallique monovalent $Az\,H^4$.

Avec cette hypothèse, la solution ammoniacale sera considérée comme une dissolution de l'alcali.

$$Az\,H^3 + H^2O = Az\,H^4HO \text{ (ammoniaque)}$$
$$\text{analogue à } Na\,HO \text{ (soude)}$$
$$\text{et } KHO \text{ (potasse)}$$

Les sels ammoniacaux s'écriront :

$$Az\,H^3 + H\,Az\,O^3 = Az\,H^4\,Az\,O^3 \text{ (azotate d'ammonium)}$$
$$Az\,H^3 + H^2\,SO^4 = Az\,H^4H\,SO^4 \text{ (bisulfate d'ammonium)}$$

était en excès il se produirait du *chlorure d'azote* ($Az\,Cl^3$), corps extrêmement dangereux par les détonations qu'il produit, parfois spontanément.

2 Az H³ + H² SO⁴ = (Az H⁴)² SO⁴ (sulfate d'ammonium)

Az H³ + H Cl = Az H⁴ Cl (chlorure d'ammonium).

Comme les sels de potassium :

KAz O³   KH SO⁴   K² SO⁴   K Cl

213. — Caractères. — L'ammoniaque se reconnaît :
1° — à son odeur ; 2° — à son action sur la teinture de
tournesol rouge qu'elle bleuit ; 3° — aux fumées blanches
de chlorure d'ammonium qu'elle donne
au voisinage du chlore ou de l'acide
chlorhydrique.

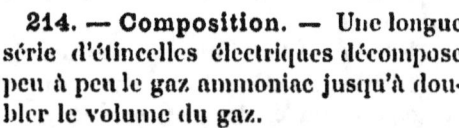

214. — Composition. — Une longue
série d'étincelles électriques décompose
peu à peu le gaz ammoniac jusqu'à doubler le volume du gaz.

Si l'on fait passer 40 c. c. de ce dernier gaz dans un eudiomètre avec 20 c. c.
d'oxygène et qu'on y fasse jaillir une
étincelle, il disparaît 45 c. c. formés de
15 d'oxygène et 30 d'hydrogène.

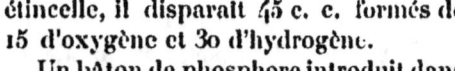
Fig. 92. — Eu-
diomètre de
Bunsen.

Un bâton de phosphore introduit dans
le résidu le réduit à 10 c. c. d'azote pur.

Donc 10 c. c. d'azote s'unissent à 30 c. c. d'hydrogène pour former 20 c. c. de gaz ammoniac (condensation de moitié).

215. — Etat naturel. — La *putréfaction* des matières organiques (urine, fumier) qui renferment de
l'hydrogène et de l'azote est la principale source de
l'ammoniaque.

Les phénomènes orageux répandent aussi dans l'air
un peu d'ammoniaque et surtout d'azotate d'ammoniaque. L'ammoniaque de l'atmosphère est ramenée par les
pluies dans le sol où elle fait retour aux végétaux puis
aux animaux.

216. — Production. — L'azote et l'hydrogène se

combinent sous l'action d'une série d'étincelles électriques mais la formation d'ammoniac est limitée par
l'action inverse. Si, toutefois, on met en présence de
l'acide sulfurique qui absorbe le gaz ammoniac au fur
et à mesure de sa produc-
tion, la combinaison pourra
être complète.

217. — Préparation. —
On prépare le gaz ammoniac
en le déplaçant de ses sels
par une base fixe. Le chlorure d'ammonium chauffé
avec de la chaux donne du
chlorure de calcium, de l'eau
et du gaz ammoniac d'après
l'équation

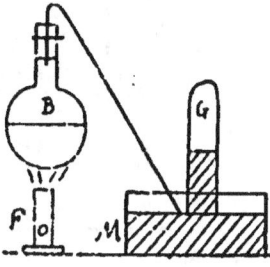

Fig. 93. — Préparation de
l'ammoniac.

$$2 \, Az \, H^4 \, Cl + CaO = H^2O + Ca \, Cl^2 + 2 \, Az \, H^3$$

Le mélange des deux corps en poudre a déjà
l'odeur d'ammoniac; mais le gaz est retenu en grande
partie par le chlorure de calcium formé. On le dégage
en chauffant dans un ballon de verre B qu'on achève de
remplir avec un peu de chaux vive, laquelle absorbera
l'eau produite (*fig. 93*).

On recueille le gaz, non pas sur l'eau où il est
trop soluble, mais sur le mercure M. On peut aussi le
recueillir par déplacement (*fig. 95*) si l'on ne craint pas
de l'avoir mélangé à un peu d'air.

218. — L'*alcali volatil* est extrait industriellement
en grande quantité des eaux vannes (urines putré-
fiées) et de produits de distillation de la houille.
C'est encore la chaux qui est employée à dégager
l'ammoniac de ses combinaisons et le gaz est dissous
dans l'eau froide.

Dans les laboratoires, on prépare la solution

ammoniacale en faisant passer le gaz ammoniac dans
un appareil de Woolf.

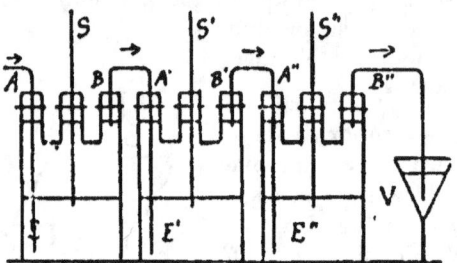

Fig. 94. — Préparation de l'alcali volatil. Appareil de Woolf.

219. — Dans les laboratoires, on *prépare rapidement*
le gaz ammoniac en chauffant dans un
ballon A l'alcali volatil
que l'industrie livre à
bas prix. Le gaz qui
se dégage entièrement
avant 70° peut être
desséché par son pas-
sage au travers d'une
colonne de chaux
vive.

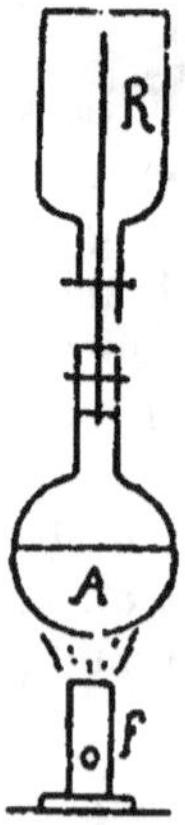

220. — Usages.
— L'ammoniaque sert
dans la fabrication de
la soude. Le sulfate
d'ammoniaque est em-
ployé comme engrais.

La solution ammo-
niacale est utilisée
dans l'appareil de M.

Fig. 95.— Pré-
paration rapi-
de de AzH³ en
chauffant l'al-
cali volatil.

Fig 96. — Eprou-
vette à chaux
vive ou potasse
en plaques sè-
ches,pour dessé-
cher AzH³.

Carré à la production du froid et à la congélation de
l'eau. L'alcali volatil chauffé dans une chaudière A

dégage son gaz qui vient sous la forte pression qu'il
produit se liquéfier dans le récipient B entouré d'eau
froide. Si alors on plonge A dans de l'eau froide, le
gaz vient s'y redissoudre tandis que B se trouve fortement refroidi par l'évaporation du liquide ammoniac.
Un vase de métal plein d'eau logé dans l'espace conique ménagé dans l'axe de B participe à ce refroidissement et l'eau qu'il contient se congèle. On recommence indéfiniment cette série d'opérations.

On fait souvent usage de l'ammoniaque dans les
laboratoires et en médecine.

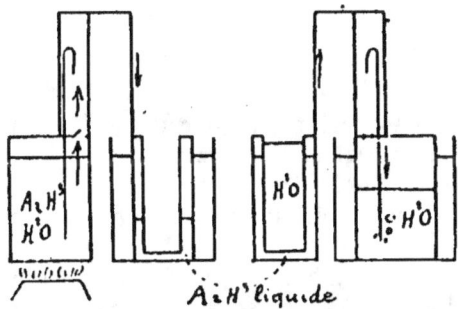

Fig. 97.— Appareil Carré pour produire la glace par évaporation
du liquide ammoniac.

221. — Combinaisons de l'azote avec l'oxygène.
— L'azote forme avec l'oxygène six combinaisons qui
sont :

Protoxyde d'azote . $Az^2 + O = Az^2O$ — 20,6 Calories
Bioxyde d'azote . . $Az + O = AzO$ — 21,6   —
Anhydride azoteux. $Az^2 + O^3 = Az^2O^3$ — 22,2   —
Peroxyde d'azote. . $Az + O^2 = AzO^2$ — 5,2   —
Anhydride azotique. $Az^2 + O^5 = Az^2O^5$ — 1,2   —
Anhydride perazotique . . . . . . AzO^3

On connaît également les trois acides suivants :

$$\text{Acide hypoazoteux. . . } HA_3O$$
$$\text{Acide azoteux . . . . . } HA_3O^2$$
$$\text{Acide azotique . . . . . } HA_3O^3.$$

Nous étudierons les plus importants de ces composés.

PROTOXYDE D'AZOTE   (A_3^2O).

Le protoxyde d'azote ou *oxyde azoteux* a été découvert par Priestley.

222. — **Propriétés physiques.** — C'est un gaz incolore inodore, légèrement sucré.

Sa densité est 1,53.

Il se dissout dans son volume d'eau à la température
ordinaire.

Il est liquide à 0° sous pression de 30 atmosphères.
Ce liquide bout à — 87° sous la pression ordinaire.

Il se solidifie dans le mélange d'anhydride carbonique solide et d'éther.

223. — **Propriétés chimiques.** — Dès 500°, il se
transforme en un mélange de peroxyde d'azote, d'oxygène et d'azote. A température plus élevée, où le
peroxyde d'azote se décompose, on n'obtient plus que
de l'oxygène et de l'azote.

Il ne forme pas de combinaisons.

Les corps qui brûlent dans l'air : phosphore, charbon,
soufre..., lorsqu'ils sont assez bien allumés pour amener sa décomposition, brûlent plus vivement dans le
protoxyde d'azote qui fournit la moitié de son volume
d'oxygène. Les produits sont ceux de la combustion
dans l'air ; mais la chaleur produite se trouve aug-

mentée de la chaleur de décomposition du protoxyde
d'azote, ainsi qu'on peut le constater en
effectuant dans un calorimètre la combustion du phosphore dans le protoxyde
d'azote.

Introduit dans l'économie par la respiration, il produit bientôt l'insensibi-
lité ; c'est un anesthésique moins actif
que l'éther et le chloroforme. La température du corps étant bien inférieure à
celle où le protoxyde d'azote se décompose, celui-ci ne peut fournir l'oxygène
nécessaire à l'organisme et par conséquent n'est pas
capable d'entretenir la vie.

Fig. 98.—Com-
bustion du P
dans Az^2O.

224. — Caractères. — Il rallume, comme l'oxygène,
une allumette qui ne présente plus que quelques points
rouges.

On le distingue de l'oxygène à l'aide du bioxyde
d'azote qui, à son contact, ne
donne pas de vapeurs rutilantes.

225. — Analyse. — Dans
une cloche courbe, on fait passer un volume mesuré de
protoxyde d'azote avec un morceau de sulfure de baryum. Ce
dernier, lorsque l'on chauffe
doucement, absorbe tout l'oxygène pour former du sulfate
de baryum.

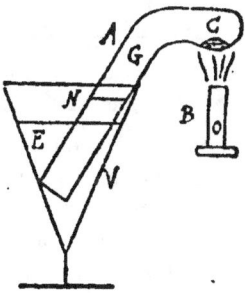

Fig. 99. — Analyse de
Az^2O par BaS.

On retrouve, après, un volume d'azote égal à celui
du protoxyde employé.

Composition. — Il suffit de savoir ainsi que le proto-
toxyde d'azote contient son volume d'azote pour
calculer sa composition, connaissant les densités des

trois gaz. Le volume x d'oxygène contenu dans deux volumes de protoxyde d'azote sera donné par l'équation

$$2 \times 1{,}53 = 2 \times 0{,}97 + 1{,}1x \qquad \text{d'où}$$

$$x = \frac{2\,(1{,}53 - 0{,}97)}{1{,}1} = 1.$$

Ainsi deux volumes d'azote se combinent à un volume d'oxygène pour donner 2 volumes de protoxyde d'azote (condensation d'un tiers).

226. — Préparation — On prépare le protoxyde d'azote en décomposant par la chaleur l'azotate d'ammonium qui se dédouble en eau et en protoxyde d'azote, d'après l'équation

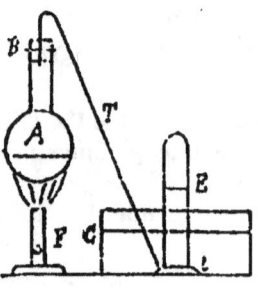

Fig. 100. — Préparation de Az^2O.

$$Az H^4 Az O^3 = 2H^2O + Az^2O.$$

On chauffe le sel dans un ballon de verre muni d'un tube abducteur qui se rend à la cuve à eau.

Le sel fond bientôt dans son eau de cristallisation (fusion aqueuse) et le gaz se dégage.

Il ne faut opérer que sur peu de matière et chauffer avec précaution l'azotate d'ammonium qui pourrait donner une explosion.

227. — Usages. — Le protoxyde d'azote est employé en chirurgie, surtout dans l'art dentaire, en raison de ses propriétés anesthésiques. On s'en sert aussi pour obtenir des froids intenses ; son évaporation rapide permet d'abaisser sa température jusqu'à — 110°.

On le trouve dans le commerce, liquéfié, en récipients de fer très résistants qui en contiennent environ 1 kilogramme.

BIOXYDE D'AZOTE   (A³O)

228.—Propriétés physiques. — Le bioxyde d'azote ou *oxyde azotique* est un gaz incolore, de densité 1,04. Il est très peu soluble dans l'eau. Liquéfié par M. Cailletet **(58)**, il bout à — 160° sous la pression ordinaire.

229. — Propriétés chimiques. — Il se décompose à partir de 500° en donnant de l'azote et du peroxyde d'azote.

Fig. 101. — Combustion de P dans A³O.

Le phosphore et le soufre s'éteignent dans ce gaz lorsqu'ils n'ont pas été préalablement très bien allumés, car le peroxyde résultant de sa décomposition est beaucoup plus stable. Lorsque la température du corps enflammé est assez élevée, il brûle dans le bioxyde d'azote, qui fournit la moitié de son volume d'oxygène, beaucoup plus vivement que dans l'air.

Un charbon, une allumette allumés, s'y éteignent toujours.

Son mélange avec l'hydrogène ne détone pas au contact d'une flamme ; mais si on le fait passer sur de la mousse de platine légèrement chauffée, il se produit du gaz ammoniac et de l'eau, d'après l'équation

$$2 A^3O + 5 H^2 = 2 H^2O + 2 A^3H^3$$

230. — Caractères. — Au contact de l'oxygène, le bioxyde d'azote donne immédiatement, à froid, des vapeurs rutilantes, ce qui explique qu'on ne connaisse ni son odeur ni sa saveur.

231. — Composition. — Dans la cloche courbe, un volume mesuré de bioxyde d'azote chauffé avec un

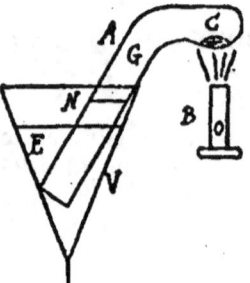

morceau de sulfure de baryum laisse la moitié de son volume d'azote.

Composition. — Dès lors, le volume x d'oxygène contenu dans 2 volumes de bioxyde est donné par l'équation

$$2 \times 1,04 = 0,97 + 1,1x$$

d'où

$$x = \frac{2 \times 1,03 - 0,97}{1,1} = 1$$

Fig. 102. — Analyse de A²O par BaS.

Donc l'azote et l'oxygène s'unissent à volumes égaux pour donner (sans condensation) du bioxyde d'azote.

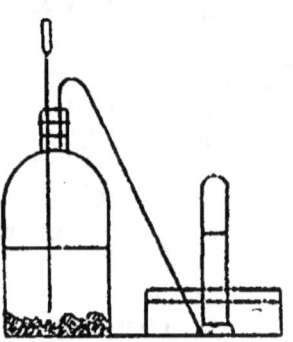

232. — Préparation. — Le bioxyde d'azote se produit à peu près pur dans la réduction de l'acide nitrique chaud par un métal peu oxydable comme l'argent et le mercure.

En raison de son prix moins élevé on emploie plus souvent le cuivre. Il se produit, à froid, de l'azotate de cuivre et du bioxyde d'azote, d'après l'équation

Fig. 103. — Préparation de A²O par Cu et HA²O³.

$$3Cu + 8HA²O³ = 3 [Cu (A²O³)²] + 4H²O + 2A²O$$

On met de la tournure de cuivre avec de l'eau dans un flacon à hydrogène et l'on verse par l'entonnoir, peu à peu, de l'acide nitrique. L'azotate de cuivre se dissout dans l'eau et la colore en bleu tandis que le bioxyde qui se dégage se combine avec l'oxygène de l'air du flacon et arrive bientôt à en expulser tout l'azote pour se dégager à l'extrémité du tube abducteur. On le recueille sur la cuve à eau.

La réaction de l'acide azotique, même étendu, sur le cuivre dégage de la chaleur et, par une réduction plus complète, donne avec le bioxyde un peu de protoxyde et même d'azote. On réduit la production de ces derniers en conduisant la réaction lentement et maintenant le flacon dans de l'eau très froide.

PEROXYDE D'AZOTE (Az O²)

233. — Propriétés physiques. — Le peroxyde d'azote est solide et incolore au-dessous de — 10°. Au-dessus, c'est un liquide incolore qui devient jaune en dissolvant un peu de sa vapeur et prend une teinte de plus en plus foncée jusqu'à 22° température d'ébullition sous la pression ordinaire.

Il donne alors une vapeur rouge dont la densité décroît quand la température s'élève et est 1,6 vers 150°.

234. — Propriétés chimiques. — C'est le plus stable des composés oxygénés de l'azote. A température élevée, il donne de l'oxygène et de l'azote.

Au contact des bases, il donne un azotate et un azotite, d'après l'équation

$$2KHO + 2Az O^2 = KAz O^3 + KAz O^2 + H^2O$$

En présence de l'eau à 0°, il se dédouble de façon analogue en donnant un liquide formé de deux couches distinctes.

$$2Az O^2 + H^2O = HAz O^3 + HAz O^2$$

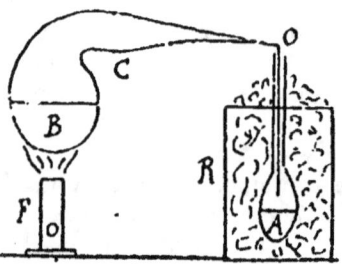

Fig. 104. — Préparation de A_2O^2.

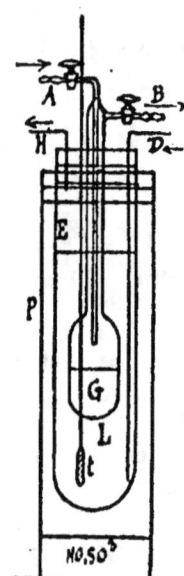

Fig. 105.— Matras à robinets A, B, refroidi par un courant d'air D L H dans l'éther L, permettant de recueillir et conserver A_2O^2.

La couche inférieure qui est bleue contient de l'acide azoteux (HA_2O^2) ; la couche supérieure qui est jaune-verdâtre contient de l'acide azotique.

Mais dès 10°, la réaction donne de l'acide azotique et du bioxyde d'azote, d'après l'équation

$$3A_2O^2 + H^2O = 2HA_2O^3 + A_2O$$

235. — **Composition.** — Deux volumes de bioxyde d'azote se combinent directement à un volume d'oxygène pour former deux volumes de vapeurs de peroxyde d'azote,

$$2 \times 1,04 + 1,1 = 2 \times 1,6$$

On peut encore analyser le peroxyde d'azote, comme d'ailleurs tous les gaz oxygénés de l'azote, par la méthode employée par Dumas et Boussingault pour faire l'analyse de l'air **(123).**

236. — **Préparation.** — On le prépare en décomposant par la chaleur l'azotate de plomb qui donne du protoxyde de plomb (massicot), du peroxyde d'azote et de l'oxygène, d'après l'équation

$$2 [Pb(A_2O^3)^2] = 2PbO + 4A_2O^2 + O^2$$

L'azotate de plomb, finement pulvérisé, est chauffé doucement jusqu'à parfaite dessiccation, obtenue lorsque l'on voit se dégager les premières vapeurs rutilantes.

On le fait passer alors dans une cornue en verre vert peu fusible dont on étire et recourbe le col de façon à faire plonger son extrémité au fond d'un matras d'essayeur. Celui-ci est entouré d'un mélange réfrigérant formé de glace et de sel marin. On chauffe fortement. Le peroxyde d'azote va se condenser dans le matras, tandis que l'oxygène se répand dans l'air (*fig. 104*).

ANHYDRIDE AZOTIQUE   (Az²O⁵)

237. — Propriétés. — L'anhydride azotique est cristallisé, fond à 30°, bout vers 50°. Il se décompose spontanément, dès la température ordinaire, en oxygène et peroxyde d'azote.

C'est un oxydant énergique.

238. — Préparation. — On le prépare en déshydratant à froid l'acide azotique fumant par l'anhydride phosphorique. Le mélange des deux corps est introduit dans une cornue dont le col pénètre dans un

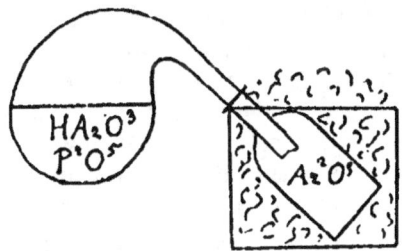

Fig. 106. — Préparation de Az²O⁵.

flacon entouré d'un mélange réfrigérant. Les vapeurs d'anhydride qui se dégagent spontanément viennent se condenser en cristaux incolores dans ce récipient refroidi.

ACIDE AZOTIQUE (HAzO³)

239. — **Hydrates.** — L'acide azotique est employé sous deux formes distinctes.

L'*acide fumant*, dont la composition est voisine de HAzO³.

L'*acide du commerce*, appelé aussi *acide quadri-hydraté* ou *eau forte* a une formule voisine de

$$2 (HAzO^3) + 3 H^2O = Az^2O^5 + 4 H^2O.$$

240. — **Propriétés physiques.** — L'acide quadri-hydraté a pour densité 1,42.

Il bout et distille vers 123° avec une composition qui varie un peu avec la pression et la température.

L'acide fumant a pour densité 1,52. Il se solidifie à — 47°. Il émet à la température ordinaire des vapeurs formant avec la vapeur d'eau de l'air un hydrate qui se condense aussitôt en fumées abondantes. Il commence à bouillir vers 86° en perdant de l'anhydride tandis que la température s'élève jusqu'à 123° où distille l'acide quadrihydraté.

Lorsque l'on chauffe un acide très étendu, l'ébullition dégage un excès de vapeur d'eau et le liquide se concentre jusqu'à cette même température de 123° où distille encore l'acide quadrihydraté.

241. — **Propriétés chimiques.** — L'acide fumant se décompose spontanément à froid, surtout à la lumière, en donnant du peroxyde d'azote qui le colore en jaune

$$4 (HAzO^3) = 4 AzO^2 + O^2 + 2 H^2O$$

La vapeur de l'acide quadrihydraté se décompose de la même façon à température élevée.

L'acide azotique jouera donc le rôle d'un oxydant énergique.

242. — *Action sur les métalloïdes.* — Conduit en vapeurs avec de l'hydrogène dans un tube de porcelaine chauffé au rouge, il donne de l'eau et de l'azote

$$2 \, HA_2O^3 + 5 \, H^2 = 6 \, H^2O + A_2^2$$

Si l'on fait passer le mélange sur de la mousse de platine légèrement chauffée, il se produit de l'eau et du gaz ammoniac

$$HA_2O^3 + 4 \, H^2 = 3 \, H^2O + A_2H^3$$

Pour faire cette expérience, on fait passer l'hydrogène dans une éprouvette remplie de pierre ponce imbibée d'acide azotique ou simplement dans l'acide nitrique contenu dans un flacon à 3 tubulures (*fig. 107*).

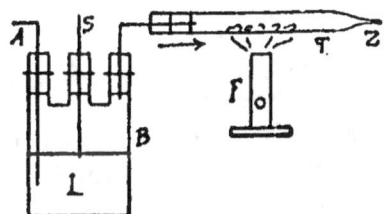

Fig. 107. — Réduction de HA_2O^3 par H en présense de la mousse de platine.

L'hydrogène chargé ainsi de vapeurs nitriques est conduit au travers d'un tube contenant de la mousse de platine. Un papier de tournesol bleu humide rougit au contact du gaz qui s'échappe du tube, tant que le platine est froid. Dès qu'on chauffe ce dernier, un papier rouge de tournesol bleuit au contact du gaz ammoniac formé (**211**).

Tous les composés oxygénés de l'azote sont réduits par l'hydrogène dans les mêmes conditions.

L'acide nitrique oxyde la plupart des métalloïdes en donnant l'acide le plus oxygéné qui soit stable à la température de l'expérience. Ces réactions sont d'autant plus vives et donnent des produits de réduction d'autant plus complète (Az0², Az0, Az²O, Az) que l'acide est plus concentré.

Il est sans action sur l'oxygène, l'azote, le chlore et le brôme.

248. — *Action sur les métaux.* — L'acide azotique attaque tous les métaux sauf l'or, le platine et analogues.

L'acide azotique donne avec les métaux des azotates; il se dégage un composé moins oxygéné de l'azote qui peut être soit l'azote, le protoxyde d'azote ou le bioxyde d'azote. La nature de ce gaz dépend du degré de concentration de l'acide et de la nature du métal.

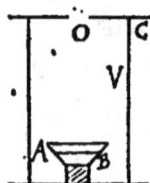

Fig. 108. — Réduction avec incandescence de HAz0³ par C en poudre. Dans le vase C on verse l'acide par O sur le charbon contenu dans la soucoupe AB.

Les métaux très facilement oxydables, comme le potassium, produisent une réaction extrêmement vive; il se dégage de l'azote. L'action est d'autant plus violente que l'acide est plus concentré.

Pour les autres métaux l'attaque se produit plus facilement avec l'acide étendu, les azotates étant peu solubles dans l'acide concentré.

Le *fer* se comporte au contact de l'acide azotique d'une manière particulière.

Si l'on fait agir sur du fer bien décapé de l'acide azotique marquant plus de 25° Baumé, le fer est attaqué pendant un temps variable, d'autant plus long que l'acide est plus étendu. Il se dégage des bulles de bioxyde d'azote qui se transforment au contact de l'air en peroxyde d'azote; puis la surface de la lame de fer devient tout à coup brillante et l'action cesse brusquement. Le fer est devenu *passif*.

Au contact de l'acide plus étendu, d'un degré de

concentration inférieur à 25° B., le fer ne devient plus passif; il se dissout peu à peu en donnant de l'azotate. Il se dégage du protoxyde d'azote.

Le fer préalablement rendu passif, dans l'acide concentré, comme il est dit plus haut, peut être transporté dans l'acide étendu sans qu'il se produise d'action apparente. Il demeure passif, mais cet état passif n'est plus stable; si l'on touche la lame de fer avec un fil de cuivre ou une lame de fer non passif, l'attaque commence aussitôt et se continue sans interruption.

Avec certains métaux, susceptibles de former des peroxydes acides, l'action de l'acide azotique est la même que sur les métalloïdes. L'étain se transforme en oxyde stannique SnO^2. Il se dégage du bioxyde d'azote.

244. — *Action sur les oxydes.* — L'acide azotique amène les composés oxygénés intermédiaires à l'état le plus oxygéné qui soit stable dans les conditions de l'expérience. C'est ainsi qu'il convertit les acides sulfureux, phosphoreux, arsénieux, en acides sulfurique, phosphorique, arsénique; qu'il transforme les sels ferreux en sels ferriques, etc.

245. — *Action sur les matières organiques.* — L'acide nitrique agit énergiquement sur un grand nombre de matières organiques.

Il transforme par oxydation le sucre et l'amidon en acide oxalique. Versé, fumant ou mieux encore additionné d'acide sulfurique, sur de l'essence de térébenthine, il en détermine l'inflammation.

Avec la benzine et les corps analogues, il donne des produits de *substitution* nitrés tels que la *nitrobenzine* ou essence de mirbane qui possède l'odeur de l'essence d'amandes amères

$$C^6H^6 + HA^3O^3 = H^2O + C^6H^5 (A^3O^4)$$

Le phénol est converti en acide picrique

$$C^6H^6O + 3\,HAzO^3 = 3\,H^2O + C^6H^2\,(AzO^2)^3O$$

Il transforme la glycérine en un éther appelé *nitro-glycérine* qui, mélangé à une matière inerte convenable, constitue la *dynamite*.

La plupart de ces corps sont des explosifs qui, au moindre choc, donnent des détonations violentes.

Avec le *coton-poudre* ou nitro-cellulose, la *panclastite*, la *mélinite*, la *poudre sans fumée* de M. Vielle et tant d'autres, ils sont aujourd'hui les explosifs préférés, à la guerre comme dans l'industrie.

Enfin, les matières animales : peau, poils, plumes, soie, se colorent en jaune au contact de l'acide nitrique qui les désorganise complètement par une action prolongée.

L'acide azotique est monobasique. Les azotates ont pour formule

$$M\,(AzO^3) \qquad D\,(AzO^3)^2 \qquad ou \qquad T\,(AzO^3)^3$$

selon que le métal est monovalent, divalent ou trivalent.

246. — **Composition.** — *Anhydride.* — Gay-Lussac fait arriver quatre volumes de bioxyde d'azote dans cinq volumes d'oxygène contenus dans une éprouvette, sur l'eau. Il reste deux volumes d'oxygène et l'eau a dissous l'acide azotique formé. Donc l'anhydride azotique peut être considéré comme résultant de la combinaison de deux volumes d'azote avec cinq volumes d'oxygène.

Hydrates. — Pour déterminer la composition d'un hydrate azotique, on en met un poids connu p avec un excès de protoxyde de plomb dans une capsule dont on fait la tare. On chauffe et après évaporation à sec il ne reste que de l'azotate anhydre de plomb $Pb\,(AzO^3)^2$. Le tout, reporté à la balance, accuse une perte q qui est le poids d'eau évaporée.

On sait alors que le poids p d'hydrate contenait q d'eau.

247. — État naturel. — On trouve fréquemment dans la nature de l'azotate de potassium (*nitre* ou *salpêtre*); mais presque tout l'acide nitrique du commerce provient du nitrate de sodium que l'on rencontre abondamment sur le sol, au Chili et au Pérou.

248. — Préparation. — L'azotate de potassium ou de sodium chauffé avec de l'acide sulfurique concentré donne du bisulfate de potassium et dégage de l'acide nitrique fumant d'après l'équation

$$Na\ Az\ O^3 + H^2SO^4 = Na\ H\ SO^4 + HAzO^3$$

On introduit l'azotate dans une cornue en verre puis on y verse l'acide sulfurique à l'aide d'un entonnoir à long bec qui permet d'éviter de répandre le liquide sur le col de la cornue. Ce dernier arrive jusqu'au milieu d'un ballon maintenu dans une terrine et constamment refroidi par un courant d'eau, pour faciliter la condensation des vapeurs nitriques. On évite l'emploi de bouchons qui détruiraient une partie du produit.

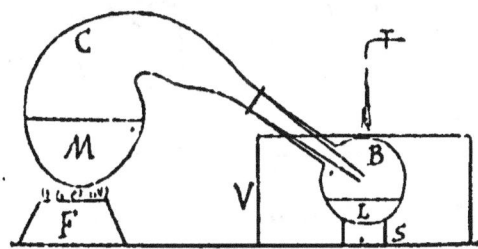

Fig. 109. — Préparation de $HAzO^3$ dans les laboratoires.

Lorsque l'on commence à chauffer, l'appareil se remplit de vapeurs nitreuses dues à la décomposition d'un peu d'acide nitrique par l'acide sulfurique en excès. Bientôt l'acide nitrique distille incolore. A la

fin de l'opération, la masse devient pâteuse, la température s'élève, un peu d'acide nitrique est de nouveau décomposé et les vapeurs rutilantes réappa-
raissent.

En ne recueillant que ce qui distille durant la
phase moyenne de l'opération, on obtient un acide
fumant à peu près incolore.

249. — Fabrication industrielle. — L'industrie
ne fabrique guère d'acide fumant, mais seulement un
liquide plus voisin de l'acide quadrihydraté et où
l'on ne redoute pas la présence des produits nitreux.

On réduit alors la dose d'acide sulfurique employé
et l'on chauffe assez pour faire réagir, au moins en
partie, le bisulfate de sodium sur de l'azotate et
obtenir du sulfate neutre d'après l'équation

$$Na\,Az O^3 + Na\,HSO^4 = Na^2SO^4 + HAzO^3$$

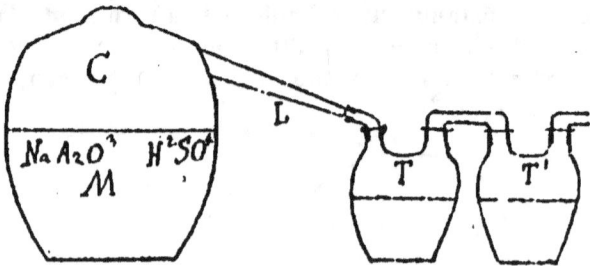

Fig. 110. — Fabrication industrielle de l'acide azotique.

On charge le nitrate de sodium avec de l'acide
sulfurique à 60° Baumé dans des cylindres ou des
chaudières M en fonte que l'on chauffe de toutes parts;
l'acide sulfurique à 60° B. et les vapeurs nitriques
n'attaquent que fort peu la fonte dans ces conditions.

L'acide nitrique dégagé est recueilli dans des bon-
bonnes en grès T, T'... contenant un peu d'eau. Les
vapeurs qui leur échappent sont conduites au bas

d'une colonne de coke arrosé d'eau qui, s'écoulant de haut en bas, dissout les dernières vapeurs qui cheminent en sens inverse.

250. — Usages. — L'acide azotique est employé à mordre les planches métalliques dans la *gravure à l'eau forte* et aussi dans les nombreux procédés de *phototypographie* si employés aujourd'hui. On s'en sert pour *dérocher* les métaux, c'est-à-dire dissoudre les oxydes qui ternissent leur surface. Il entre dans la préparation de l'acide sulfurique et de divers azotates. Par son action ménagée sur la laine et la soie, il teint en jaune ces matières animales.

EAU RÉGALE

251. — L'or et le platine ne se dissolvent ni dans l'acide azotique ni dans l'acide chlorhydrique.

Ils se dissolvent aisément, au contraire, dans le mélange de ces deux acides qui constitue ce que les alchimistes appelaient l'*eau régale* (qui dissout l'or, le *roi* des métaux).

On trouve, dans la solution, des chlorures d'or et de platine, produits sans doute par du chlore mis en liberté dans la réaction ou par quelque oxychlorure d'azote produit en même temps d'après l'équation

$$HAzO^3 + 3\ HCl = 2\ H^2O + Cl^2 + AzOCl$$

PHOSPHORE

Poids atomique : P = 31   Poids moléculaire : P⁴ = 124

252. — Le phosphore présente deux états allotropiques également importants :

Le *phosphore ordinaire*, ou phosphore blanc, découvert au XVIIᵉ siècle par Brandt qui le tirait de l'urine.

Le *phosphore rouge*, défini par Schrœtter en 1845.

253. — **Propriétés physiques**. — Le *phosphore ordinaire* est un corps solide, ambré, translucide, assez mou pour être facilement rayé par l'ongle, inodore. Il devient lentement blanc, opaque.

Sa densité est 1,84. Il fond à 44°. Il a, à la température ordinaire, une tension de vapeur sensible. Il bout à 280°. Sa vapeur, incolore, a pour densité 4, 4 entre 300 et 900°; au-delà cette densité diminue rapidement et n'est plus que 3 vers 1700°.

Il est insoluble dans l'eau, mais très soluble dans le sulfure de carbone. Il cristallise en dodécaèdres rhomboïdaux.

Le *phosphore rouge* est solide, rouge grenat, opaque. Il a pour densité moyenne 2,2.

Il n'est soluble dans aucun liquide.

On peut, par voie sèche, l'obtenir cristallisé.

Propriétés chimiques. — Les deux variétés de phosphore ont des propriétés chimiques différentes.

254. — **Transformation allotropique**. — Sous l'action de la lumière ou de la chaleur, le phosphore ordinaire se transforme partiellement en phosphore rouge. Lorsqu'on le chauffe en vase clos, la partie liquide se transforme intégralement en phosphore rouge, tandis que la vapeur ne se transforme qu'en partie, gardant encore pour chaque température une force élastique déterminée qu'on appelle *la tension de transformation pour cette température.*

Cette transformation s'accompagne d'un grand dégagement de chaleur (19,2 Cal.). Réciproquement, à une température plus élevée, le phosphore rouge chauffé en vase clos se transforme en partie en phosphore ordinaire, donnant de la vapeur, assez pour qu'elle prenne la *tension de transformation correspondant à la température* de l'expérience.

Le phosphore se combine directement à tous les corps simples, sauf l'hydrogène, l'azote et le carbone.

Le phosphore blanc s'enflamme spontanément dans le chlore.

255. — *Phosphorescence.* — A froid, le phosphore blanc absorbe l'oxygène de l'air en donnant un mélange variable d'acides phosphorique (H^3PO^4), phosphoreux (H^2PO^3H) et hypophosphorique ($H^4P^2O^6$).

Cette combinaison lente s'accompagne de la production de lueurs (phosphorescence) visibles dans l'obscurité.

Ces phénomènes ne se produisent pas dans l'oxygène pur sous la pression ordinaire; mais la phosphorescence apparaît à 15° lorsque l'on abaisse la pression de l'oxygène au dessous de 666^{mm}, soit en le raréfiant, soit en le mélangeant à un gaz inerte (Joubert).

Cette oxydation s'accompagne de la production d'un peu d'ozone auquel est due sans doute exclusivement l'odeur qu'on attribue au phosphore.

C'est pour éviter cette oxydation lente qui dégage de la chaleur et peut amener l'inflammation que l'on conserve le phosphore sous l'eau. On doit également le fondre sous l'eau et ne le vaporiser que dans une atmosphère inerte (hydrogène, azote).

Vers 60° il brûle à l'air en donnant une flamme brillante et d'abondantes fumées d'anhydride phosphorique (P^2O^5). Le moindre frottement suffit, aussi doit-on éviter de manier le phosphore autrement que sous l'eau. Cette combustion s'obtient même sous l'eau en faisant arriver un courant d'oxygène au contact du phosphore maintenu liquide sous de l'eau à 50°.

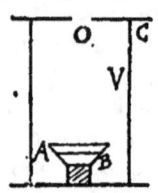

Fig. 111. — Décomposition de HA^2O^3 placé en AB, par le phosphore blanc projeté par O.

Le *phosphore rouge*, au contraire, n'est pas phosphorescent et ne s'enflamme dans l'air qu'au dessus de 260°.

Le phosphore est un réducteur puissant; il décompose avec explosion l'acide azotique fumant; il réduit l'acide étendu à l'état d'oxyde azotique (**271**).

Le phosphore blanc se dissout dans les alcalis (**264**) qui sont sans action sur le phosphore rouge.

Le phosphore blanc est un des poisons les plus violents; l'essence de térébenthine en est le seul contrepoison.

Le phosphore rouge est au contraire tout à fait inoffensif.

256. — *Caractères.* — Le phosphore blanc se reconnaît à l'odeur d'ozone qu'il répand toujours à l'air, à sa phosphorescence et à son extrême inflammabilité.

Il se distingue aisément du phosphore rouge par l'ensemble de ses propriétés, que nous résumons dans le tableau suivant :

PHOSPHORE

BLANC	ROUGE
Couleur ambrée.	Couleur rouge.
Densité : 1,83.	Densité : 1,96 à 2,34.
Fond à 44°.	Ne fond pas — Se trans-
Soluble dans CS^2.	forme dès 200°.
Cristallise à froid.	Insoluble.
Phosphorescent.	Cristallise vers 600°.
Brûle à 60°.	Non phosphorescent.
Soluble dans les alcalis	Brûle à 260°.
étendus.	Insoluble dans les alcalis.
Poison violent.	Non vénéneux.

257. — Etat naturel. — On ne trouve pas le phos·phore libre dans la nature ; mais il existe à l'état de phosphate dans les, os des animaux et dans des gisements abondants (phosphorites), que l'agriculture emploie comme engrais.

258. — Extraction. — Le phosphore s'obtient industriellement en décomposant, par le charbon au rouge, de l'acide phosphorique provenant des os ou des phosphorites.

Les os des animaux laissés trois jours dans l'acide chlorhydrique très étendu, lui abandonnent toute leur matière minérale formée d'environ 80 o/o de phosphate tricalcique $Ca^3 (PO^4)^2$ et 20 de carbonate de calcium.

Il se produit du chlorure de calcium et du phosphate monocalcique, tous deux solubles.

$$Ca^3 (PO^4)^2 + 4H\,Cl = 2Ca\,Cl^2 + Ca\,H^4 (PO^4)^2.$$

La matière organique (osséine) qui reste inaltérée est employée à faire de la gélatine.

Le liquide est traité par un lait de chaux qui séparera le phosphate en le précipitant à l'état de phosphate bicalcique.

$$CaH^4 (PO^4)^2 + Ca (HO)^2 = Ca^2H^2 (PO^4)^2 + 2H^2O.$$

Ge phosphate bicalcique ou bien certaines phosphorites riches sont traitées par un excès d'acide sulfurique légèrement chauffé qui met en liberté l'acide
phosphorique en précipitant toute la chaux à l'état
de sulfate de calcium.

$$Ca^2H^2(PO^4)^2 + 2H^2SO^4 = 2CaSO^4 + 2(H^3PO^4).$$

Par décantation on sépare la liqueur phosphorique
du sulfate précipité, puis on la concentre.

On y ajoute du charbon de bois en poudre de
façon à former une masse épaisse qu'on dessèche
au four. Le charbon
reste mélangé à de
l'acide métaphospho-
rique.

$$H^3PO^4 = H^2O + HPO^3$$

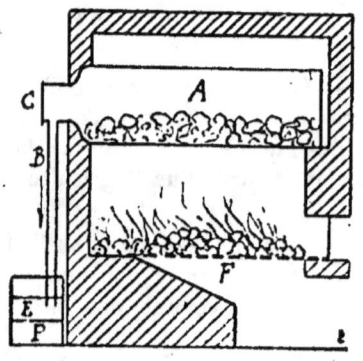

On introduit alors
le mélange dans des
cornues en terre A
analogues à celles qui
servent à la calcina-
tion de la houille et
l'on chauffe vers le
rouge vif pendant 3
jours. (Fig. 112).

Fig. 112. — Préparation du phosphore blanc.

Le carbone s'empare de l'oxygène pour former de
l'oxyde de carbone et tout le phosphore est mis en
liberté avec l'hydrogène

$$4HPO^3 + 6C^2 = 12 CO + P^4 + 2 H^2.$$

Le dégagement s'effectue par un tube vertical B
descendant qui aboutit au fond d'une cuve en fonte
contenant de l'eau E maintenue à 50° où le phosphore
P se rassemble à l'état liquide, très impur encore.

On le purifie en le filtrant d'abord au travers d'une
colonne de noir animal, puis au travers d'une peau de
chamois.

On le verse enfin dans des moules gaufrés en tôle où il prend, sous l'eau froide, la forme de bâtons qu'on livre au commerce.

259. — Préparation du phosphore rouge. — On remplit de phosphore blanc une marmite en fonte P. On ferme en laissant seulement un petit orifice O pour le passage de la vapeur d'eau et de l'air dilaté. On maintient durant 15 jours la température vers 250°.

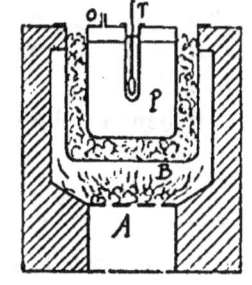

On laisse alors refroidir, on couvre la masse d'eau froide, on la casse au ciseau, et on la pulvérise sous l'eau.

Fig. 113. — Préparation du phosphore rouge.

On traite enfin par du sulfure de carbone ou de la soude bouillante qui enlève le phosphore ordinaire non transformé.

Le phosphore rouge reste en poudre que l'on lave et fait sécher.

260. — Usages. — Le phosphore blanc mélangé de blé cuit et de graisse est employé sous le nom de *mort aux rats* à la destruction d'animaux nuisibles.

La plus grande partie sert à la fabrication des allumettes ordinaires. Du bois de peuplier est débité en petits prismes dont on plonge une extrémité dans du soufre fondu puis dans une pâte composée de *phosphore, bioxyde de plomb, sable fin, gomme, matière colorante.*

On emploie aussi des allumettes au phosphore rouge. Le bois est plongé dans une pâte formée de *chlorate de potasse, sulfure d'antimoine, gomme.* Ces allumettes ne prennent facilement que par frottement contre les côtés de la boîte enduits d'une pâte formée de *phosphore rouge, chlorate de potasse, sulfure d'antimoine, gomme,* tandis que les allumettes ordinaires prennent feu au moindre frottement, sur un corps quelconque. .

Les allumettes au phosphore rouge ont encore l'avantage de ne pas porter le poison redoutable qui fait si dangereuses les allumettes ordinaires.

261. — Principales combinaisons du phosphore. — Le phosphore forme avec l'hydrogène, trois combinaisons :

Phosphure d'hydrogène gazeux. . . . PH^3
     »   »   liquide. . . . P^2H^4
     »   »   solide . . . . P^2H

Avec l'oxygène, il donne 3 anhydrides.

Anhydride phosphoreux. . . . . . . P^2O^3
     »   hypophosphorique . . . . P^2O^4
     »   phosphorique . . . . . . P^2O^5

On connaît encore les acides suivants.

Acide hypophosphoreux . . . . HPO^2H^2
  . »   phosphoreux . . . . H^2PO^3H
  ' »   hypophosphorique. . . . $H^4P^2O^6$
    »   métaphosphorique. . . . HPO^3
    »   pyrophosphorique. . . . $H^4P^2O^7$
    »   orthophosphorique. . . . H^3PO^4

PHOSPHURE D'HYDROGÈNE (PH³) GAZEUX

Le phosphure d'hydrogène gazeux ou *hydrogène phosphoré* a été découvert en 1793, par Gingembre.

262. — Propriétés. — C'est un gaz incolore d'une odeur d'ail. Sa densité est 1,18. Il est peu soluble dans l'eau. Il a été liquéfié à — 85° sous la pression ordinaire, solidifié à — 130.

La chaleur le décompose en ses éléments.

Il est violemment décomposé par le chlore qui s'empare de son hydrogène et, s'il est en excès, se combine également au phosphore.

Pur, il brûle à l'air avec éclat à 100° en donnant de l'eau et de l'anhydride phosphorique.

Il réduit immédiatement les sels d'or, d'argent, de cuivre.

Il est absorbé rapidement par la dissolution de chlorure cuivreux dans l'acide chlorhydrique qui en retient 80 fois son volume.

Comme le gaz ammoniac, il se combine à volumes égaux avec les acides chlorhydrique, bromhydrique, iodhydrique, en formant des combinaisons analogues aux chlorure, bromure, iodure d'ammonium. Par analogie, on appelle *phosphonium* : un radical hypothétique qui aurait pour formule PH^4 et les composés

$$PH^4Cl \qquad\qquad PH^4Br \qquad\qquad PH^4I$$

sont appelés *chlorure, bromure, iodure de phosphonium.*

Caractères. — L'hydrogène phosphoré se reconnaît : à son odeur alliacée, à sa flamme éclatante et aux fumées blanches qu'il répand.

263. — Analyse. — Dans une cloche courbe, on fait passer un volume connu d'hydrogène phosphoré avec un morceau de cuivre que l'on chauffe. Le cuivre s'empare du phosphore et, après refroidissement, on trouve qu'il reste de l'hydrogène occupant un volume égal à 1 fois 1/2 celui du gaz primitif.

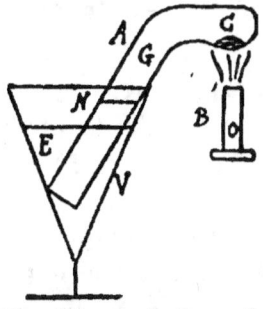

Fig. 114. — Analyse de PH^3.

Donc deux volumes d'hydrogène phosphoré résultent de la combinaison de trois volumes d'hydrogène avec un volume x de vapeur de phosphore donné par l'équation

$$4,4 \times x + 3 \times 0,069 = 2 \times 1,18 \qquad \text{d'où}$$

$$x = \frac{2 \times 1,18 - 3 \times 0,069}{4,4} = \frac{1}{2}$$

L'analogie des propriétés de ce gaz et de celles de l'ammoniac lui fait attribuer la formule PH^3, ce qui conduit à admettre que le poids atomique de phosphore est $P = 31$.

D'ailleurs, la densité de la vapeur de phosphore étant 4,4 par rapport à l'air, soit $4,4 \times 14,5 = 62$ environ, par rapport à l'hydrogène, le poids moléculaire de phosphore est 124.

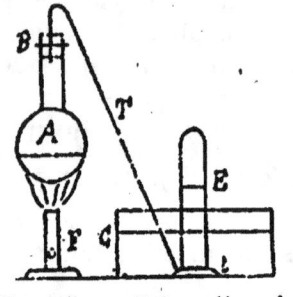

On est ainsi conduit à admettre que la molécule ($P^4 = 124$) de phosphore est *tétratomique*, c'est-à-dire contient quatre atomes de phosphore.

Fig. 115. — Préparation de PH³.

264. — Préparation. — Le phosphore chauffé avec une solution alcaline ou bien avec la chaux humide donne un hypophosphite et de l'hydrogène phosphoré

$$2\,P^4 + 3\,[Ca\,(HO)^2] + 6\,H^2O = 3\,[Ca\,(PO^2H^2)^2] + 2\,PH^3$$

Il se produit en même temps du phosphure liquide en très petite quantité

$$3\,P^4 + 4\,Ca\,(HO)^2 + 8\,H^2O = 4\,[Ca\,(PO^2H^2)^2] + 2\,P^2H^4$$

et beaucoup d'hydrogène

$$P^4 + 2\,[Ca\,(HO)^2] + 4\,H^2O = 2\,[Ca\,(PO^2H^2)^2] + 2\,H^2$$

On fait avec de la chaux et de l'eau une pâte épaisse qu'on divise en boulettes où l'on met des fragments de phosphore. On fait passer ces boulettes dans un petit ballon qu'on achève de remplir de chaux éteinte. On chauffe avec précaution. Le gaz, par un tube abducteur, est conduit à la cuve à eau.

Chaque bulle, en arrivant à l'air, s'enflamme spontanément en donnant une belle couronne de fumée formée par l'anhydride phosphorique produit.

C'est le phosphure liquide qui donne au gaz, comme il ferait d'ailleurs avec tout autre gaz combustible, cette inflammabilité spontanée.

Une éprouvette de ce mélange abandonnée à la lumière se couvre d'un dépôt jaune de phosphure solide produit par la décomposition du phosphure liquide qui donne en même temps du phosphure gazeux.

$$5P^2H^4 = 2P^2H + 6PH^3.$$

Le gaz alors n'est plus inflammable qu'à 100°.

265. — *Décomposition du phosphure de calcium.* — Le phosphure de calcium ($Ca\ P$) obtenu en faisant passer de la vapeur de phosphore sur de la craie chauffée au rouge, se décompose au contact de l'eau, à froid, en donnant du phosphure liquide. Ce dernier, en présence de la chaux produite, se décompose partiellement en dégageant du phosphure gazeux aussi impur que le précédent et comme lui spontanément inflammable.

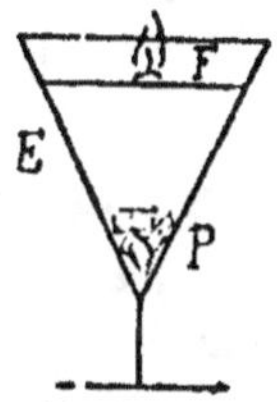

Fig. 116. — Production de PH3 par CaP.

Il suffit de jeter du phosphure de calcium dans un verre d'eau pour obtenir, dans un air calme, les belles couronnes d'anhydride phosphorique.

266. — *Hydrogène phosphoré pur.* — Pour avoir le gaz pur, on fait passer le précédent dans un flacon laveur contenant de l'acide chlorhydrique qui décompose le phosphure liquide en phosphure solide qui reste là et phosphure gazeux. Le gaz est ensuite conduit dans une dissolution de chlorure cuivreux dans l'acide chlorhydrique qui laisse passer l'hydrogène libre et retient tout le phosphure gazeux.

Cette solution, chauffée dans un ballon, dégage de l'hydrogène phosphoré parfaitement pur que l'on recueille sur la cuve à eau.

ANHYDRIDE PHOSPHORIQUE (P²O⁵).

267. — Propriétés. — L'anhydride phosphorique est un corps solide, blanc, inodore. Il est un peu volatil au rouge.

Il n'est pas décomposé par la chaleur.

Au rouge, le charbon s'empare de son oxygène pour donner de l'oxyde de carbone et met le phosphore en liberté.

$$2P^2O^5 + 5C^2 = P^4 + 10CO.$$

Très avide d'eau, il fait entendre à son contact le même bruit que le fer rouge. Il est parfois employé, pour cette raison, à dessécher les gaz.

Il forme avec l'eau trois hydrates qui sont des acides absolument distincts :

Acide métaphosphorique. $P^2O^5 + H^2O = 2HPO^3$.

— pyrophosphorique. $P^2O^5 + 2H^2O = H^4P^2O^7$.

— orthophosphorique. $P^2O^5 + 3H^2O = 2H^3PO^4$.

268. — Préparation. — On en obtient un peu en brûlant du phosphore sous une cloche bien sèche.

On le prépare industriellement d'une façon continue en brûlant du phosphore P dans une cloche en tôle C reposant sur un large entonnoir E dont le col s'engage dans un bocal F.

Le phosphore est renouvelé dans une cuiller métallique A que l'on peut extraire
par une tubulure latérale B.
L'air se renouvelle automatiquement par les joints imparfaits de l'appareil. On
doit opérer dans une atmosphère bien sèche.

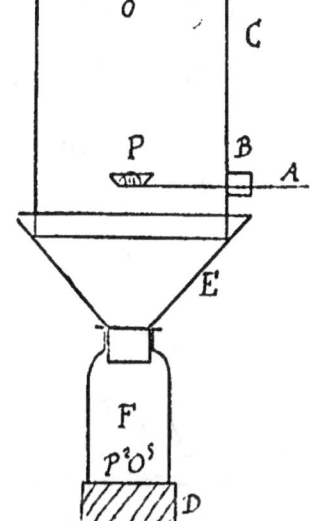

ACIDE ORTHOPHOSPHORIQUE
(H^3PO^4)

Fig. 117. — Préparation continue de P^2O^5.

269. — Propriétés. —
L'acide orthophosphorique
ou acide phosphorique or-
dinaire est un corps solide,
incolore, qui donne des cris-
taux fusibles à 42°. Il perd de l'eau dès 160° et à
212° il se transforme en acide pyrophosphorique. C'est
un acide tribasique, formant trois catégories de sels
distincts ayant pour formules, avec un métal monovalent (M)

M H^2PO^4. — Phosphate acide monométallique.
M^2 HPO^4. — Phosphate du commerce ou phosphate
        acide bimétallique.
M^3 PO^4. — Phosphate trimétallique ou neutre.

Avec les métaux divalents, on a les formules

Ca H^4 $(PO^4)^2$ Ca^2 H^2 $(PO^4)^2$ Ca^3 $(PO^4)^2$.

270. — Caractères. — L'acide orthophosphorique
dissout l'albumine. Les orthophosphates donnent avec

le nitrate d'argent un précipité jaune, de phosphate triargentique (Ag^3PO^4) soluble dans les acides.

271. — Préparation. — On chauffe dans une cornue du phosphore rouge avec de l'acide azotique étendu. Il se dégage du bioxyde d'azote avec des vapeurs d'acide nitrique que l'on condense dans un ballon refroidi.

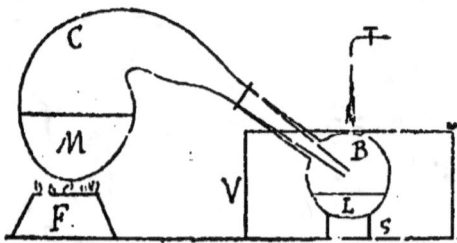

Fig. 118. — Préparation de l'acide orthophosphorique (H^3PO^4).

$$3\ P^5 + 20\ HAz\ O^3 + 8\ H^2O = 12\ H^3PO^4 + 20\ AzO.$$

Il reste dans la cornue de l'acide orthophosphorique que l'on concentre par évaporation en ayant soin de ne pas dépasser 160°.

ACIDE PYROPHOSPHORIQUE ($H^4P^2O^7$)

272. —'Propriétés. — C'est un corps solide, incolore. Au rouge sombre, il perd de l'eau et donne de l'acide métaphosphorique.

$$H^4P^2O^7 = H^2O + 2\ HPO^3$$

Abandonné au contact de l'eau, il se transforme en acide orthophosphorique.

$$H^4P^2O^7 + H^2O = 2\ H^3PO^4$$

Il forme deux catégories de sels qui, avec un métal monovalent (M), ont pour formules :

$M^2H^2P^2O^7$. — Pyrophosphate acide.

$M^4P^2O^7$. —   —   neutre.

273. — *Caractères.* — L'acide pyrophosphorique est sans action sur l'albumine. Les pyrophosphates donnent avec le nitrate d'argent un précipité blanc de pyrophosphate tétrargentique $Ag^4P^2O^7$, soluble dans les acides.

274. — **Préparation.** — On le prépare en faisant passer un courant de gaz sulfhydrique dans de l'eau où l'on a mis en sus· pension du pyrophosphate de plomb.

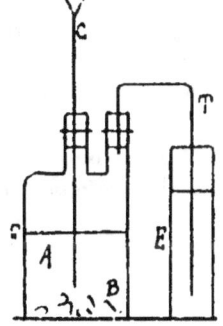

Fig. 119. — Préparation de $H^4P^2O^7$.

$Pb^2P^2O^7 + 2H^2S = 2PbS + H^4P^2O^7$

On filtre pour enlever le précipité noir de sulfure de plomb. On concentre ensuite la liqueur dans le vide jusqu'à ce qu'elle donne des cristaux d'acide pyrophosphorique.

ACIDE MÉTAPHOSPHORIQUE (HPO³).

275. — **Propriétés.** — L'acide métaphosphorique est un corps solide, vitreux. Il se volatilise au rouge sans perdre son eau.

Très avide d'eau, où il se dissout abondamment, il est employé à dessécher les gaz.

Le charbon le réduit au rouge.

$4HPO^3 + 6C^2 = 12CO + P^4 + 2H^2$.

Il ne forme qu'une catégorie de sels qui ont pour formule

      KPO^3 métaphosphate de potassium.

ou $Ca(PO^3)^2$ métaphosphate de calcium.

276. — *Caractères.* — L'acide métaphosphorique coagule l'albumine (blanc d'œuf). Les métaphosphates donnent avec le nitrate d'argent un précipité blanc, soluble dans les acides, de métaphosphate d'argent ($Ag\,PO^3$).

277. — **Préparation.** — On obtient immédiatement de l'acide métaphosphorique, en jetant dans l'eau de l'anhydride phosphorique.

En évaporant ce liquide ou une dissolution d'acide orthophosphorique ou pyrophosphorique, on obtient l'acide *métaphosphorique vitreux*.

ARSENIC

Poids atomique : As = 75   Poids moléculaire As^4 = 300

278. — L'arsenic est un corps solide, gris d'acier, volatil au rouge sombre. La densité de sa vapeur égale à 10 vers 600° n'est plus que 5 à 1700°.

Un demi volume de vapeur d'arsenic se combine à trois volumes d'hydrogène pour donner deux volumes d'hydrogène arsénié (AsH^3) analogue à l'ammoniac et à l'hydrogène phosphoré.

Il brûle spontanément dans le chlore en donnant un chlorure ($AsCl^3$).

Il forme deux acides qui sont des poisons redoutables.

L'acide arsénieux (H^2AsO^3H) correspondant à l'acide phosphoreux.

L'acide arsénique (H^3AsO^4), tribasique, formant des sels isomorphes des orthophosphates du même métal.

L'arsenic s'obtient en calcinant le *mispickel*, arséniosulfure naturel de fer

$$2\,Fe^2\,As^2\,S^3 = 4\,Fe\,S + As^4$$

La combustion de l'arsenic à l'air donne l'anhydride arsénieux (As^4O^6)

L'acide arsénique s'obtient en oxydant par l'acide azotique : l'arsenic ou l'anhydride arsénieux.

CHAPITRE NEUVIÈME.

MÉTALLOÏDES

4ᵉ FAMILLE. — CARBONE — SILICIUM.

CARBONE

Poids atomique : C = 12.　　Poids moléculaire : $C^2 = 24$.

279. — Propriétés. — Le carbone est un corps solide, infusible, volatil seulement à la température de l'arc électrique (fig. 120).

Il se dissout seulement dans le fer et quelques autres métaux en fusion.

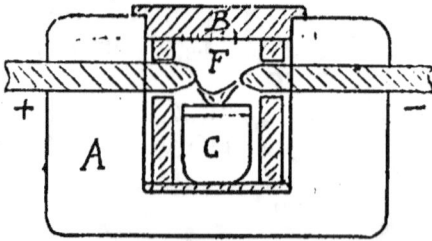

Fig. 120. — Volatilisation du carbone au four électrique.

Il brûle à l'air en donnant de l'oxyde de carbone (CO) ou du gaz carbonique (CO^2) selon que la température est plus ou moins élevée.

C'est un réducteur puissant. Il réduit l'eau (fig. 121), l'acide azotique, l'acide sulfurique, tous les oxydes métalliques, à l'exception de l'alumine et quelques autres. Les oxydes réduits à température peu élevée

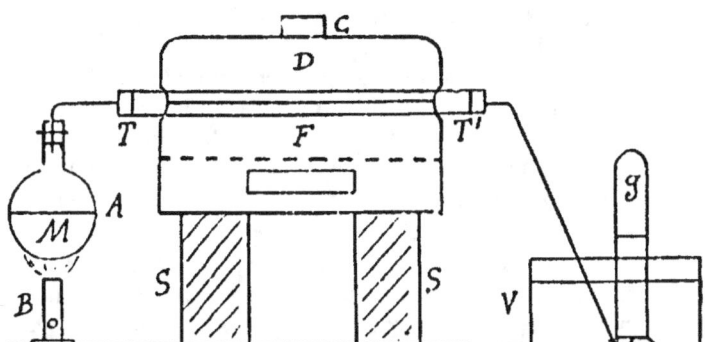

Fig. 121. — Réduction de H_2O par C au rouge. — Production de gaz carbonique, oxyde de carbone et hydrogène.

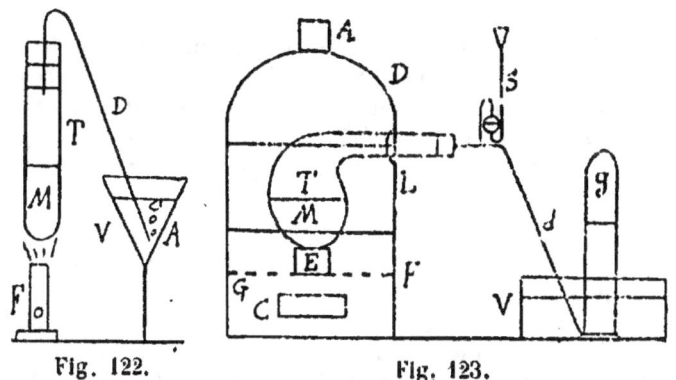

Fig. 122.   Fig. 123.

Fig. 122. — Réduction de CuO par C. — Production de CO_2.
Fig. 123. — Réduction de ZnO par C. — Production de CO.

(CuO) (fig. 122) donnent du gaz carbonique; les oxydes qui ne se réduisent qu'au rouge vif (ZnO) (fig. 123), donnent de l'oxyde de carbone.

Le carbone, mélangé à des quantités variables de matières étrangères, forme un grand nombre de produits connus sous le nom de *charbons* et que l'on classe en charbons naturels et charbons artificiels.

280. — Charbons naturels. — Les charbons naturels semblent provenir tous de la décomposition de matières organiques végétales et animales qui, par fermentation, sous l'action de l'eau, de la chaleur, sous l'effort des pressions énormes dues aux dépôts puissants accumulés par une longue succession de siècles, ont abandonné peu à peu et plus ou moins complètement leurs produits volatils.

281. — *Tourbe.* **—** C'est ainsi que l'on voit se former, de nos jours, dans la vase des marais, des dépôts, importants parfois, de ces débris où les végétaux sont parfaitement reconnaissables. Ils constituent, sous le nom de tourbe, un mauvais combustible que l'industrie utilise cependant après l'avoir soumis à une forte compression.

282. — *Lignites.* **—** Dans les terrains secondaires, on trouve des dépôts semblables, contenant environ 70 % de carbone, employés comme combustibles sous le nom de lignite. Le *jais*, variété compacte, susceptible d'un beau poli, est employé à la confection de parures de deuil.

283. — *Houille.* **—** La houille contient 80 % de carbone. Elle se trouve dans les terrains primaires, en masses énormes, où elle trahit son origine organique par la présence de débris montrant parfois des forêts entières carbonisées sur place. C'est le plus important combustible de l'industrie actuelle.

284. — *Anthracite.* **—** Ce charbon, plus ancien que la houille, ne renferme presque plus de carbures d'hydrogène. Riche de 90 % de carbone il constitue un excellent combustible pour la forge.

285. — *Graphite.* — Le graphite est du carbone presque pur. On le trouve dans les terrains les plus anciens, souvent cristallisé en paillettes d'un gris de plomb. Sa densité moyenne est 2,2. Il conduit assez bien la chaleur et l'électricité. Il ne brûle qu'au rouge vif.

On peut l'obtenir artificiellement en laissant refroidir de . fonte où l'on a dissous du charbon. Soumise à on d'un acide, la masse abandonne du graph us ou moins cristallisé.

Le graphite est employé, sous le nom de *mine de plomb*, à faire des crayons, à noircir les poêles en fonte pour augmenter leur pouvoir émissif, à confectionner des creusets réfractaires, à lubréfler les surfaces qui glissent les unes sur les autres dans les appareils mécaniques.

Sous le nom de *plombagine*, en galvanoplastie, on en couvre la surface des moules que l'on doit rendre conductrice de l'électricité.

286. — *Diamant.* — Le diamant aussi est du carbone presque pur. Il brûle dans l'air à température très élevée en donnant du gaz carbonique et laisse un résidu de seulement 1/500 à 1/2000 d'impuretés.

Il forme des cristaux appartenant au système cubique, à arêtes courbes, incolores, mais quelquefois colorés en jaune, rose, bleu, vert ; souvent aussi noirs et opaques.

C'est le plus dur de tous les corps; il les raye tous et n'est rayé par aucun, propriété qui le fait employer à couper le verre, à armer les pointes d'outils destinés à attaquer les roches les plus dures et à confectionner des pivots inusables pour l'horlogerie.

Sa densité varie de 3,5 à 3,55. Il conduit mal la chaleur et l'électricité.

Chauffé à l'abri de l'air, à la température de l'arc électrique, il se convertit en graphite.

M. Moissan, en 1893, a obtenu artificiellement le diamant. Il dissout du charbon dans du fer fondu par l'arc électrique (à 3500° environ). Il refroidit brusquement la surface du métal par immersion dans l'eau et abandonne la masse au refroidissement lent à l'air. En dissolvant le métal dans l'acide chlorhydrique on obtient un résidu de graphite contenant de petits grains ayant les propriétés du diamant.

Son indice de réfraction considérable (2,42) lui permet d'étaler largement les couleurs du spectre et en favorisant la réflexion totale par une taille appropriée, on lui fait donner, à la lumière blanche, des feux éclatants qui en font la pierre précieuse la plus estimée de la joaillerie.

Les cristaux naturels, enveloppés d'une *gangue* pierreuse, sont d'abord dégrossis par clivage, puis soumis à la *taille*.

Le diamant est enchassé dans un alliage fusible porté par un manche en bois. Il émerge par la partie où l'on se propose de tailler une facette. On fait reposer cette partie, en tenant le manche à la main, sur un disque d'acier horizontal animé d'un rapide mouvement de rotation autour de son axe et couvert d'un mélange d'huile et de poudre de diamant (égrisé).

Le diamant se taille en deux formes : en *rose* lorsqu'il est plat, en *brillant* quand la forme le permet et que la pièce est d'une belle *eau*.

Les diamants de grand prix sont connus du monde entier. Le plus gros est celui du Rajah de Bornéo, qui pèse 61,5 gr.

Le *Régent*, de France, qui pèse 27,9 gr. et vaut 7.000.000 de francs, est un des plus beaux.

287. — Charbons artificiels. — Les charbons artificiels proviennent, comme les charbons naturels, de matières organiques dépouillées de leurs éléments volatils.

288. — *Coke.* — Le coke est le résidu (60°/₀) de la calcination de la houille en vase clos. C'est un combustible très recherché parce qu'il donne peu de fumée.

Le poussier de coke, aggloméré avec du brai et moulé à chaud, donne les *briquettes*.

289. — *Charbon des cornues.* — La décomposition des carbures d'hydrogène au contact des parties les plus chaudes des cornues à gaz d'éclairage produit un dépôt compact de charbon (fig. 124) assez pur, dur, difficile à brûler, bon conducteur, qu'on emploie

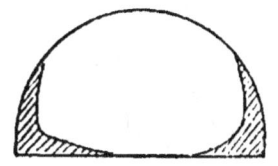

Fig. 124.— Dépôt de charbon dans les cornues à gaz.

en électricité sous le nom de charbon des cornues.

290. — *Charbon de bois.* — C'est le résidu (18 o/o) de la calcination du bois en vase clos.

La plus grande partie, employée comme combustible, est préparée par le procédé des *meules* (fig. 125). Les rondins sont empilés en ménageant une cheminée centrale et des canaux à diverses hauteurs. Le

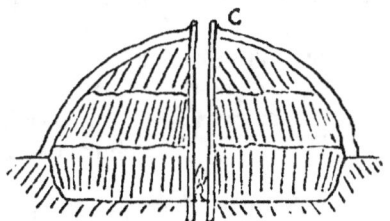

Fig. 125. — Meule à calciner le bois.

haut est couvert de terre humide. On allume en jetant des herbes enflammées dans la cheminée. La combustion des produits volatils, entretenue méthodiquement, dégage la chaleur nécessaire à la calcination complète. Lorsque la fumée sort presque incolore, on laisse refroidir et l'on fait le triage des fumerons, morceaux imparfaitement calcinés, qui ne sont pas livrés au commerce.

Le poussier de charbon de bois, aggloméré par

du brai et moulé, est employé dans l'économie domestique sous
le nom de *Char-*
bon de Paris.

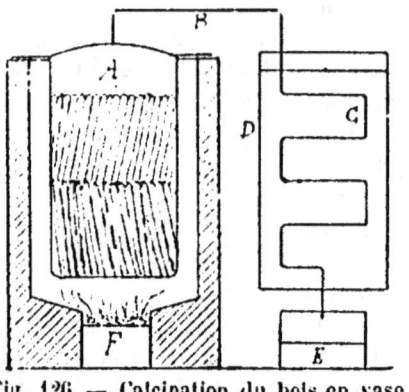

Fig. 126. — Calcination du bois en vase
clos.

La prépara-
tion du fusain
et des charbons
destinés à la
fabrication de
la poudre s'ef-
fectue en calci-
nant des bois de
choix dans des
cylindres en
fonte. Les pro-
duits volatils
(goudrons, esprit de bois, vinaigre de bois, carbures
d'hydrogène gazeux) sont recueillis et viennent com-
penser les frais supplémentaires (fig. 126).

L'inflammabilité de ce charbon est d'autant plus
grande qu'il provient de bois moins dense et calciné
à plus basse température.

Les bois denses, fortement calcinés, conduisent mieux la chaleur.

Le charbon de bois absorbe
abondamment les gaz (ammoniac,
acide sulfhydrique) aussi est-il
très employé pour enlever leur
odeur aux eaux croupies. Il suffit,
pour cela, de faire passer le liquide au travers d'une couche
de charbon de bois enfermée elle-
même entre deux couches de
sable (fig. 127).

Fig. 127. — Désinfec-
tion des eaux crou-
pies par le filtre à
charbon C.

291. — *Noir animal.* — C'est le résidu de la calcination en vase clos des os d'animaux adultes. Il

ne contient que 10 %, de carbone disséminé sur les parois des innombrables cavités formées par la masse minérale de l'os.

Il absorbe les matières colorantes organiques (vin rouge, tournesol, etc...), propriété souvent utilisée dans l'industrie, notamment à la décoloration des jus sucrés.

On appelle noir *lavé* celui qui, par l'acide chlorhydrique, a été débarrassé de sa matière minérale.

Le *noir d'os* est un charbon d'os très fin employé en peinture.

292. — *Noir de fumée.* — La combustion des déchets hydro-carbonés de l'industrie, alimentée par un courant d'air insuffisant pour brûler tout le carbone, donne une abondante fumée noire.

Cette fumée est dirigée dans une série de cylindres en toile où elle se condense, formant le noir de fumée que l'on trouve de plus en plus fin dans les cylindres successifs.

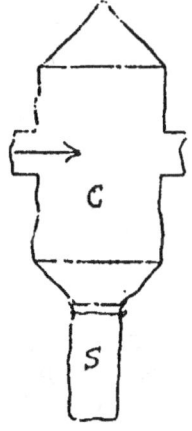

Fig. 128. — Condensation du noir de fumée.

Les extrémités inférieures de ces cylindres s'ouvrent dans des sacs. On y fait tomber le noir condensé sur les parois latérales en battant celles-ci avec une baguette.

Le noir de fumée est employé à la peinture et à la fabrication des encres de Chine et d'imprimerie.

293. — *Charbon de sucre.* — Le charbon le plus pur que l'on puisse obtenir et que l'on prépare souvent dans les laboratoires, est le résidu de la calcination du sucre en vase clos. Il se dégage de l'eau et quelques produits carbonés volatils qu'on laisse aller.

294. — **Composés du carbone.** — Le carbone

entre dans un très grand nombre de composés qui font l'objet de la *chimie organique.*

Nous n'étudierons ici que quelques-unes de ces combinaisons avec l'hydrogène, l'oxygène, le soufre, l'azote, qui sont :

Le formène................ CH^4
L'éthylène.................. C^2H^4
L'acétylène................. C^2H^2
La benzine................. C^6H^6
L'oxyde de carbone........ CO
Le gaz carbonique. .... CO^2
Le sulfure de carbone..... CS^2
Le cyanogène.............. C^2Az^2

FORMÈNE (CH^4)

295. — Propriétés. — C'est un gaz incolore, inodore, insipide, de densité 0,56. Il est très peu soluble dans l'eau et très difficile à liquéfier **(58)**. Le liquide bout à — 160°. Il a été solidifié à — 180°.

Il n'est décomposé par la *chaleur* qu'à une température très élevée en donnant des produits nombreux, parmi lesquels de l'hydrogène et de l'acétylène.

Son mélange avec le *chlore* brûle au contact d'une allumette en donnant du gaz chlorhydrique et un dépôt de charbon pulvérulent.

$$2\,CH^4 + 4Cl^2 = 8\,HCl + C^2$$

Le même mélange, à la lumière diffuse, donne successivement les produits : CH^3Cl (*chlorure de méthyle*), CH^2Cl^2, $CHCl^3$ (chloroforme), CCl^4.

C'est là un exemple des phénomènes de *substitution*

si fréquents en chimie organique. Le chlore enlève de l'hydrogène pour donner de l'acide chlorhydrique et se substitue à lui, atôme pour atôme, dans la molécule composée.

$$CH^4 + Cl^2 = HCl + CH^3Cl$$

L'*oxygène* forme avec le formène un mélange qui détone violemment au contact d'une allumette.

Le formène brûle aussi dans l'air avec une flamme peu éclairante.

$$CH^4 + 2O^2 = 2H^2O + CO^2$$

296. — *Caractères.* — Il se reconnaît à sa *combustibilité* et à ce qu'il n'est absorbé ni par le *chlorure cuivreux dissous dans l'ammoniaque*, ni par le *brome*.

297. — Composition. — On détermine la composition du formène en en faisant détoner 2 volumes dans l'eudiomètre (fig. 129) avec un excès (10 volumes) d'oxygène.

La potasse introduite dans le résidu absorbe 2 volumes de gaz carbonique qui contient 2 volumes d'oxygène et un volume de vapeur de carbone.

Les 6 volumes qui restent, absorbés par du phosphore, sont formés d'oxygène. Donc, 2 volumes d'oxygène ont brûlé 4 volumes d'hydrogène.

2 volumes de formène résultent de la combinaison de 1 volume de vapeur de carbone avec 4 volumes d'hydrogène.

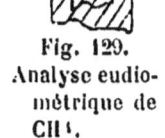

Fig. 129.
Analyse eudio-
métrique de
CH⁴.

298. — Etat naturel. — Le formène se produit dans la décomposition des matières organiques.

Sous le nom de *gaz des marais*, on l'obtient impur en agitant la vase des eaux stagnantes.

Sous le nom de *grisou*, il se dégage dans les galeries de certaines houillères et forme avec l'air un mélange qui au contact du feu produit les explosions les plus meurtrières.

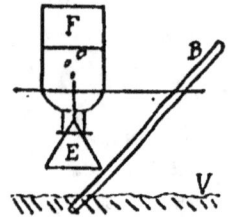

Fig. 130. — Extraction de CH⁴ de la vase des marais.

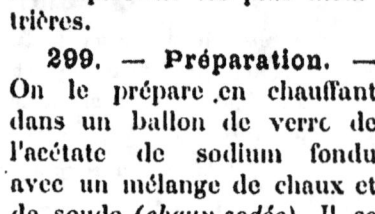

299. — Préparation. — On le prépare en chauffant dans un ballon de verre de l'acétate de sodium fondu avec un mélange de chaux et de soude (*chaux sodée*). Il se produit du carbonate de sodium et il se dégage du formène

$$NaC^2O^2H^3 + NaHO = Na^2CO^3 + CH^4.$$

que l'on recueille sur la cuve à eau.

La chaux n'intervient ici que pour empêcher la fusion de la soude qui attaquerait le verre.

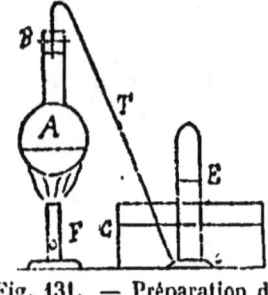

Fig. 131. — Préparation du formène.

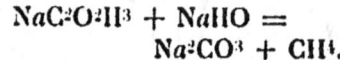

ETHYLÈNE (C²H⁴).

300. — Propriétés. — C'est un gaz incolore, insipide, d'une odeur désagréable. Sa densité est 0,97. L'eau en dissout 1/6 de son volume.

Il se liquéfie assez facilement ; il bout alors à — 100° et à 0° sa tension maximum est 45 atm. Il se solidifie à — 170°.

Il se décompose *au rouge* en donnant divers produits parmi lesquels l'hydrogène et l'acétylène.

Le *chlore* forme avec lui un mélange qui, au contact d'une allumette, donne de l'acide chlorhydrique et du charbon pulvérulent

$$C^2H^4 + 2\,Cl^2 = 4\,HCl + C^2$$

A la lumière du jour, il donne un produit d'*addition*: la *liqueur* ou *huile des Hollandais*

$$C^4H^4 + Cl^2 = C^4H^4Cl^2$$

Le *brome* donne un produit analogue ($C^4H^4Br^2$) en perdant complètement sa couleur rouge.

Ces phénomènes d'*addition* se distinguent nettement des phénomènes de *substitution* avec élimination d'acide chlorhydrique présentés par le formène (295).

L'*oxygène* forme avec l'éthylène un mélange qui détone au contact d'une flamme avec une extrême violence

$$C^2H^4 + 3O^2 = 2\,H^2O + 2\,CO^2$$

La combustion se produit aussi à l'air, avec une flamme très éclairante ; mais dans les parties où l'oxygène est insuffisant, il se produit une fumée noire de charbon pulvérulent que l'on condense aisément au contact d'un corps froid.

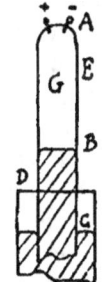

Fig. 132.
Analyse eudio-
métrique de
l'éthylène.

301. — Caractères. — On le reconnaît à sa *flamme éclatante* et à ce qu'il est absorbé par le *brome* qu'il décolore.

302. — Composition. — On en fait l'analyse en le brûlant dans l'eudiomètre en présence d'un très grand excès d'oxygène.

On continue l'opération comme pour le formène.

303. — Préparation. — On prépare l'éthylène en

chauffant au dessus de 160° un mélange d'alcool et
d'acide sulfurique préparé longtemps d'avance, en
versant peu à peu l'acide dans l'alcool (*B fig. 133*).

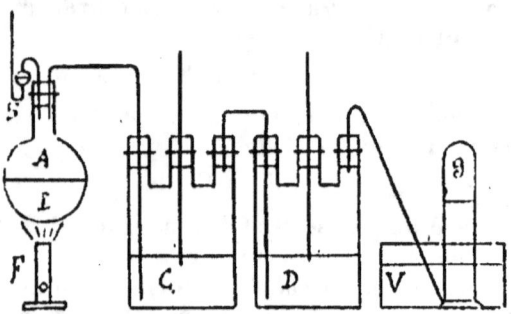

Fig. 133. — Préparation de l'éthylène.

L'alcool cède à l'acide les éléments de l'eau et
dégage de l'éthylène.

$$C^2H^6O = H^2O + C^2H^4$$

Il se produit en même temps des réactions secondaires, assez vives au début, et qui provoqueraient
un boursouflement dangereux si l'on n'avait soin
d'ajouter un peu de sable ou de vaseline. Il se
dégage en même temps un peu d'éther (C^2H^5O) que
l'on retient en faisant passer le gaz dans un flacon
laveur contenant de l'acide sulfurique concentré C. Il
se dégage aussi des gaz carbonique et sulfureux que
l'on arrête par une solution alcaline contenue dans
un second flacon laveur D.

Le gaz purifié *g* est recueilli sur l'eau V.

ACÉTYLÈNE   (C²H²)

304. — Propriétés. — C'est un gaz incolore, d'une odeur forte. Sa densité est 0,92. L'eau en dissout son volume. Il est liquide à 10° sous pression de 63 atmosphères.

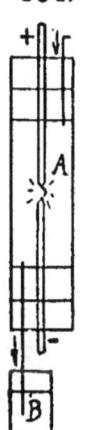

Au *rouge sombre*, il se transforme en benzine

$$3C^2H^2 = C^6H^6$$

Au *rouge vif*, il est décomposé en carbone et hydrogène. Il brûle à l'*air* avec une flamme fumeuse et forme un mélange détonant avec l'air ou l'oxygène.

On l'obtient en petite quantité par synthèse, en faisant jaillir l'arc électrique dans de l'hydrogène (M. Berthelot).

Fig. 134. —
Synthèse
de l'acé-
tylène.

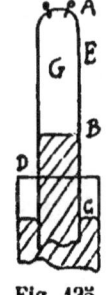

Fig. 135.
Analyse eudic-
métrique de
l'acétylène.

Il est *caractérisé* par le précipité rouge qu'il donne avec la dissolution de chlorure cuivreux dans l'ammoniaque.

On détermine sa *composition* à l'aide de l'eudiomètre, comme nous avons fait pour le formène.

305. — Préparation.— On prépare l'acétylène en faisant passer au travers d'une solution ammoniacale

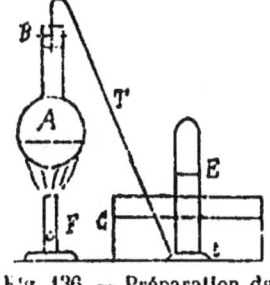

Fig. 136. — Préparation de
l'acétylène.

de chlórure cuivreux les produits de la combustion imparfaite du gaz d'éclairage. Il se produit un précipité rouge d'*acétylure de cuivre* ($Cu^2OC^2H^2$) que l'on recueille.

En chauffant alors ce produit avec de l'acide chlorhydrique dans un petit ballon on obtient un dégagement d'acétylène

$$Cu^2OC^2H^2 + 2\ HCl = H^2O + Cu^2Cl^2 + C^2H^2$$

que l'on recueille sur l'eau.

BENZINE   (C^6H^6).

306. — Propriétés. — La benzine est un liquide d'odeur forte. Sa densité est 0,89. Elle bout à 81°.

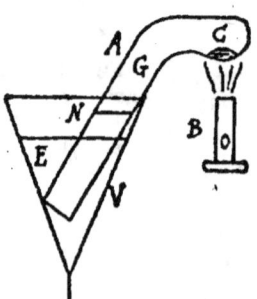

Sa densité de vapeur est 2,8. Elle cristallise vers 0°. Elle est fort peu soluble dans l'eau.

Au *rouge*, elle se décompose en un mélange complexe de carbures d'hydrogène.

Elle brûle à l'*air* avec une flamme éclairante et fumeuse.

On réalise la *synthèse* de la benzine en chauffant au rouge sombre de l'acétylène contenu dans une cloche courbe. On voit s'y condenser des gouttes

Fig. 137. — Transformation de l'acétylène en benzine.

huileuses formées de benzine et autres carbones polymères de l'acétylène (M. Berthelot).

307. — Extraction. — La benzine s'extrait des *huiles légères* provenant de la distillation des *goudrons* *de houille,* en soumettant ces huiles à la distillation, après les avoir traitées à froid par l'acide sulfurique concentré, puis par de la soude. On obtient ainsi un mélange de carbures que l'on arrive à séparer les uns des autres par *distillation fractionnée.* La benzine pure, appelée parfois *benzol* dans l'industrie, est constituée par le liquide qui passe à la distillation à la température de 81°.

308. — Usages. — La benzine dissout abondamment le caoutchouc, la gutta-percha, qu'elle permet d'obtenir en lames minces et d'employer à l'état liquide. Elle sert aussi à dissoudre les corps gras et à détacher.

La plus grande partie est consommée par la fabrication de la *nitrobenzine* ou *essence de Mirbane* **(245)** transformée elle-même en *aniline,* d'où dérivent beaucoup de matières colorantes employées aujourd'hui dans l'industrie.

GAZ D'ÉCLAIRAGE

309. — En 1785, Philippe Lebon proposa d'utiliser le produit gazeux de la calcination de la houille en vase clos. En 1820 seulement le procédé commença à entrer dans la pratique.

La distillation de la houille donne un grand nombre de produits : coke et charbon des cornues qui sont fixes ; gaz, goudrons et produits ammoniacaux qui se dégagent. Pour obtenir le gaz utilisable, il faut arrêter les deux derniers produits et les impuretés nuisibles ou inutiles avant de le recueillir.

La fabrication comprendra donc les opérations suivantes :

1° — Distillation de la houille,

2° — Epuration physique,

3° — Epuration chimique,

4° — Emmagasinement.

310. — Distillation de la houille. — Elle s'effectue dans de grandes cornues hémicylindriques B en terre rangées par batteries dans des fours où on les porte d'abord au rouge cerise. On enfourne alors dans chacune 100 kilos de houille dégageant aussitôt des gaz

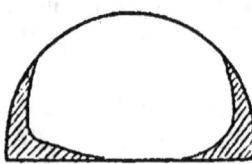

Fig. 138. — Cornue à gaz.

qui chassent l'air dans l'atmosphère. On ferme la cornue à l'aide d'une plaque de fonte. Le gaz s'échappe alors par un tube vertical E qui le conduit aux appareils d'épuration.

311. — Épuration physique. — Elle est fondée sur la médiocre volatilité du goudron et la solubilité des produits ammoniacaux.

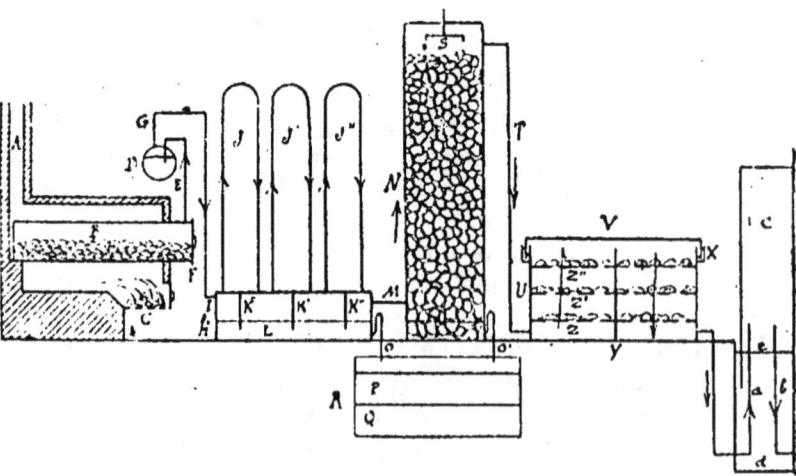

Fig. 139. — Fabrication du gaz d'éclairage.

La condensation commence dans le *barillet* D, cylindre horizontal à moitié plein d'eau où barbotent les gaz au sortir des cornues.

Le barillet isole hydrauliquement les cornues du reste des appareils.

La condensation continue dans une série de tuyaux J, J', J" *(jeu d'orgue)*, disposés au-dessus d'un bac II chargé d'eau L et parcourus successivement par le gaz.

Elle s'achève dans des cylindres verticaux N remplis de coke constamment mouillé d'eau qui arrive au sommet par un tourniquet hydraulique S. Cette eau retient jusqu'aux dernières traces de produits ammoniacaux qui sont utilisés sur place à la fabrication du sulfate d'ammonium.

312. — **Épuration chimique.** — Le gaz contient encore de l'*acide sulfhydrique*.

On l'en débarrasse en lui faisant traverser de grandes caisses horizontales V chargées d'un mélange absorbant.

Celui-ci est formé de sciure de bois mélangée avec de l'*oxyde ferrique* qui absorbe le gaz sulfhydrique pour former du sulfure noir de fer.

Le mélange peut être régénéré, par oxydation à l'air et, grâce à cette révivification, peut servir longtemps.

313. — **Emmagasinement.** — Le gaz traverse alors un compteur et arrive par un tuyau *a* dans le gazomètre *c*, au-dessus de l'eau *d*. C'est une vaste cloche de 100.000 m³ parfois, retournée et maintenue, par des guides et des contrepoids, sur l'eau d'une vaste cuve en maçonnerie.

Le gaz passe du gazomètre dans les conduites de distribution *b* qui le prennent au-dessus de l'eau de la cuve.

314. — Composition. — Le gaz a une composition essentiellement variable. Voici la composition d'un gaz de bonne qualité.

Hydrogène	45,58
Formène	34,90
Ethylène et carbures denses.	6,46
Oxyde de carbone. . . . . ., ...	6,64
Gaz carbonique.	3,67
Azote.	2,46
Acide sulfhydrique	0,29
	100

315. — Sous-produits. — Outre le gaz, le coke et le charbon des cornues (fig. 138), on utilise également les produits ammoniacaux qui servent à faire de l'ammoniaque.

Les matières goudronneuses sont traitées par distillation. La partie volatile sert à la préparation de la benzine et produits analogues. Le résidu trouve encore des débouchés sous le nom de *brai*.

316. — Usages. — Le gaz de la houille est employé surtout à l'éclairage; mais une partie sert au chauffage dans les laboratoires, l'économie domestique et quelques industries. On en consomme encore aujourd'hui et de plus en plus dans les *moteurs à gaz* en vue de la production de l'énergie pour les petites installations.

FLAMME

317. — On appelle *flamme tout gaz incandescent,* quelle que soit la cause de cette incandescence.

Dans les flammes ordinaires, l'incandescence est

due à la chaleur dégagée par des combinaisons (combustions) dont la flamme est le siège.

Il y a lieu d'étudier dans une flamme : la température, la couleur, l'éclat.

318. — Température. — La température d'une flamme dépend évidemment :

1° — De sa composition ;

2° — De la vitesse des combustions dont elle est le siège.

319. — *Composition*. — La température sera d'autant plus élevée que les combustions dont elle est le siège dégageront plus de chaleur employée, sauf ce qui en est perdu par rayonnement, conductibilité et diffusion, à échauffer les corps qui constituent la flamme. C'est la combinaison de l'hydrogène avec l'oxygène qui dégage le plus de chaleur, c'est elle qui donnera les flammes les plus chaudes.

La température se trouve abaissée par la présence d'un corps inerte qui emprunte de la chaleur sans contribuer à sa production.

C'est ainsi que la flamme de l'hydrogène est plus chaude dans l'oxygène pur que dans l'air où les 4/5 en volume sont de l'azote inerte. Le chalumeau *oxy-hydri-que*, au gaz d'éclairage ou à l'hydrogène pur, alimenté par un courant d'air, suffit pour le travail du

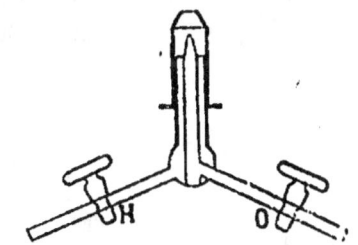

Fig. 140.—Chalumeau oxyhydrique.

verre et est employé à cet effet dans les laboratoires, mais il est impuissant à fondre le platine qui exige de l'oxygène pur.

320. — *Vitesse de combustion*. — La température

d'une flamme augmente avec la vitesse des combustions dont elle est le siège ; cette vitesse dépend de la composition de la flamme, mais, pour une même flamme, on peut l'augmenter en* facilitant la combustion par un mélange plus parfait des corps appelés à se combiner.

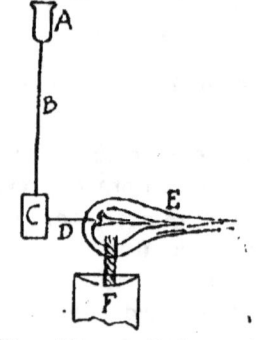

Fig. 141. — Chalumeau
à bouche.

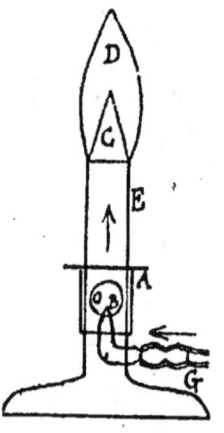

Fig. 142. — Bec de
M. Bunsen.

C'est ainsi que dans la flamme ordinaire du gaz d'éclairage, l'air n'intervient qu'à la périphérie et donne une température moins élevée que lorsqu'on insuffle de l'air, au milieu même du gaz par le tube central d'un chalumeau. L'oxygène arrive alors à la fois par la périphérie et par le centre.

Les minéralogistes, les bijoutiers, élèvent également la température des flammes ordinaires (bougie, lampe à huile) en insufflant de l'air à l'intérieur à l'aide du *chalumeau à bouche* (fig. 141). Celui-ci est formé d'un simple tube B qui se recourbe à son extrémité et se termine en une partie effilée D que l'on introduit dans la flamme E tandis qu'un souffle à l'aide de la bouche par l'autre extrémité A.

Le *bec de M. Bunsen* (*fig. 142*) donne automatiquement le même résultat. Le gaz y arrive par un tube effilé G B à la base et dans l'axe d'une cheminée verticale E. Il donne au sommet une flamme molle et peu chaude. En faisant tourner une bague A percée de trous O (*robinet à air*) qui entoure la base de cette cheminée, on découvre des orifices semblables pratiqués dans la cheminée même, un peu au-dessous de l'arrivée du gaz. Celui-ci alors entraîne avec lui l'air par ces orifices et établit un tirage régulier qui donne au sommet de la cheminée un mélange intime de gaz d'éclairage et d'air. La combustion est plus rapide, et aussitôt la flamme devient rigide et beaucoup plus chaude.

En même temps que la combustion devient plus rapide, l'étendue de la flamme diminue et par là s'explique aussi l'élévation de la température.

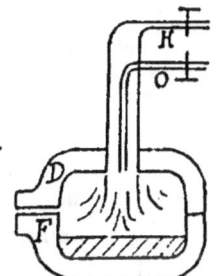

La combinaison des gaz donne nécessairement des flammes assez volumineuses et la température la plus élevée que donne le chalumeau oxyhydrique ne dépasse pas 2.800° (fig. 143).

MM. Moissan et Violle ont pu réaliser des températures de 3,500° à l'aide de l'*arc électrique* constitué par une flamme de dimensions plus réduites où la chaleur est fournie, non plus par une combustion, mais par le courant électrique (fig. 144).

Fig. 143. — Four oxy-hydrique de Sainte-Claire - Deville et Debray.

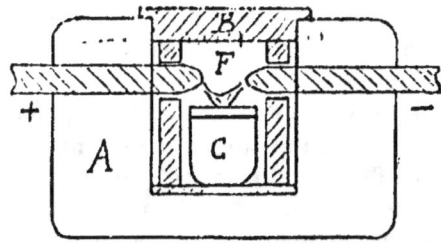

Fig. 144. — Four électrique de MM. Moissan et Violle.

321. — *Distribution de la température.* — Dans

la *flamme simple* du bec Bunsen (fig. 142) on observe
immédiatement au dessus de la cheminée une zone
conique C, obscure, froide, où la combustion n'a pas
commencé pour le mélange gazeux.

Elle est entourée d'une seconde zone D, siège de la
combustion. C'est dans cette zone, un peu au-dessus
du sommet du cône obscur, que la température est
la plus élevée. Cette partie, en effet, est protégée
contre le refroidissement par toute l'atmosphère chaude
qui l'entoure. La température décroît tout autour
de ce point jusqu'à la périphérie.

322. — La *flamme composée* d'une bougie est formée
de trois zones (fig. 145). La stéarine qui
forme la bougie, fondue au voisinage de la
flamme, monte par capillarité dans la mè-
che de coton et vient, au contact de la
flamme, se décomposer en des gaz carbonés qui forment tout autour une première
zone *1* obscure et froide.

La combustion commence seulement
dans une deuxième zone *2* qui l'entoure et
où l'air arrive assez pour brûler l'hydrogène mais sans consumer le carbone qui
reste incandescent en suspension.

C'est seulement dans la troisième zone
3, périphérique, que l'oxygène suffit à la
combustion du carbone. Cette zone, fort
étroite, rougeâtre, sans grand éclat, est
la plus chaude.

Fig. 145. —
Flamme
compo-
sée. —
Bougie.

323. — **Couleur.** — La couleur d'une flamme dépend
seulement de la nature des gaz ou vapeurs qui s'y
trouvent. La flamme du soufre est bleue, celle du
cyanogène est pourpre. La flamme de l'hydrogène,
incolore, devient jaune intense lorsqu'on y introduit
un sel de sodium qui s'y dissocie et donne de la vapeur
de sodium à laquelle est due cette coloration. Les sels

de strontium la colorent en rouge, les sels de cuivre en vert.

324. — Éclat. — Les flammes qui ne contiennent que des gaz ou vapeurs n'ont jamais que fort peu d'éclat. Celui-ci devient considérable pour les flammes contenant des corps solides portés à une vive incandescence.

La flamme pâle de l'hydrogène donne un grand éclat à une spirale de platine. On obtient une source puissante de lumière (*lumière Drummond*) en projetant le dard du chalumeau oxyhydrique sur de la chaux qui devient vivement incandescente (fig. 146).

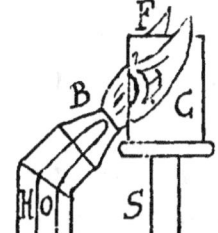

Fig. 146. — Lumière Drummond.

On obtient également une belle lumière qui commence à se répandre beaucoup en introduisant un tissu léger de certains oxydes réfractaires dans la flamme d'un bec Bunsen où il prend un vif éclat (*bec Auer*).

La flamme de la bougie, des becs à gaz ordinaires, des lampes à huile, pétrole, etc., doit son éclat au charbon tenu en suspension dans la zone moyenne où il est porté à l'incandescence avant de brûler. Il suffit d'écraser la flamme avec une soucoupe en porcelaine pour voir s'y déposer, en une tâche noire, une partie de ce charbon soustrait à la combustion.

On peut donner le même éclat à la flamme de l'hydrogène en faisant passer ce gaz au travers d'un tampon de coton mouillé de benzine, avant de l'enflammer. La vapeur

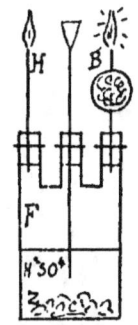

Fig. 147. — Lampe philosophique. — H flamme d'hydrogène pur, sans éclat. — B flamme éclatante d'hydrogène chargé de vapeur de benzine.

de benzine entraînée et brûlant avec lui fournira le carbone qui donne l'éclat à la flamme (fig. 147).

La flamme du magnésium doit son éclat éblouissant à l'oxyde de magnésium (magnésie) produit par la combustion. C'est un corps solide, blanc, réfractaire, qui devient incandescent dans la flamme.

L'arc électrique lui-même doit la plus grande partie de son éclat à l'incandescence des extrémités des charbons entre lesquels il jaillit.

325. — Lampe de sûreté. — Le passage d'une flamme au travers d'une toile métallique serrée en refroidit assez les gaz pour arrêter la combustion. Davy a utilisé cette propriété pour éviter l'inflammation du grisou des houillères, au contact de la lampe du mineur.

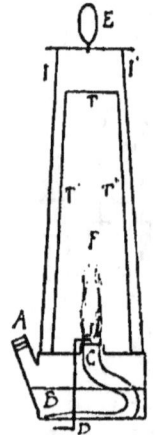

Fig. 148.—Lampe de mineur.

La flamme de la lampe de sûreté est enfermée dans une toile de laiton que l'ouvrier ne peut enlever.

Lorsque l'on pénètre dans une galerie envahie par le grisou (mélange détonant de carbure d'hydrogène et d'air), le gaz produit à l'intérieur de la lampe une série de petites explosions qui avertissent le mineur sans porter l'inflammation au dehors.

GAZ CARBONIQUE   (CO_2)

326. — Propriétés physiques. — C'est un gaz incolore, d'une odeur piquante, d'une saveur aigrelette.

Sa densité 1,53, notablement plus grande que celle de l'air, explique la présence de ce gaz au contact du sol dans les endroits où il se dégage en abondance comme les *grottes du chien* à Naples et à Royat. Un animal de petite taille y mourrait rapidement tandis que l'homme, respirant dans l'air qui s'étend au dessus de la couche carbonique, n'est pas incommodé.

Des bulles de savon gonflées d'air se tiennent en équilibre dans un bocal rempli de gaz carbonique.

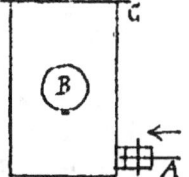

Le gaz carbonique, versé d'une éprouvette, comme de l'eau, sur la flamme d'une bougie, l'éteint aussitôt.

L'eau dissout son volume de gaz carbonique à 15°.

Le gaz carbonique à 15° sous une pression d'environ 50 atmosphères donne un liquide incolore que l'on prépare aujourd'hui industriellement en grande quantité en comprimant

Fig. 149. — Bulles de savon gonflées d'air, en équilibre dans CO_2.

le gaz dans des récipients en fer entourés de glace.

Lorsque l'on fait écouler ce liquide carbonique par l'orifice du récipient, une partie se vaporise et produit un froid assez intense pour solidifier le reste en une sorte de neige que l'on recueille dans un récipient en ébonite (caoutchouc durci). Cette neige se vaporise à l'air sans passer par l'état liquide. Elle se dissout dans l'éther en abaissant sa température d'environ 80° et donnant un mélange où le mercure se solidifie immédiatement.

327. — Propriétés chimiques. — Le gaz carbonique est faiblement dissocié à très haute température (1300°), en donnant un peu d'oxyde de carbone (CO) et d'oxygène. Le gaz n'est plus entièrement absorbé par la potasse lorsqu'on l'a fait passer par un tube de porcelaine bourré de fragments de porcelaine et chauffé au *rouge vif*.

Le gaz carbonique ne brûle pas à l'air; il *éteint* les corps qui y sont allumés.

Il est réduit au rouge par le *charbon* en donnant de l'oxyde de carbone.

$$2CO^2 + C^2 = 4CO.$$

Il est également réduit à chaud par l'*hydrogène*, le *phosphore*, le *potassium*, le *magnésium*.

On admet que la solution aqueuse de gaz carbonique contient de l'acide carbonique

$$CO^2 + H^2O = H^2CO^3$$

qui serait un acide bibasique, car il forme deux catégories de sels, ayant pour formules, avec un métal (M) monovalent

MHCO³ carbonate acide ou bicarbonate.

M²CO³ — neutre.

328. — Action physiologique. — Le gaz carbonique introduit dans les poumons joue le rôle d'abord d'un anesthésique faible et détermine ensuite l'asphyxie en empêchant la révivification des globules du sang. Il en suffit d'environ 20 % dans l'air pour qu'il soit dangereux.

La flamme d'une bougie s'éteint dans une atmosphère contenant moins de 20 %, de gaz carbonique. On reconnaîtra donc facilement à ce signe si une atmosphère suspecte contient assez de gaz carbonique pour qu'on doive procéder à la ventilation avant d'y pénétrer.

La ventilation est abondamment pratiquée dans les salles où se tiennent longtemps des assemblées nombreuses car la respiration y jette une grande quantité de gaz carbonique ainsi que divers produits de désassimilation plus dangereux encore.

La chlorophylle des plantes, à la lumière du

soleil décompose le gaz carbonique en fixant son carbone et dégageant son oxygène.

329. — *Caractères.* — Le gaz carbonique ne *brûle pas* et *éteint* les corps allumés. Il donne au *tournesol* la teinte rouge vineux. Il trouble *l'eau de chaux* d'où il précipite du carbonate de calcium. Il est complètement absorbé par les *alcalis*.

330. — **Composition.** — *Lavoisier* faisait brûler du charbon pur S, chauffé par la chaleur solaire concentrée à l'aide d'une lentille convergente L, dans un ballon B plein d'oxygène et retourné sur le mercure M.

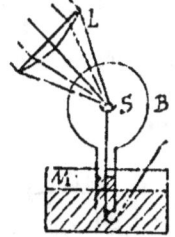

Il constata, après refroidissement, que le volume du gaz ne change pas.

Donc le gaz carbonique contient son volume d'oxygène.

Le poids xd de carbone combiné à 2 volumes d'oxygène pour

Fig. 150. — Synthèse volumétrique du gaz carbonique.

former 2 volumes de gaz carbonique est donné par l'équation

$$xd + 2 \times 1{,}1 = 2 \times 1{,}53$$

Mais l'équation ne peut donner le volume x de la vapeur de carbone car on ne connaît pas la densité d de cette vapeur.

On est réduit à admettre que $x = 1$ pour que le mode de condensation du gaz carbonique soit d'accord avec la 2e loi de Gay-Lussac. On voit qu'alors l'équation donne

$$d = 2\ (1{,}53 - 1{,}1) = 0{,}85$$

pour la *densité hypothétique* de la vapeur de carbone.

Cette hypothèse conduit également pour l'oxyde de carbone à une condensation qui rentre dans la 2e loi de Gay-Lussac.

Si l'on admet que la densité de la vapeur de carbone est 0,85 par rapport à l'air, soit $0,85 \times 14,5 = 12$ environ par rapport à l'hydrogène, il en résulte que le poids moléculaire du carbone est 24.

Son poids atomique étant $C = 12$, on est amené à admettre que la molécule ($C^2 = 24$) de carbone est *diatomique*, c'est-à-dire contient 2 atomes de carbone.

331. — *Dumas et Stas* ont fait la synthèse en poids du gaz carbonique en brûlant un poids connu de charbon pur C dans un courant d'oxygène pur et sec. Le gaz passait ensuite sur de l'oxyde cuivrique chauffé qui transformait en gaz carbonique le peu d'oxyde de carbone produit par la combustion (fig. 151).

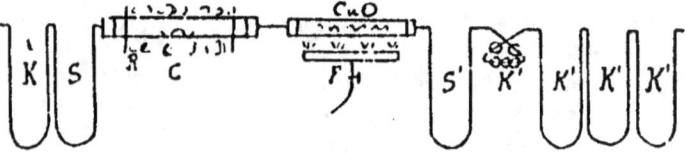

Fig. 151. — Synthèse pondérale du gaz carbonique.

Le gaz carbonique était alors complètement absorbé par des tubes à potasse K' tarés avant l'expérience et dont l'augmentation de poids donnait le poids P de gaz carbonique produit.

La diminution de poids du charbon donnait le poids p de ce qui en avait été brûlé.

Ils ont trouvé $\dfrac{P}{p} = \dfrac{44}{12}$ donc

44 gr. de gaz carbonique résultent de la combinaison de 12 de carbone avec 32 d'oxygène.

332. — **Etat naturel.** — Le· gaz carbonique se trouve en liberté dans l'air et les eaux gazeuses naturelles. Le carbonate de calcium constitue une partie importante de l'écorce terrestre où l'on rencontre encore un grand nombre de carbonates.

333. — Préparation. — On prépare le gaz carbonique dans les laboratoires en le chassant du *marbre blanc* (carbonate de calcium presque pur) par l'acide chlorhydrique.

$$Ca\,CO^3 + 2\,H\,Cl = Ca\,Cl^2 + H^2O + CO^2$$

Dans un appareil à hydrogène, on introduit des fragments de marbre blanc avec de l'eau et l'on verse peu à peu l'acide chlorhydrique par le tube à entonnoir. Le chlorure de calcium produit reste dans l'eau, où il est très soluble. On recueille le gaz sur la cuve à eau ou par déplacement.

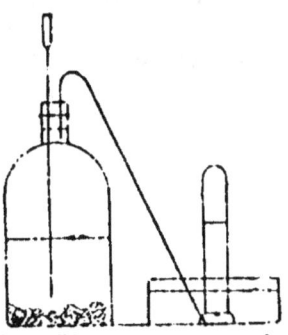

Fig. 152. — Préparation du gaz carbonique.

334. — *Dans l'industrie*, on prépare le gaz carbonique par l'action de l'acide sulfurique sur la craie, en agitant le mélange, afin d'empêcher la formation de croûtes de sulfate de calcium peu soluble.

On utilise également le gaz carbonique des fours à chaux.

Le plus souvent, on emploie celui que produit la combustion du charbon. On le sépare des autres gaz du foyer en le combinant à du carbonate de sodium pour former du bicarbonate qui, chauffé, repasse à l'état de carbonate neutre en dégageant du gaz carbonique pur.

335. — Usages. — Le gaz carbonique est employé à la fabrication de *l'eau de Seltz*, qui est une dissolution de gaz carbonique effectuée sous une pression de 5 atmosphères environ. Un litre d'eau de Seltz contient environ 10 grammes de gaz, tandis que sous la pression atmosphérique l'eau n'en dissout que 2 gr.

En arrivant à l'air, au sortir du siphon, le liquide dégage une grande partie de son gaz avec une vive effervescence.

Le gaz carbonique est également employé à exercer sur la bière, dans les fûts, la pression nécessaire pour la faire monter directement, par des tubes d'étain, de la cave à la brasserie.

Il sert également à la préparation de la *céruse* (carbonate de plomb).

OXYDE DE CARBONE   (CO)

336. — Propriétés. — L'oxyde de carbone est un gaz incolore, inodore, insipide. Sa densité est 0,97. Il est très peu soluble dans l'eau. Difficilement liquéfié (58), il bout à — 190° sous la pression normale et se solidifie à — 200°.

Au *rouge vif* il est un peu dissocié en carbone et oxygène.

Il brûle à l'*air* avec une flamme bleue et détone avec l'*oxygène* vers 650° en donnant du gaz carbonique.

C'est un *réducteur* puissant. Il réduit à froid les sels d'or et le nitrate d'argent ammoniacal. Il réduit à chaud la plupart des oxydes métalliques ($Fe^2 O^3$).

C'est un *poison violent*, d'autant plus qu'il n'a pas d'odeur. Il forme avec les globules du sang une combinaison d'où l'oxygène des poumons ne peut le chasser. 1/100 dans l'air le rend mortel. Le seul remède est la ventilation. Il se produit toujours avec le gaz carbonique dans la combustion du charbon et traverse facilement les parois des poêles de fonte, lorsqu'elles sont portées au rouge.

337. — *Caractères.* — On le reconnaît à sa flamme bleue qui donne du gaz carbonique. Il est abondamment absorbé par la solution ammoniacale de *chlorure cuivreux.*

338. — **Composition.** — On fait détoner, dans l'eudiomètre, 2 volumes d'oxyde de carbone avec 2 volumes d'oxygène. Il reste 3 volumes dont 2, absorbés par la potasse, sont formés de gaz carbonique ; le reste, absorbé par le phosphore, est de l'oxygène.

1 volume d'oxygène s'est donc combiné à 2 d'oxyde de carbone pour former 2 volumes de gaz carbonique.

Or, nous avons admis que 2 volumes de gaz carbonique résultent de la combinaison de 2 volumes d'oxygène avec 1 volume de vapeur de carbone ; donc :

2 volumes d'oxyde de carbone résultent de la combinaison de 1 volume d'oxygène avec 1 de vapeur de carbone (pas de contraction).

339. — **Production.** — On peut obtenir l'oxyde de carbone en faisant passer un courant de gaz carbonique dans un tube de porcelaine rempli de charbon porté au rouge **(279).**

On peut encore chauffer au rouge une cornue en grès chargée d'un mélange de charbon et d'oxyde de zinc **(279).**

340. — **Préparation.** — On prépare d'ordinaire l'oxyde de carbone en déshydratant l'acide oxalique cristallisé ($H^2C^2O^4$, 4 H^2O) par l'acide sulfurique concentré.

$$H^2C^2O^4, 4H^2O = 5 H^2O + CO^2 + CO$$

On chauffe le mélange B dans un ballon en verre A et l'on retient le gaz carbonique en faisant passer lentement le mélange gazeux dans deux flacons laveurs C, D chargés d'une solution de potasse.

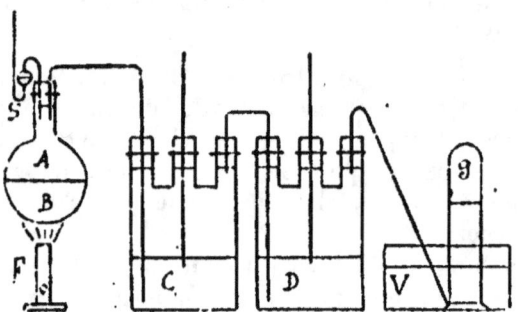

Fig. 453. — Préparation de l'oxyde de carbone.

On recueille l'oxyde de carbone sur l'eau.

SULFURE DE CARBONE (CS_2)

341. — **Propriétés.** — Le sulfure de carbone est un liquide incolore, d'une odeur éthérée lorsqu'il est pur, infecte d'ordinaire. Sa densité est 1,3. Il bout à 45° en donnant une vapeur incolore de densité 2,6. Il possède déjà à la température ordinaire une tension de vapeur considérable. Il se solidifie à — 110°. Il se dissout fort peu dans l'eau. Il dissout abondamment le soufre, le phosphore, le caoutchouc, les corps gras.

La chaleur le dissocie à 1000°.

Il brûle à l'*air* à 150°

$$CS_2 + 3 O_2 = CO_2 + 2 SO_2$$

et sa vapeur forme avec celui-ci un mélange détonant, de sorte que le maniement de ce liquide est fort dangereux.

Il est dangereux à respirer, produisant à la longue un affaiblissement des facultés intellectuelles.

Le sulfure de carbone est analogue à l'anhydride carbonique. A l'acide carbonique H^2CO^3 correspond l'acide *sulfocarbonique* H^2CS^3. Comme l'acide carbonique avec les alcalis, il forme des sels (*sulfocarbonates*) avec les sulfures alcalins

$$K^2S + CS^2 = K^2CS^3$$

342. — Fabrication. — Sur du charbon chauffé au rouge vif dans un cylindre de fonte B, on fait arriver peu à peu du soufre A qui se répand en vapeur et se combine directement au carbone en donnant des vapeurs de sulfure de carbone que l'on condense assez difficilement dans un récipient refroidi. D", D', D, F, S.

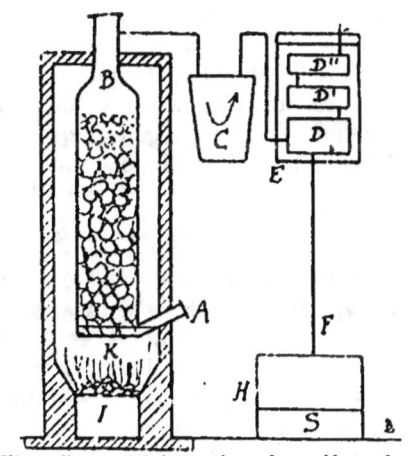

Fig. 154. — Fabrication du sulfure de carbone.

On le sépare par distillation du soufre et autres impuretés entraînées.

343. — Usages. — Le sulfure de carbone est employé à dissoudre les corps gras et à *vulcaniser* le caoutchouc. Celui-ci, à l'état naturel, devient cassant à froid et visqueux à chaud. Il conserve, au contraire, son élasticité en toute saison lorsqu'on y a incorporé environ 2 °/₀ de soufre. Pour cela, on le dissout dans le sulfure de carbone avec la quantité de soufre nécessaire.

Le sulfure de carbone est un insecticide précieux, employé à la conservation des collections d'histoire naturelle. Il sert, surtout à l'état de sulfocarbonate de potassium, à détruire le phylloxéra de la vigne.

CYANOGÈNE (C^2Az^2) ou (Cy^2)

344. — Propriétés. — Le cyanogène est un gaz incolore, d'une odeur particulière. Sa densité est 1,8.

L'eau en dissout quatre fois son volume. Il a été liquéfié et solidifié; il fond à — 34°, bout à — 20°.

Il se transforme à 400° en une modification allotropique (*paracyanogène*) qui est solide, noir. La chaleur ne le décompose qu'au rouge vif.

Il brûle à l'air avec une flamme pourpre

$$C^2Az^2 + 2\,O^2 = 2\,CO^2 + Az^2$$

Bien que composé d'azote et de carbone, le cyanogène se comporte le plus souvent à la manière du chlore, du brome et de l'iode et doit être considéré comme un radical composé.

Ainsi, il se combine à son volume l'hydrogène à 500° en donnant de l'acide cyanhydrique (HCAz) sans condensation. C'est pourquoi l'on remplace parfois CAz par le symbole Cy.

La molécule de cyanogène est alors représentée par Cy^2 au lieu de $(CAz)^2$

345. — Production. — Le cyanogène prend naissance à l'état de cyanure lorsque l'azote et le carbone se trouvent, à chaud, en présence d'un alcali. C'est ainsi qu'on prépare le cyanure de potassium,

matière première des autres composés du cyanogène,
en faisant passer un cou-
rant d'azote sur un mélange,
chauffé au rouge, de charbon et de carbonate de
potassium.

346. — Préparation.
— On le prépare en décom-
posant par la chaleur le
cyanure de mercure bien
sec

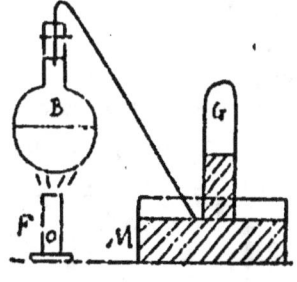

Fig. 155. — Préparation du
cyanogène.

$$Hg\ Cy^2 = Hg + Cy^2$$

que l'on chauffe dans un ballon de verre.

ACIDE CYANHYDRIQUE   (HCAz)

L'acide cyanhydrique a été découvert, sous le nom
d'*acide prussique*, en 1782 par Scheele, qui le tirait du
bleu de Prusse.

347. — Propriétés. — C'est un liquide incolore,
d'une odeur particulière que l'on retrouve aux amendes
amères qui en contiennent notablement. Sa densité est
0,7. Il bout à 26° en donnant une vapeur incolore de
densité 0,95. Il se solidifie à — 15°.

Il forme dans l'eau une dissolution qui se décompose
assez vite.

Il se décompose au *rouge* en cyanogène, hydrogène,
carbone et azote. Il *brûle* à l'air avec une flamme
violacée.

$$4HCAz + 5O^2 = 2H^2O + 4CO^2 + 2Az^2.$$

C'est un *poison* terrible ; il en suffit, pour tuer en
quelques minutes, d'une goutte sur la langue ou dans

l'œil. Le chlore, qui le décompose, peut être employé à combattre ses effets.

348. — Préparation. — On le prépare en chauffant doucement, dans un ballon de verre, du cyanure de mercure avec de l'acide chlorhydrique :

$$Hg (CAz)^2 + 2HCl = Hg Cl^2 + 2HCAz.$$

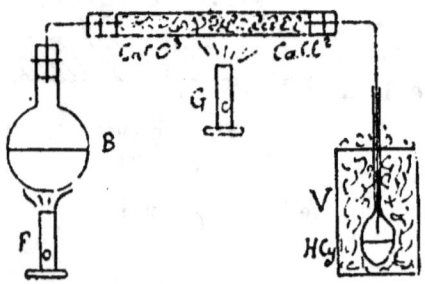

On fait passer le gaz dans un long tube en verre chauffé au-dessus de 26° et où l'on a mis du marbre qui retient l'acide chlorhydrique entraîné et du chlorure de cal-

Fig. 156. — Préparation de HCy.

cium desséché qui retient la vapeur d'eau.

On le recueille liquide dans un matras d'essayeur entouré de glace.

SILICIUM.

Poids atomique : $Si = 28$.   Poids moléculaire : $Si^2 = 56$.

349. — Le silicium est un corps solide qui est peu fusible, volatil à 3500°. Insoluble dans l'eau et autres liquides, il se dissout seulement dans le zinc ou l'aluminium fondu. Il présente beaucoup d'analogie avec le carbone, surtout par ses combinaisons avec l'hydrogène et avec l'oxygène.

SILICE   (SiO^2).

350. — **Propriétés.** — La silice ou anhydride silicique est un corps solide, incolore, assez dur pour rayer le verre. Elle ne fond qu'au chalumeau oxyhydrique, bout au four électrique.

Elle est insoluble dans l'*eau* mais se dissout quelque peu dans l'eau chargée d'acide carbonique.

Elle se dissout lentement dans les *alcalis* en donnant une silicate.

Les *acides* sont sans action sur elle, sauf l'acide fluorhydrique qui décompose également les silicates

$$SiO^2 + 4 HFl = 2 H^2O + SiFl^4$$

Elle forme avec l'eau divers hydrates parmi lesquels l'acide silicique ($H^2 SiO^3$), bibasique comme l'acide carbonique.

351. — **État naturel.** — On trouve dans la nature de nombreuses variétés de silice cristallisée. Elle constitue le *cristal de roche* ou *quartz* qui est *hyalin* (incolore), *enfumé* ou *améthyste* (violet).

La *cornaline*, l'*agate*, l'*onyx* sont des mélanges colorés de quartz et de silice amorphe.

Les *silex, grès, sables, pierres meulières, tripolis* sont des variétés de silice plus ou moins pure.

L'*opale* est une silice hydratée et les *geysers* de l'Islande, qui tiennent en solution dans leur eau une certaine quantité de silice, la laissent se déposer à l'air.

On trouve encore dans la nature un grand nombre de silicates: l'*argile* (silicate d'aluminium hydraté) les *feldspaths* (silicates doubles d'aluminium et de métaux alcalins), les *micas*, l'*amiante*, etc.

352. — Préparation. — On prépare dans les laboratoires la silice hydratée (silice gélatineuse) en la précipitant d'une dissolution de silicate de soude par l'acide chlorhydrique

$$Na^2 SiO^3 + 2 HCl = 2 NaCl + H^2SiO^3.$$

On la recueille sur un filtre où l'on la lave. On la dessèche à chaud lorsqu'on la veut anhydre.

Le silicate de soude (*liqueur des cailloux*) s'obtient en chauffant du sable ou toute autre variété commune de silice avec de la soude.

CHAPITRE DIXIÈME

MÉTALLOÏDES

5ᵉ FAMILLE. — BORE.

BORE

Poids atomique B = 11.   Poids moléculaire $B_2 = 22$.

353. — Le bore est un corps solide, fusible seulement dans l'arc électrique, insoluble dans les liquides connus.

Il s'enflamme au contact du fluor et du chlore en donnant du fluorure (BFl_3 gazeux) et du chlorure (BCl_3 liquide).

Il se combine à l'oxygène pour former l'anhydride borique B_2O_3 qui est solide.

Le *borax* ou borate de soude est très employé comme dissolvant des oxydes métalliques.

CHAPITRE ONZIÈME

CLASSIFICATION DES MÉTALLOÏDES

354. — On divise les métalloïdes en cinq familles :

I. — Fluor. — Chlore. — Brome. — Iode.

II. — Oxygène. — Soufre. — Sélénium. — Tellure.

III. — Azote. — Phosphore. — Arsenic.

IV. — Carbone. — Silicium.

V. — Bore.

Cette classification a été proposée par Dumas en 183o. Elle n'a subi depuis qu'une légère modification. Dumas classait dans la même famille le carbone, le silicium et le bore ; ce dernier corps a été mis à part pour former une cinquième famille.

L'acide borique n'a pas la même composition que les acides carbonique et silicique, et le bore ne forme pas de combinaisons hydrogénées comme le carbone et le silicium.

Cette classification est une classification *naturelle ;* c'est-à-dire que les corps d'une même famille ne sont pas seulement réunis à l'aide d'un caractère pris arbitrairement, mais se ressemblent par l'ensemble de leurs propriétés. Ces analogies se retrouvent dans leurs principaux composés.

Iʳᵉ FAMILLE. — **FLUOR, CHLORE, BROME, IODE.**

355. — **Caractère principal.** — Chacun de ces corps se combine à 1 volume d'hydrogène, pour donner 2 volumes de gaz composé (HFl, HCl, HBr, HI).

356. — Ces quatre hydracides sont des gaz incolores, très solubles dans l'eau, fumant à l'air, doués aussi de propriétés chimiques analogues.

Les autres composés binaires de ces métalloïdes sont le plus souvent isomorphes, ainsi que les chlorates, bromates et iodates.

L'analogie se poursuit parfois jusque dans des caractères secondaires de leurs combinaisons. C'est ainsi que les chlorure, bromure et iodure d'argent sont insolubles dans l'eau, dans les acides et très solubles dans l'hyposulfite de sodium.

L'affinité de ces métalloïdes pour l'hydrogène va en décroissant du fluor à l'iode. L'affinité pour l'oxygène varie en sens inverse.

357. — Le tableau suivant des principales propriétés montre que toutes varient de façon analogue.

PROPRIÉTÉS	Fl	Cl	Br	I
Vol. gazeux combiné à 1v. d'H.	1	1	1	1
Chal. de combinaison avec H.	37,6	22	13,5	— 0,8
Poids atomique............	19	35,5	80	127
État physique ordinaire.....	G. jaune	G. jaune	L. rouge	S. gris
Densité du sol. ou liquide...	?	1,3	3	5
Densité du gaz	1,3	2,45	5,2	8,8
Point de fusion............	?	— 102	— 7	114
Point d'ébullition..........	?	— 34	63	vers 200

358. — Le fluor se distingue des trois autres par l'action de l'acide fluorhydrique sur la silice (350) et par les propriétés de quelques fluorures.

2ᵉ Famille.

OXYGÈNE, SOUFRE, SÉLÉNIUM, TELLURE.

359. Caractère principal. — Chacun de ces corps se combine à 2 volumes d'hydrogène pour donner 2 volumes de gaz composé (H²O, H²S, H²Se, H²Te).

360. — Ces quatre composés sont des acides faibles.

L'analogie est surtout étroite entre le soufre, le sélénium et le tellure. Leurs composés binaires sont souvent isomorphes et associés dans la nature. Il en est encore de même des sulfites, sélénites, tellurites et des sulfates, séléniates, tellurates.

L'affinité de ces quatre métalloïdes pour l'hydrogène et les métaux va en décroissant de l'oxygène au tellure.

361. — Les autres propriétés varient de façon analogue.

PROPRIÉTÉS	O	S	Se	Te
Vol. gazeux comb. à 2 v. d'H.	1	1	1	1
Chal. de combinaison avec H.	69	4,6	— 6,6	?
Poids atomique.............	16	32	79	125
État physique ordinaire.....	Gaz	S. jaune	S. gris	S. blanc
Densité du sol. ou liquide ...	?	2	4,8	6,2
Densité du gaz.............	1,1	2,2	5,7	9
Point de fusion	1(environ)	114	217	452
Point d'ébullition	181	447	665	Rouge

362. — L'oxygène doit être mis à part dans cette famille. L'eau en particulier diffère sensiblement par la plupart de ses propriétés des hydracides formés par les trois autres.

3ᵉ FAMILLE. — **AZOTE, PHOSPHORE, ARSENIC.**

363. — **Caractère principal.** — Chacun de ces corps se combine avec 3 volumes d'hydrogène pour donner 2 volumes de gaz composé (AzH^3, PH^3, AsH^3).

364. — Les trois composés : gaz ammoniac, hydrogène phosphoré et hydrogène arsénié, forment des combinaisons analogues, nombreuses surtout en chimie organique.

Les orthophosphates et les arséniates sont généralement isomorphes et associés dans la nature.

L'affinité pour l'hydrogène va en décroissant de l'azote à l'arsenic.

365. — Les autres propriétés offrent des variations analogues.

PROPRIÉTÉS	Az	P	As
Vol. d'H. dans 2 vol. de composé hydrogéné	3	3	3
Vol. gazeux combiné à 3 vol. d'H...	1	1/2	1/2
Chaleur de combinaison avec H.....	12,2	11,6	0,3
Poids atomique....................	14	31	75
État physiq. ordinaire............	Gaz	Sol. jaune	Sol. gris
Densité du solide ou liquide........	?	1,8	5,7
Densité du gaz....................	0,97	4,4	10
Point de fusion...................	— 210	44	?
Point d'ébullition....	— 190	278	?

366. — L'azote se sépare des deux autres par certains caractères. En particulier son atome occupe un volume à l'état gazeux, tandis que ceux de phosphore et d'arsenic n'occupent que 1/2 volume.

Ses combinaisons avec l'oxygène diffèrent beaucoup de celles du phosphore et de l'arsenic.

4° FAMILLE. — CARBONE, SILICIUM.

367. — **Caractère principal.** — Chacun de ces corps se combine avec 4 volumes d'hydrogène pour donner 2 volumes de gaz composé (CH^4, SiH^4).

Les analogies physiques de ces deux corps sont assez nettes. Tous deux d'une grande fixité, ils ne se dissolvent que dans certains métaux en fusion.

Au point de vue chimique ils n'offrent guère d'analogies que dans leur facile combinaison avec l'azote et dans la composition de leurs nombreux dérivés organiques.

5° FAMILLE. — BORE.

368. — Le bore ne forme pas de combinaison avec l'hydrogène.

Rapproché d'abord du carbone et surtout du silicium, en raison de l'analogie de propriétés des oxydes sulfures, chlorures et florures, il s'en distingue nettement par la composition de ces mêmes combinaisons.

$$SiO^2, B^2O^3 — SiS^2, B^2S^3 — SiCl^4, BCl^3 — SiFl^4, BFl^3.$$

HYDROGÈNE.

369. — L'hydrogène enfin que nous avons étudié en tête des métalloïdes, en raison de son intérêt dans ce cours, se rapproche beaucoup plus des métaux.

Il conduit beaucoup mieux la chaleur et l'électricité que les autres gaz.

Il forme avec certains métaux de véritables alliages

$$Pd^2H^2 \qquad K^2H \qquad Na^2H$$

L'eau peut être considérée comme une base faible (HHO comme KHO) et l'on a vu l'hydrogène déplacer les métaux de leurs combinaisons

$$H^2 + CuO = H^2O + Cu$$

absolument comme ils s'en déplacent les uns les autres

$$Zn + CuSO^4 = ZnSO^4 + Cu.$$

Dans la préparation de l'hydrogène, nous avons également déplacé ce corps par un métal

$$K^2 + 2H^2O = 2KHO + H^2$$
$$Zn + H^2SO^4 = ZnSO^4 + H^2.$$

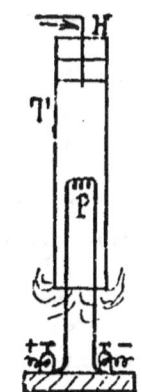

Fig. 157.
Grande conductibilité de H. — Fil de platine P incandescent dans l'air, devient obscur lorsque l'hydrogène, par le tube H, remplit l'éprouvette T.

VALENCE DES ATOMES

370. — Les métalloïdes des quatre premières familles peuvent tous être combinés à l'hydrogène et donnent les combinaisons suivantes :

I		II	
Acide fluorhydrique .	HFl	Eau	H^2O
— chlorhydrique .	HCl	Acide sulfhydrique ..	H^2S
— bromhydrique .	HBr	— sélénhydrique .	H^2Se
— iodhydrique ...	HI	— tellurhydrique	H^2Te
III		**IV**	
Ammoniac............	$Az H^3$	Protocarbure d'hydrogène	CH^4
Hydrogène phosphoré	PH^3	Hydrogène silicié.....	SiH^4
— arsénié ..	AsH^3		

En examinant la constitution moléculaire de ces différents composés, on voit que les atomes des métalloïdes d'une même famille se combinent avec un même poids d'hydrogène pour former des combinaisons saturées. Ils peuvent se substituer les uns aux autres sans changer les propriétés essentielles du composé formé. Ces atomes sont donc *équivalents* au point de vue chimique.

Un atome d'un métalloïde de la deuxième famille peut être combiné à un poids d'hydrogène double de celui qui s'unit à un atome d'un métalloïde de la première famille. Nous dirons, en nous appuyant sur ce résultat, que les atomes O, S, Se et Te sont équivalents entre eux, mais sont *divalents* par rapport aux atomes Fl, Cl, Br, I que nous considérerons comme *monovalents*. De même les atomes Az, P, As, seront *trivalents*, et les atomes C, Si, *trétravalents*.

La *valence* étant ainsi définie par rapport aux combinaisons hydrogénées, nous pouvons diviser les métalloïdes en quatre familles, contenant :

la première : ceux dont les atomes sont monovalents,

la deuxième : ceux qui sont divalents,

la troisième : les corps trivalents,

la quatrième : les corps tétravalents.

Le bore ne donnant pas de combinaisons hydrogénées formera la cinquième famille.

Nous retrouvons ainsi à l'aide d'un caractère particulier la classification de Dumas.

La valence des atomes est une propriété relative qui n'est définie que pour une combinaison donnée, avec un élément déterminé. Si l'on change la nature de cet élément, on peut s'attendre à trouver des résultats différents. C'est en effet ce qui a lieu ; mais l'expérience montre que ces variations sont peu fréquentes. En général la *valence ne change pas de parité*. Un corps monovalent peut devenir trivalent, pentavalent, etc., un corps divalent peut devenir tétravalent, hexavalent, etc.

L'hydrogène doit être considéré lui-même comme monovalent. C'est en effet un corps diatomique, c'est-à-dire dont la molécule est formée par la réunion de deux atomes H^2. Si l'on combine une molécule d'hydrogène et une molécule de chlore, on obtient deux molécules d'acide chlorhydrique

$$H^2 + Cl^2 = HCl + HCl.$$

Ayant considéré la molécule d'acide chlorhydrique comme provenant de la substitution d'un atome de chlore à un atome d'hydrogène dans une molécule d'hydrogène, les atomes de chlore et d'hydrogène sont donc équivalents.

On pourra se servir du chlore pour déterminer la valence des atomes au lieu de l'hydrogène. Le bore, par exemple, qui ne se combine pas à l'hydrogène, forme le chlorure BCl^3; il est donc trivalent.

Le phosphore qui forme le chlorure PCl^5 devra être considéré comme parfois pentavalent.

371. — Valence des groupes d'éléments. — L'expérience montre que, dans un grand nombre de réactions, certains groupes d'éléments peuvent se substituer à des atomes simples et peuvent par conséquent être considérés comme ayant la même valence. Ces groupes d'éléments se nomment *radicaux*. On distingue des radicaux monovalents, divalents, trivalents, etc.

Considérons par exemple le composé $Az O^2 Cl$. Si nous le traitons par l'eau nous obtiendrons de l'acide azotique et de l'acide chlorhydrique

$$Az O^2 Cl + H^2 O = HCl + H Az O^3.$$

Nous pouvons écrire cette réaction de la manière suivante

$$Az O^2 Cl + H.HO = HCl + HO Az O^2.$$

Nous voyons donc que la réaction peut être considérée comme résultant de la substitution du groupe HO au chlore Cl et réciproquement. Ce groupe HO qu'on nomme l'*oxhydrile* est un *radical* monovalent comme le chlore. L'eau peut être considérée comme formée par la combinaison de l'hydrogène avec l'oxhydrile

$$H. (HO)$$

D'autre part, en considérant le composé AzO^2Cl et l'acide azotique $AzO^2.HO$, nous voyons que le groupe AzO^2 est aussi un radical monovalent se combinant avec un atome de chlore; on nomme ce radical l'*azotyle*.

De même le composé SO^2Cl^2 correspondant à l'acide sulfurique $SO^2 (HO)^2$ donnera le radical SO^2, divalent nommé *sulfuryle*.

372. — Formules de constitution. — On désigne ainsi des formules symboliques représentant non seulement la composition des corps, mais la manière dont se comportent dans la combinaison les différents atomes qui constituent la molécule. On met ainsi en évidence la valence des atomes.

Un atome monovalent sera représenté par son symbole et un trait, un atome divalent par son symbole et deux traits, etc.

La formule de constitution de l'eau sera

$$H — O — H$$

de l'acide chlorhydrique

$$H — Cl$$

de l'ammoniac

$$H — Az — H$$
$$|$$
$$H$$

du formène

$$H$$
$$|$$
$$H — C — H$$
$$|$$
$$H$$

du perchlorure de phosphore

$$Cl \quad Cl$$
$$\diagdown \diagup$$
$$Cl - Ph - Cl$$
$$|$$
$$Cl$$

Pour les composés plus complexes, on mettra
en évidence les radicaux indiqués par les différentes
substitutions effectuées expérimentalement, en indi-
quant la valence de ces radicaux.

La formule de constitution de l'acide azotique sera

$$(AzO^2) - (HO)$$

de l'acide sulfurique

$$(HO) - (SO^2) - (HO)$$

Ces formules présentent le grand avantage de
mettre en évidence les relations qui existent entre
des composés voisins, un atome ou un groupe d'atomes ne pouvant être remplacé que par un atome ou
un groupe d'atomes de même valence.

CHAPITRE DOUZIÈME

MÉTAUX

373. — Propriétés générales des métaux. — La distinction entre les métalloïdes et les métaux est difficile à faire aujourd'hui et doit certainement disparaître. On convient de ranger parmi les métaux les corps qui peuvent former avec l'oxygène un ou plusieurs composés doués de propriétés basiques, c'est-à-dire capables de réagir sur les acides pour donner naissance à des sels.

Les métaux anciennement connus, c'est-à-dire les métaux usuels, étaient au contraire caractérisés par un ensemble de propriétés bien déterminées et formaient un groupe bien défini. Ces propriétés se trouvaient réunies au plus haut degré chez les métaux précieux, l'or et l'argent, qu'on désignait sous le nom de métaux *parfaits*. Ces métaux étaient caractérisés surtout par leur inaltérabilité, c'est-à-dire par leur résistance aux agents physiques et chimiques. A côté de ces métaux se plaçaient les métaux plus facilement altérables formant le groupe des métaux *imparfaits*. La découverte de corps nouveaux avait conduit les chimistes, à la fin du siècle dernier, à établir une catégorie de *demi-métaux*, ne possédant qu'une partie des propriétés générales des métaux proprement dits. On a découvert plus récemment de nombreux métaux s'éloignant de plus en plus des métaux usuels par leurs propriétés physiques et chimiques, et la distinction que l'on fait entre les métalloïdes et les métaux est devenue purement conventionnelle. Lorsque les propriétés des métaux rares seront mieux connues, on pourra établir une classification générale des corps simples et supprimer cette distinction.

Propriétés physiques. — Les métaux usuels sont caractérisés par des propriétés physiques importantes, auxquelles ils doivent la plupart de leurs applications.

374. — *Couleur.* — Les métaux paraissent généralement peu colorés. Ils sont opaques et possèdent la propriété de réfléchir une grande partie de la lumière incidente. Ce pouvoir réflecteur considérable donne à leur surface un grand éclat ; c'est ce qu'on nomme *l'éclat métallique.* Les métaux n'absorbant qu'une très faible partie de la lumière incidente réfléchissent une lumière colorée noyée dans un grand excès de lumière blanche ; c'est pourquoi la couleur est peu apparente. Mais si l'on augmente le nombre des réflexions, on peut éliminer peu à peu cet excès de lumière blanche et faire apparaître la couleur propre. C'est ainsi que l'argent devient jaune, l'or rouge orangé, le cuivre rouge écarlate, le zinc bleu indigo, l'acier violet, etc.

Lorsqu'on réduit les métaux à une épaisseur extrêmement faible, ils deviennent transparents et laissent passer de la lumière colorée. La couleur obtenue est complémentaire de la couleur par réflexion. Une mince feuille d'or laisse passer de la lumière verte ; une mince couche d'argent, de la lumière bleue.

375. — *Cristallisation.* — Les métaux préparés industriellement n'accusent pas en général une structure cristalline bien déterminée, beaucoup d'entre eux sont amorphes, ce qui augmente la malléabilité, les corps cristallisés sont ordinairement cassants.

En opérant dans des conditions convenables, on

peut montrer que tous les métaux sont susceptibles de cristalliser. La plupart d'entre eux cristallisent dans le système cubique ; l'étain et le potassium cristallisent dans le système quadratique ; le bismuth, l'antimoine, le zinc, dans le système rhomboédrique.

On peut faire cristalliser le bismuth et l'antimoine par simple fusion.

Le zinc s'obtient cristallisé par sublimation.

On obtient encore de très belles cristallisations en décomposant une dissolution étendue d'un sel métallique par un courant faible ou par un autre métal.

Si l'on introduit dans un flacon contenant une dissolution étendue d'acétate de plomb une lame de zinc, à laquelle on a préalablement fixé des fils de cuivre, on voit peu à peu ces fils de cuivre se recouvrir de longues aiguilles cristallisées. On obtient ainsi *l'arbre de Saturne*.

376. — Dureté. — Elle est très variable. Le chrome raye le verre ; le fer, le nickel, l'antimoine, le zinc, rayent le spath d'Islande. Le platine, le cuivre, l'or, l'argent, l'étain, sont rayés par le spath d'Islande. Le plomb est rayé par l'ongle ; le potassium et le sodium sont mous comme la cire ; enfin le mercure est liquide à la température ordinaire.

377. — Fusibilité. — Tous les métaux peuvent être fondus à une température plus ou moins élevée.

Le mercure fond à	—	40°	Le zinc	fond à	410°
potassium	—	55°	antimoine	—	450°
sodium	—	90°	argent	—	1000°
étain	—	228°	cuivre	—	1100°
bismuth	—	264°	or	—	1250°
plomb	—	335°	fer	—	1500°
cadmium	—	360°	platine	—	1800°

378. — Volatilité. — Tous les métaux sont volatils ; mais ils ne se réduisent en vapeur qu'à une température très élevée. Les métaux les plus volatils sont :

Le mercure qui bout à 360°
cadmium. . . . . 860°
zinc . . . . . . 1040°

379. — Densité. — Les métaux usuels ont tous une densité relativement considérable ; mais parmi les métaux récemment découverts, on en trouve ayant une densité beaucoup plus faible. Le tableau suivant donne les densités des principaux métaux :

Platine fondu . .	21,15	Fer	7,78
Or fondu . . .	19,25	Etain	7,29
Mercure liquide .	13,59	Zinc.	6,86
Plomb	11,35	Aluminium . . .	2,56
Argent	10,40	Sodium.	0,97
Cuivre fondu . .	8,78	Potassium. . . .	0,86
Cadmium . . .	8,65		

380. — Conductibilité. — Tous les métaux sont bons conducteurs de la chaleur et de l'électricité. Le tableau suivant les contient rangés par ordre de conductibilité décroissante :

Argent	Fer
Cuivre	Plomb
Or	Platine
Zinc	Bismuth
Etain	Mercure

381. — Ténacité. — On désigne sous ce nom la résistance à la rupture. Cette résistance est considérable chez les métaux usuels. On peut mesurer la ténacité en déterminant la charge nécessaire pour amener la rupture d'un fil de section donnée. Pour un fil de 1 millimètre carré, on obtient pour les métaux suivants :

Nickel 80 kilogrammes. | Fer 62 kilogrammes.

Cuivre	34 kilogrammes.	Zinc	12,4 kilogrammes.
Platine	31 —	Etain	3,9 —
Argent	21 —	Plomb	2,5 —
Or	16,5 —		

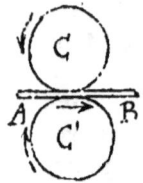

Fig. 158. — La-
minoir. — La
lame A B en-
traînée entre
les deux cy-
lindres C et
C'.

382. — Malléabilité. — C'est la propriété qu'ont les métaux de pouvoir être déformés sans se déchirer ni se rompre. Cette propriété est extrêmement importante ; elle permet le travail au marteau, l'estampage, etc., et explique un grand nombre d'applications usuelles des métaux qui en sont pourvus. On peut évaluer la malléabilité par la plus faible épaisseur des lames qu'on peut obtenir. Les métaux sont rangés comme suit d'après les résultats de cette opération, par ordre de malléabilité décroissante :

Or	Plomb
Argent	Zinc
Aluminium	Platine
Cuivre	Nickel
Etain	

383. — Ductilité. — Un métal est ductile lorsqu'il peut être étiré en fils. La ductilité est une propriété physique complexe qui dépend à la fois de la ténacité et de la malléabilité. Les fils métalliques se fabriquent au moyen de la *filière*. On nomme ainsi une plaque d'acier percée de trous de diamètres décroissants. Le métal préalablement étiré en barres est aminci à son extrémité et introduit dans l'un des trous de la filière.

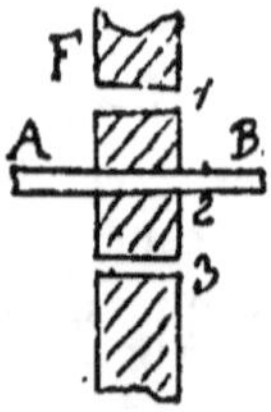

Fig. 159.
Filière.

On le saisit de l'autre côté avec une pince et, en

exerçant une traction suffisante, on le fait passer à
travers l'ouverture. En répétant cette opération pour
les différents trous de la filière, on obtient des fils
de plus en plus fins. On est arrêté lorsque la traction nécessaire détermine la rupture du fil. On voit
ainsi facilement que, pour qu'un métal soit ductile,
il faut qu'il soit à la fois malléable et tenace. Au
point de vue de la ductilité, les métaux usuels peuvent être rangés dans l'ordre suivant :

Or	Nickel
Argent	Cuivre
Platine	Zinc
Aluminium	Étain
Fer	Plomb

La malléabilité et par suite la ductilité sont des
propriétés qui dépendent de la température. Ainsi
le zinc n'est presque pas malléable à froid, mais il
le devient à 150°. Le fer est beaucoup plus malléable
à chaud qu'à froid. On utilise cette propriété dans
le travail de la forge.

Un travail mécanique prolongé fait perdre aux
métaux leur malléabilité. Ils deviennent durs et cassants. On dit qu'ils sont *écrouis*. On leur rend leur
malléabilité par le *recuit*, opération qui consiste à
les chauffer et à les laisser refroidir lentement.

Propriétés chimiques.

384. — *Action de l'oxygène et de l'air secs.* —
Les métaux alcalins et alcalino-terreux s'oxydent à
la température ordinaire, en présence de l'oxygène
ou de l'air secs. Les autres métaux ne s'oxydent
que lorsqu'on les chauffe à une température plus
ou moins élevée. Enfin quelques métaux, comme
l'or et le platine, ne se combinent pas directement à
l'oxygène.

385. — *Action de l'air atmosphérique.* — L'air

atmosphérique contient, outre l'azote et l'oxygène, de la vapeur d'eau et du gaz carbonique. La présence de ces deux corps facilite considérablement l'oxydation des métaux. Les oxydes formés sont généralement susceptibles de se combiner à l'eau et au gaz carbonique avec dégagement de chaleur; c'est ce dégagement de chaleur qui facilite l'oxydation. C'est ainsi, par exemple, que le fer resterait parfaitement inaltéré dans l'oxygène pur, tandis qu'il s'altère rapidement à la température ordinaire dans l'air atmosphérique. Les produits de l'altération des métaux à l'air sont des oxydes hydratés ou des carbonates. On peut observer deux cas :

Certains métaux se recouvrent rapidement d'un enduit imperméable et l'oxydation cesse ; ces métaux ne sont altérés qu'à la surface et peuvent ensuite se conserver indéfiniment : tels sont le zinc et le cuivre.

D'autres métaux, tels que le fer, se recouvrent d'une couche poreuse d'oxyde. Pour ceux-là, l'altération continue; elle est même facilitée par la présence du couple voltaïque formé par le métal non attaqué et le produit de son oxydation. Au bout d'un temps suffisamment long, le métal tout entier finirait par disparaître.

Pour préserver les métaux de l'altération qu'ils subissent au contact de l'air, on peut les recouvrir d'une couche d'un métal moins altérable. C'est ainsi, par exemple, qu'on recouvre le fer d'étain (fer-blanc) ou de nickel.

Mais on peut obtenir le même résultat en recouvrant le métal d'une couche d'un autre métal plus altérable que lui, pourvu que celui-ci donne un produit d'oxydation imperméable. C'est ce qu'on réalise en recouvrant le fer d'une couche de zinc (fer galvanisé). Ce dernier métal se recouvre rapidement à l'air d'une couche de carbonate imperméable qui préserve le reste du zinc et par suite le fer de toute altération. Il y a même un avantage à employer ce dernier procédé. Lorsque la couche protectrice vient à disparaître en un point, les deux métaux forment un couple voltaïque. Dans le fer-blanc, par exemple, le métal attaqué dans le couple fer-étain serait le fer, de sorte que si la couche d'étain venait à disparaître en quelques points, l'altération du fer se produirait et serait même plus rapide que si l'étain n'existait pas. Dans le couple fer-zinc, c'est au contraire le zinc qui est le métal attaqué, de sorte que l'effet nuisible se produit moins.

386. — *Action du soufre.* — L'or et le platine sont les seuls métaux qu'on ne peut directement combiner au soufre. Tous les autres peuvent se combiner avec ce corps quand on les chauffe à une température convenable, avec dégagement de chaleur. Un certain nombre de métaux se combinent lentement au soufre à la température ordinaire. Si l'on mélange intimement de la fleur de soufre et de la limaille de fer et si l'on ajoute un peu d'eau au mélange, on voit au bout de quelque temps que la température s'élève suffisamment pour réduire l'eau en vapeur, en même temps que le mélange noircit et se transforme en sulfure de fer. (C'est l'expérience du *Volcan de Lémeri.*)

387. — *Action du chlore.* — Tous les métaux peuvent se combiner au chlore, presque tous directement et à basse température; l'or se dissout dans l'eau de chlore, le platine dans l'eau régale.

388. — **Valence des atomes métalliques.** — Ce sont les combinaisons chlorées qui servent à fixer la valence des atomes métalliques, les combinaisons hydrogénées étant peu nombreuses et mal définies.

De plus, les chlorures étant volatils, on peut déterminer leur poids moléculaire et par suite leur formule chimique avec exactitude.

Les métaux *monovalents* sont ceux qui donnent un chlorure de formule MCl.

Tels sont le potassium, le sodium et l'argent

KCl $NaCl$ $AgCl$.

Les métaux divalents donnent des chlorures de formule MCl^2. — Ce sont les plus nombreux.

Baryum	$BaCl^2$	Nickel.	$NiCl^2$
Strontium ...	$SrCl^2$	Cobalt	$CoCl^2$
Calcium.	$CaCl^2$	Cadmium.	$CdCl^2$
Magnésium ..	$MgCl^2$	Plomb.........	$PbCl^2$
Zinc........	$ZnCl^2$		

Les métaux trivalents donnent des chlorures de formule MCl^3.

Tels sont

bismuth........ $BiCl^3$ | or............ $AuCl^3$.

Les métaux tétravalents donnent un chlorure de formule MCl^4

platine....... $PtCl^4$.

Certains métaux donnent deux chlorures. Ces métaux possèdent alors deux valences différentes. A ces deux chlorures correspondent deux séries de composés dans lesquels la parité de la valence se conserve.

Exemple : l'étain donne $SnCl^2$ et $SnCl^4$.

Il est divalent dans le premier, tétravalent dans le second.

A ces deux chlorures correspondent les oxydes SnO et SnO^2.

Le cuivre et le mercure donnent Hg^2Cl^2 et $HgCl^2$. Au premier correspondent les sels *mercureux* dans lesquels le mercure est monovalent; au second les sels *mercuriques* dans lesquels le mercure est divalent.

De même, à Cu^2Cl^2 et $CuCl^2$, correspondent les sels cuivreux et les sels cuivriques. Le cuivre est tantôt monovalent, tantôt divalent.

Le fer donne les chlorures $FeCl^2$ et Fe^2Cl^6.

Dans le premier le fer est divalent ainsi que dans les sels correspondants, les sels ferreux.

Dans le second on considère le groupe Fe^2 qu'on nomme souvent *ferricum* et qui est hexavalent. Ce groupe se retrouve avec la même valence dans le sesquioxyde de fer Fe^2O^3 et dans les sels ferriques.

De même pour le chrome et le manganèse on a Cr et Mn divalents et les groupes Cr^2 et Mn^2 hexavalents.

Enfin, dans les sels d'aluminium le groupe Al^2 est hexavalent.

389. — *Action de l'eau.* — A la température ordinaire un certain nombre de métaux décomposent l'eau en mettant l'hydrogène en liberté. D'autres au contraire ne produisent cette décomposition qu'à une température plus élevée. Enfin les métaux difficilement oxydables ne décomposent pas l'eau.

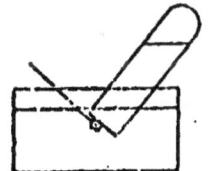

Fig. 160. — Réduction de l'eau par le sodium.

390. — *Action des acides.* — Les métaux agissent sur les acides en se substituant à l'hydrogène pour former des sels. Les métaux monovalents se substituent atome pour atome à l'hydrogène.

1 atome d'un métal divalent remplace 2 atomes d'hydrogène
1   —   trivalent   —   3   —
1   —   tétravalent   —   4   —

Exemples : $K. Az O^3$ azotate de potassium.
                $Ca SO^4$ sulfate de calcium.
                $Bi PO^4$ orthophosphate de bismuth.
                $SnCl^4$ bichlorure d'étain.
                $Al^2 (SO^4)^3$ sulfate d'aluminium.

Lorsque le métal est attaqué par un hydracide ou par un oxacide étendu, il y a dégagement d'hydrogène

$$K^2 + 2HCl = 2KCl + H^2$$
$$Zn + H^2SO^4 = ZnSO^4 + H^2.$$

Avec les oxacides concentrés, surtout si la température s'élève, l'hydrogène peut produire des actions réductrices. Une partie de l'acide est alors décomposée et il se dégage les produits de cette décomposition.

$$Cu + 2H^2SO^4 = SO^2 + CuSO^4 + 2H^2O.$$
$$3Ag + 4HAzO^3 = 3AgAzO^3 + AzO + 2H^2O.$$

391. — *Action des alcalis.* — Un certain nombre de métaux se dissolvent dans les alcalis. Ce sont ceux qui sont susceptibles de former des oxydes acides. Il y a dégagement d'hydrogène et formation d'un sel.

$$Sn + 2KHO + H^2O = K^2SnO^3 + 2H^2$$

CLASSIFICATION DES MÉTAUX

392. — La valence des atomes ne donne pas un caractère suffisant pour permettre une classification des métaux. On trouverait en effet dans la même classe le potassium et l'argent, le calcium et le plomb, etc., métaux de même valence, mais extrêmement différents à d'autres points de vue.

Les propriétés des métaux rares qui sont très nombreux ne sont pas suffisamment connues pour qu'on puisse songer à partager les métaux en familles naturelles, comme les métalloïdes. On connaît seulement quelques groupes bien définis, tels que celui des métaux alcalins, des métaux alcalinoterreux, etc.

On emploie le plus communément une classification primitivement imaginée par Thénard. Cette classification est purement artificielle, elle range les métaux d'après leur action sur l'eau et d'après l'action de la chaleur sur leurs oxydes.

393. — Nous appliquerons ces principes à la classification des seuls métaux les plus connus que nous rangerons en 8 familles en faisant intervenir les caractères suivants qu'il est bon d'avoir toujours présents à l'esprit dans toute l'étendue de ce cours :

1° — Action sur l'eau ;

2° — Action sur l'oxygène ;

3° — Stabilité des oxydes à la chaleur seule ;

4° — Solubilité des oxydes dans l'eau.

CLASSIFICATION DES MÉTAUX

	1re FAMILLE	2e FAMILLE	3e FAMILLE	4e FAMILLE	5e FAMILLE	6e FAMILLE	7e FAMILLE	8e FAMILLE
	MÉTAUX ALCALINS	MÉTAUX ALCALINO-TERREUX	MÉTAUX TERREUX	FAMILLE DU FER	FAMILLE DE L'ÉTAIN	FAMILLE DU CUIVRE	FAMILLE DE L'ARGENT	FAMILLE DE L'OR
1º	Décomposent l'eau à froid.	—	Décomposent l'eau vers 100º.	Décomposent l'eau à froid en présence des acides.	Décomposent l'eau vers 50º en présence des alcalis.	Ne décomposent pas l'eau.	—	—
2º	Oxydables directement.	—	—	—	—	—	—	Non oxydables directement.
3º	Oxydes indécomposables par la chaleur seule.	—	—	—	—	—	Oxydes décomposables par la chaleur seule.	—
4º	Oxydes très solubles.	Oxydes peu solubles.	Oxydes très peu solubles.	Oxydes insolubles.	—	—	—	—
	Potassium. Sodium.	Calcium. Baryum. Strontium.	Aluminium. Magnésium.	Fer. Nickel. Cobalt. Chrome. Manganèse. Zinc. Cadmium.	Étain. Antimoine. Bismuth.	Cuivre. Plomb.	Argent. Mercure. Palladium.	Or. Platine. Iridium.

Remarque. — Les métaux des familles du fer, de l'étain, du cuivre, s'oxydent au contact de l'eau seule à température élevée ; mais l'eau ayant une tension de dissociation sensible dans ces conditions, on peut admettre que le métal ne fait que s'unir à l'oxygène mis en liberté par la chaleur.

ALLIAGES.

394. — On nomme *alliages* les combinaisons que forment les métaux entre eux. Les alliages contenant du mercure se nomment *amalgames*. Les alliages semblent être ordinairement de simples mélanges. On peut en effet les obtenir en mélangeant les métaux en toute proportion après les avoir préalablement fondus et, surtout si le refroidissement est rapide, on obtient une masse en apparence homogène. Mais une étude plus attentive montre qu'il s'agit de véritables combinaisons.

La formation des alliages a souvent lieu avec dégagement de chaleur. Quand on met un morceau de sodium au contact du mercure, celui-ci s'y dissout rapidement avec dégagement de chaleur.

Lorsqu'on mêle brusquement du cuivre et du zinc fondus, de façon à constituer le laiton, il se dégage une quantité de chaleur suffisante pour volatiliser une partie du zinc.

La combinaison de deux métaux possède souvent des propriétés nouvelles.

La densité d'un alliage ne peut se calculer d'après la règle des mélanges. Un certain nombre d'alliages se forment avec contraction, d'autres avec dilatation. La couleur d'un alliage ne peut pas non plus être prévue quand on connaît la couleur des métaux constituants et sa composition.

Le bronze des miroirs (⅓ cuivre et ⅔ étain) est blanc, bien qu'il contienne une grande quantité d'un métal fortement coloré.

Les alliages de zinc et de cuivre contenant 60 à 80 % de cuivre, sont jaunes, ils sont blancs quand ils n'en contiennent que 30 %.

Les alliages d'or et de cuivre sont souvent rouges, ils deviennent verts quand on y ajoute une petite quantité d'argent.

Les alliages définis ont un point de fusion qui leur est propre et qui peut être inférieur au point de fusion du plus fusible des métaux constituants.

Exemple. — Les alliages de Darcet fondent dans l'eau bouillante bien que le plus fusible des métaux qui les constituent, l'étain, ne fonde qu'à 228°.

Un alliage formé de 5 parties de bismuth, 3 de plomb et 2 d'étain fond à 91°.

395. — Cristallisation. — On peut obtenir à l'état cristallisé un certain nombre d'alliages. Dans ces cas, on observe toujours que ces corps ont une constitution définie, pouvant être représentée par une formule chimique comme les combinaisons ordinaires.

396. — Liquation. — Lorsqu'on laisse refroidir une grande quantité d'un alliage fondu, on observe un phénomène particulier qui permet de concevoir quelle est la composition des alliages usuels. Le refroidissement ne s'effectue pas d'une manière régulière. Si l'on plonge un thermomètre dans le liquide, on observe un certain nombre d'arrêts qui correspondent tous à la solidification d'alliages définis. Quand la masse entière est solidifiée, on constate qu'elle n'est plus homogène et que les différentes couches n'ont pas la même composition. C'est à ce phénomène, connu depuis longtemps, qu'on donne le nom de *liquation*. Lorsqu'on fondait autrefois des canons de bronze, on était obligé, pour obtenir une matière homogène, de donner au moule une hauteur beaucoup plus grande que celle de la pièce qu'on voulait obtenir. La partie supérieure, plus riche en étain, était ensuite enlevée et employée pour une nouvelle fusion.

Le phénomène de la liquation montre qu'on doit considérer les alliages comme des mélanges de plu-

sieurs alliages définis, dissous dans un excès de l'un
des métaux constituants.

397. — Préparation. — Le procédé général de
préparation des alliages consiste à mélanger les
métaux constituants après les avoir amenés à l'état
de fusion. Lorsque l'un de ces métaux est volatil,
on ne l'ajoute qu'en dernier lieu de manière à éviter
les pertes, et l'on procède immédiatement après à
la coulée.

Quelquefois, on obtient directement les alliages
en réduisant un mélange des minerais des métaux
constituants.

398. — Usages. — Les alliages sont très fréquemment employés. Il arrive généralement que lorsqu'on veut préparer certains objets, aucun des métaux
usuels ne possède l'ensemble des qualités requises.
On est ainsi amené à se servir de plusieurs métaux
possédant chacun une partie de ces qualités. Par
exemple, pour faire les caractères d'imprimerie, il
faut un métal d'une dureté moyenne, facilement fusible
et pouvant donner des caractères très nets par moulage. On emploie un alliage d'antimoine et de plomb.
L'antimoine augmente légèrement de volume en se
solidifiant; il donne donc des caractères d'une grande
netteté; mais il est trop dur et trop peu fusible. Le
plomb donne les qualités qui manquent.

On augmente la dureté des métaux précieux en
y ajoutant une certaine quantité de cuivre, etc.

399. — Principaux alliages usuels.

Monnaies d'or............	$Au : 90. Cu : 10.$
Billon..................	$Cu : 95. Sn : 4. Zn : 1.$
Laiton	$Cu : 67. Zn : 33.$
Maillechort..............	$Cu : 50. Zn : 25. Ni : 25.$
Caractères d'imprimerie...	$Pb : 80. Sb : 20.$
Bronze des canons........	$Cu : 90,1. Sn : 9,9.$

OXYDES MÉTALLIQUES

400. — Propriétés physiques. — Les oxydes métalliques sont le plus souvent blancs; cependant un assez grand nombre d'entre eux sont colorés: le sesquioxyde de fer est rouge brun, l'oxyde de cuivre est noir, l'oxyde de mercure est rouge, etc.

Les oxydes des métaux alcalins sont très solubles dans l'eau, les oxydes des métaux alcalino-terreux sont assez solubles; les autres oxydes sont insolubles.

Les oxydes métalliques sont généralement infusibles et fixes. Cependant la litharge fond facilement, l'acide osmique est volatil.

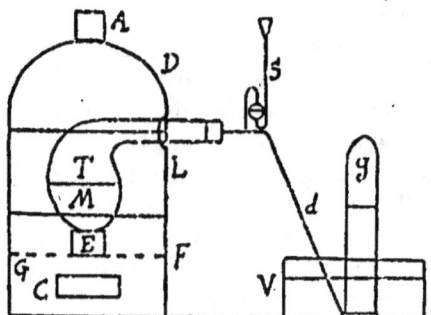

Fig. 161. — Réduction de MnO^2 par la chaleur et de ZnO par le charbon.

401. — Propriétés chimiques. — *Action de la chaleur.* — Les oxydes des métaux des 7ᵉ et 8ᵉ familles sont seuls décomposables par la chaleur. Les autres oxydes ne donnent jamais le métal quand on les chauffe. Ils peuvent seulement subir une décomposition partielle. Le bioxyde de baryum chauffé perd la moitié de son oxygène et donne de la baryte **(97)**. Le bioxyde de manganèse perd le tiers de son oxygène **(94)**, etc.

402. — *Action du carbone.* — Beaucoup d'oxydes métalliques peuvent être réduits par le charbon à une température plus ou moins élevée. Lorsque l'oxyde est réduit à basse température, il se dégage du gaz carbonique

$$2\,PbO + C = 2\,Pb + CO^2$$

Lorsqu'au contraire la réduction exige une température très élevée, il se produit de l'oxyde de carbone

$$ZnO + C = Zn + CO$$

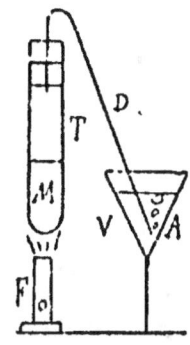

Fig. 162. — Réduction de Cu O par C.

Les oxydes des métaux des 3 premières familles ne sont pas réductibles par le charbon.

403. — *Action de l'eau.* — L'eau peut se combiner avec un grand nombre d'oxydes métalliques pour former des composés définis, les *hydrates métalliques*. Ces combinaisons ont quelquefois lieu avec un dégagement de chaleur considérable.

Si l'on verse de l'eau sur la chaux vive (CaO) on obtient la chaux éteinte. [Ca (HO)² ou hydrate de calcium]. Le dégagement de chaleur est assez grand pour volatiliser une partie de l'eau.

$$Ca\,O + H^2O = Ca\,(OH)^2.$$

Lorsque le dégagement de chaleur est très faible, la combinaison est peu stable. Si l'on verse dans une dissolution de sulfate de cuivre, une dissolution de potasse, il se forme un précipité bleu d'hydrate de cuivre.

$$2KHO + Cu SO^4 = K^2 SO^4 + Cu (HO)^2$$

Mais ce composé est si peu stable qu'il se décompose à l'ébullition dans le liquide même où il a été précipité ; il se transforme en oxyde anhydre qui est noir.

$$Cu (HO)^2 = CuO + H^2O.$$

Certains oxydes métalliques, généralement des peroxydes, se combinent à l'eau pour former des acides ; ce sont donc des *anhydrides*.

$$CrO^3 + H^2O = H^2 CrO^4$$

CrO^3 est la formule de l'anhydride chromique.

$H^2 CrO^4$ celle de l'acide chromique, susceptible de former des sels, les chromates, où il joue le rôle d'acide bibasique, comme l'acide sulfurique,

$K^2 CrO^4$ chromate de potassium.

$Pb CrO^4$ —   de plomb.

404. — Classification des oxydes. — On distingue 5 classes d'oxydes métalliques : les oxydes basiques, acides, salins, indifférents, singuliers.

Les *oxydes basiques* sont ceux qui peuvent se combiner aux acides pour donner des sels avec élimination d'eau.

$$CaO + H^2SO^4 = Ca SO^4 + H^2O.$$

Ils forment avec l'eau des hydrates qui possèdent la même propriété. Ces hydrates dissous dans l'eau bleuissent la teinture de tournesol ; ce sont les bases proprement dites. Ce sont ordinairement des composés peu oxygénés, des protoxydes.

Les *oxydes acides* ou anhydrides se combinent à l'eau pour former des acides.

Ces oxydes contiennent ordinairement de grandes quantités d'oxygène CrO^3, PbO^2, SnO^2, MnO^3, etc.

Les *oxydes salins* peuvent être envisagés comme

constitués par un oxyde acide et un oxyde basique. Leur formule la plus générale est M^3O^4.

Le minium Pb^3O^4 peut être considéré comme formé par les oxydes (PbO) et (PbO^2) soit : $(2PbO, PbO^2)$. L'action de l'acide azotique le montre. Cet acide dissout le protoxyde pour former de l'azotate, sans dégagement de gaz; il reste le bioxyde. L'oxyde magnétique de fer (Fe^3O^4) peut être considéré comme formé des oxydes $(FeO + Fe^2O^3)$, etc.

Les *oxydes indifférents* peuvent former avec l'eau des combinaisons qui sont tantôt des acides et tantôt des bases. L'alumine Al^2O^3 forme des aluminates et des sels d'aluminium. L'oxyde de zinc est basique puisqu'il forme le sulfate de zinc. Si l'on ajoute de la potasse à une dissolution de sulfate de zinc, on obtient un précipité blanc d'hydrate de zinc. Mais un excès de potasse redissout ce précipité.

Les *oxydes singuliers* sont ceux qu'on ne peut rattacher à aucune des catégories précédentes. Tel est par exemple le bioxyde de manganèse. Cet oxyde, mis en présence des acides, perd de l'oxygène pour donner un oxyde basique, le protoxyde MnO. En présence des alcalis et de corps oxydants, il s'oxyde, au contraire, pour donner un oxyde acide, l'oxyde MnO^3.

$$H^2SO^4 + MnO^2 = MnSO^4 - H^2O + O.$$
$$O + MnO^2 + 2KHO = K^2MnO^3 + H^2O.$$

405. — **Préparation.** — Voie sèche. — On peut obtenir les oxydes métalliques :

1° — *Par grillage du métal à l'air.* — On prépare ainsi les oxydes de zinc et de cuivre, la litharge, l'oxyde rouge de mercure, etc.

2° — *Attaque du métal par les corps oxydants*, tels que l'acide azotique, l'azotate de potasse, le chlorate de potasse. On prépare de cette manière les peroxydes non basiques : le bioxyde de plomb, le bioxyde d'étain, etc.

3° — *Par la calcination d'un sel.* — On calcine le carbonate pour préparer la chaux, l'azotate pour préparer l'oxyde rouge de mercure, le sulfate pour préparer le sesquioxyde de fer, etc.

Voie humide. — 1° — *Les oxydes insolubles et basiques* s'obtiennent en les précipitant de leurs sels par une base soluble : la potasse, la soude ou l'ammoniaque. Les oxydes ainsi obtenus sont généralement hydratés.

2° — On peut obtenir d'autres oxydes en traitant leurs sels par un oxyde formant avec l'acide un sel insoluble. C'est ainsi qu'on obtient la potasse et la soude, en traitant le carbonate par la chaux.

Oxydes cristallisés. — Les méthodes précédentes donnent ordinairement les oxydes à l'état amorphe. Pour les obtenir cristallisés, il faut employer des procédés particuliers.

Méthode d'Ebelmen. — L'acide borique peut dissoudre les oxydes métalliques au rouge et les abandonner ensuite à une température plus élevée. Ces oxydes sont alors cristallisés.

Méthode de H. Sainte-Claire Deville. — Un courant très lent d'acide chlorhydrique passant sur un oxyde métallique amorphe, chauffé à une température élevée, le transforme peu à peu en oxyde cristallisé. L'acide chlorhydrique donne d'abord naissance à un chlorure qui se décompose ensuite en redonnant l'oxyde et l'acide chlorhydrique.

POTASSE (KHO)

406. — La potasse ou hydrate de potassium est un corps solide, blanc, amorphe, gras au toucher par suite de l'action corrosive qu'il exerce sur la peau. Sa densité est 2,1. Elle se dissout dans la moitié de son poids d'eau avec un grand dégagement de chaleur, ce qui indique une véritable combinaison. On connaît, en effet, une combinaison cristallisée $KHO + 2\ H^2O$.

La potasse fond au rouge sombre et se volatilise à une température plus élevée.

L'hydrate de potassium correspond à l'oxyde K^2O.

$$K^2O + H^2O = 2\ KHO.$$

Il est indécomposable par la chaleur.

L'oxyde anhydre K^2O s'obtient en oxydant le potassium dans l'air sec.

La potasse est une base extrêmement énergique. Sa combinaison avec les acides dégage une grande quantité de chaleur.

La potasse attaque un grand nombre de métaux.

A l'état de fusion, elle attaque rapidement le platine. Pour la fondre, il faut employer des vases de cuivre ou mieux encore d'argent.

407. — **Préparation.** — La méthode la plus employée consiste à décomposer le carbonate de potassium par la chaux. On obtient du carbonate de calcium et de la potasse.

$$K^2\ CO^3 + Ca\ (HO)^2 = 2\ KHO + Ca\ CO^3.$$

On dissout dans dix fois son poids d'eau environ le carbonate de potassium. Cette dissolution est portée à l'ébullition dans une marmite en fonte ; puis on

ajoute par petites portions un lait de chaux. On
reconnaît que l'opération est terminée lorsque le
liquide ne fait plus effervescence avec les acides. On
couvre alors la marmite et on laisse reposer. Le
carbonate de calcium insoluble se dépose. On décante
avec précaution le liquide clair qui surnage et on
l'introduit dans une bassine de cuivre ou d'argent. On
évapore rapidement le liquide qui s'épaissit peu à peu.
A la fin de l'opération, on élève la température jusqu'au
rouge sombre et l'on obtient la potasse fondue. Il
ne reste plus qu'à la couler sur une plaque de cuivre
ou d'argent où elle se solidifie. On doit opérer très
rapidement afin d'éviter la production du carbonate
en présence du gaz carbonique de l'air. On obtient
ainsi la *potasse à la chaux*. La potasse obtenue ne
peut contenir comme impureté qu'une petite quantité
de carbonate si elle a été préparée avec des produits
purs. Si l'on a employé le carbonate de potassium et
la chaux du commerce, la potasse contient toutes les
impuretés de ces produits : chlorures, sulfates, carbonates, silice, alumine, etc.

Pour purifier cette potasse, on la dissout au bain
marie dans l'alcool à 95°. On laisse reposer. L'alcool
n'a dissous que la potasse; le carbonate et les autres
sels sont dissous dans l'eau contenue dans l'alcool
et forment à la partie inférieure du vase une couche
plus dense au fond de laquelle sont déposés les
produits insolubles. On décante rapidement; on distille dans un alambic pour recueillir la plus grande
partie de l'alcool et on achève l'évaporation dans un
vase d'argent. La potasse fondue est coulée sur une
plaque d'argent : c'est la potasse à l'*alcool*.

408. — **Usages.** — La potasse est très employée
en chimie comme réactif. On s'en sert toutes les
fois qu'on a besoin d'une base puissante. Elle est
employée dans l'industrie à la fabrication des savons

mous. On la désigne sous le nom de potasse *caustique* pour la distinguer du carbonate qu'on nomme souvent potasse. On l'emploie aussi quelquefois en chirurgie pour détruire les chairs sous le nom de *pierre à cautère*.

SOUDE (NaHO).

409. — Les propriétés de la soude sont à peu près les mêmes que celles de la potasse.

C'est un corps solide blanc amorphe, de densité égale à 2. Elle fond au rouge sombre et se volatilise ensuite un peu plus difficilement que la potasse.

C'est l'hydrate correspondant à l'oxyde Na^2O.

$$Na^2O + H^2O = 2NaHO.$$

L'oxyde anhydre s'obtient en attaquant le sodium par l'air sec.

La soude est très soluble dans l'eau avec laquelle elle forme différentes combinaisons mises en évidence par le grand dégagement de chaleur obtenu.

On a pu obtenir le composé $2NaHO + 7H^2O$ cristallisé.

La soude a les mêmes propriétés chimiques que la potasse. Elle est un peu moins active, ce qui s'explique par le dégagement de chaleur un peu moindre qui accompagne les réactions.

Elle attaque aussi moins énergiquement les métaux. C'est ainsi qu'on peut fondre la soude dans un creuset de platine qui serait immédiatement percé par la potasse.

410. — **Préparation.** — Elle se fait comme celle

de la potasse. On traite à l'ébullition une dissolution de carbonate de sodium par de la chaux.

$$Ca(HO)^2 + Na^2CO^3 = 2NaHO + CaCO^3.$$

On obtient ainsi la soude à *la chaux* généralement impure.

On la purifie au moyen de l'alcool et l'on obtient la soude *à l'alcool*.

411. — Usages. — La soude peut remplacer la potasse dans presque tous ses usages.

On l'emploie dans l'industrie pour la fabrication des savons durs.

CHAUX   (CaO).

412. — La chaux est un corps solide blanc, amorphe, de densité égale à 3.3. On ne peut la fondre que dans l'arc voltaïque.

Au contact de l'eau, la chaux se gonfle puis se fendille et se réduit en poussière. Il se produit une combinaison avec un grand dégagement de chaleur. Cette opération se nomme : *extinction de la chaux*. Le produit obtenu, la *chaux éteinte*, est l'hydrate de calcium $Ca(HO)^2$.

$$CaO + H^2O = Ca(HO)^2.$$

Cet hydrate est un peu soluble dans l'eau (1 gr. 25 environ par litre). Cette dissolution est employée dans les laboratoires sous le nom d'eau de chaux.

L'hydrate de calcium se décompose quand on le chauffe au rouge. C'est une base énergique.

413. — Préparation. — La chaux se prépare ordinairement par la calcination du carbonate de calcium.

Dans l'industrie, cette opération se fait dans des fours qu'on emplit de calcaire concassé et qu'on chauffe ensuite au rouge. Le gaz carbonique se dégage et l'on obtient ainsi la chaux vive.

$$CaCO^3 = CaO + CO^2.$$

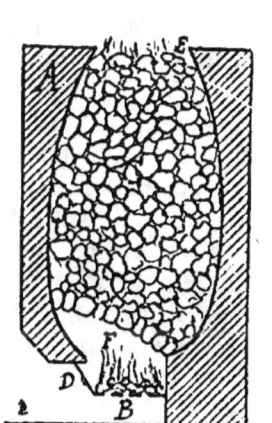

Fig. 163. — Four *intermittent* pour la fabrication de la chaux.

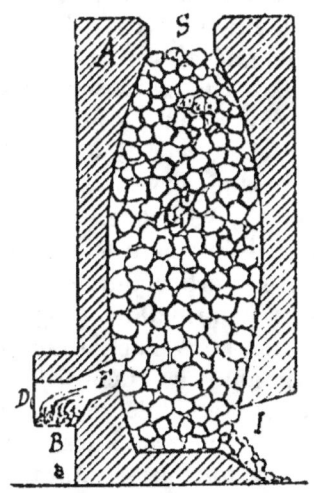

Fig. 164. — Four *coulant* pour la fabrication continue de la chaux.

On ne pourrait obtenir de la chaux pure par ce procédé que si l'on employait du carbonate de calcium pur.

Dans les laboratoires, on prépare la chaux pure en calcinant de l'azotate de calcium préalablement purifié.

414. — Usages de la chaux. — Les usages les plus importants de la chaux sont ses emplois dans la fabrication des *mortiers* et des *ciments*. On distingue au point de vue de cette application deux variétés de chaux très distinctes, les *chaux aériennes* et les *chaux hydrauliques*.

Chaux aériennes. — Ce sont les variétés obtenues par la calcination des calcaires non argileux. On distingue les chaux *grasses* et les chaux *maigres*. Les premières sont les plus pures; elles se gonflent considérablement quand on les'éteint et forment avec l'eau une pâte grasse et liante. Les chaux maigres sont obtenues avec les calcaires impurs contenant de la magnésie, du sesquioxyde de fer, etc.

Les chaux aériennes servent à faire les mortiers employés aux constructions aériennes; c'est de là que vient leur nom.

Les mortiers s'obtiennent en éteignant d'abord la chaux vive et en ajoutant ensuite du sable et de l'eau de manière à former une pâte homogène.

Ce mortier durcit au contact de l'air par suite de la transformation progressive de la chaux en carbonate sous l'action du gaz carbonique de l'air. Ce carbonate se dépose sur les grains de sable du mortier et finit au bout d'un certain temps par souder ces grains les uns aux autres de manière à former une masse dure et compacte.

Chaux hydrauliques. — On donne ce nom à certaines variétés de chaux qui dégagent peu de chaleur quand on les délpie dans l'eau et qui possèdent la propriété de durcir au contact de ce liquide. On les emploie dans la confection des mortiers destinés aux constructions qu'on veut faire sous l'eau.

Les chaux hydrauliques proviennent de la calcination de calcaires argileux. Elles contiennent environ 25 o/o d'argile. Cette argile a été déshydratée pendant la calcination. Au contact de l'eau et de la chaux elle forme des silicates d'aluminium et de calcium et de l'aluminate de calcium, matières extrêmement dures.

Lorsque la chaux hydraulique contient une plus forte proportion d'argile, elle porte le nom de *ciment.* Le ciment fait prise dans l'air et dans l'eau, encore plus rapidement que la chaux hydraulique.

Vicat, qui a découvert la théorie de la solidification de ces matières, a montré qu'on peut préparer artificiellement des chaux hydrauliques et des ciments en mélangeant de la chaux ordinaire avec une quantité convenable d'argile préalablement calcinée.

SELS.

Propriétés générales des sels.

415. — Définition des sels. — Le sel ordinaire, chlorure de sodium, est le corps qui a donné son nom à la famille des sels. On désignait autrefois sous ce nom les corps solides qui possédaient les propriétés les plus importantes du sel marin, savoir : la faculté de cristalliser, la solubilité dans l'eau et la saveur. Ces propriétés sont insuffisantes pour caractériser les sels d'une manière précise. Il est préférable de définir ces corps d'après leur origine et leur composition chimique.

On nomme sels les corps qui peuvent résulter de l'action des acides sur les bases.

Dans certains cas, cette action peut être mise en évidence au moyen de réactifs colorés qui montrent la neutralisation réciproque des propriétés de l'acide et de la base.

Le réactif coloré le plus employé pour cette expérience est la teinture de tournesol. Si l'on dissout dans l'eau 112 grammes de potasse (KHO), on obtient un liquide qui bleuit la teinture de tournesol préalablement rougie par un acide. D'autre part, si l'on prend 98 grammes d'acide sulfurique, dilué dans l'eau, on a un deuxième liquide qui rougit la teinture de tournesol.

Si l'on vient à mélanger ces deux liquides, il se produit une combinaison, manifestée par un grand dégagement de chaleur et le liquide obtenu n'agit plus sur la teinture de tournesol. Les propriétés de l'acide et de la base se sont *neutralisées*. Ils s'est formé un sel neutre, le sulfate de potassium et de l'eau

$$2KHO + H^2SO^4 = K^2SO^4 + H^2O.$$

416. — Sels neutres. — Les sels neutres peuvent souvent se reconnaître au moyen des réactifs colorés, comme la teinture de tournesol. Mais ces réactifs sont insuffisants; ils ne peuvent convenir pour les sels insolubles et il peut arriver d'autre part que les sels eux-mêmes exercent une action sur le réactif coloré, différente de l'action de l'acide ou de la base.

Tous les sels neutres aux réactifs colorés ont une composition telle qu'ils *résultent de la substitution du métal à la totalité de l'hydrogène de l'acide.*

C'est cette composition qui définit les sels neutres.

417. — Sels acides. — On nomme sels acides, ceux qui résultent de la substitution du métal à une partie seulement de l'hydrogène de l'acide. Ce sont en effet des sels puisqu'ils proviennent de la substitution d'un métal à l'hydrogène d'un acide; ce sont aussi des acides puisqu'ils renferment encore de l'hydrogène basique, c'est-à-dire pouvant être remplacé par un métal. Ainsi l'acide orthophosphorique, H^3PO^4 donne avec le potassium trois sels: K^3PO^4, K^2HPO^4 et KH^2PO^4. Le premier est l'orthophosphate neutre, les deux autres sont des orthophosphates acides.

418. — Sels basiques. — Les sels basiques sont ceux qui résultent de la combinaison d'un acide avec une quantité de base plus grande que celle qui correspond à la formation du sel neutre. Ce sont en effet des sels puisqu'ils proviennent de l'action d'un acide sur une base et des bases puisqu'ils peuvent réagir sur une nouvelle quantité d'acide pour former un nouveau sel.

Exemple

$$Pb(HO)^2 + HAzO^3 = H^2O + Pb\ HOAzO^3.$$

$Pb\ HOAzO^3$ sera un azotate basique de plomb car

$$PbHOAzO^3 + HAzO^3 = H^2O + Pb\ (AzO^3)^2.$$

419. — **Action de la chaleur.** — Un assez grand nombre de sels anhydres sont décomposés à une température plus ou moins élevée. Ils tendent à donner l'anhydride et l'oxyde basique. Si ces deux corps sont décomposables à la température à laquelle on opère, on obtient les éléments de la décomposition.

420. — **Action des métaux.** — Un grand nombre de métaux décomposent les sels d'autres métaux. Il se produit un phénomène de substitution. En général, un métal déplace un autre métal s'il est plus facilement oxydable que lui ou plutôt si la substitution est accompagnée d'un dégagement de chaleur.

Exemples. — Une lame de fer plongée dans une dissolution de sulfate de cuivre se dissout tandis que le cuivre se dépose.

$$Fe + CuSO^4 = FeSO^4 + Cu$$

Une lame de cuivre plongée dans une dissolution d'azotate d'argent déplace l'argent.

$$Cu + 2AgAzO^3 = Ag^2 + Cu\ (AzO^3)^2$$

Les poids des métaux qui se substituent ainsi les uns aux autres dans les sels sont *équivalents*. On les nomme équivalents des métaux. La réaction précédente montre que si l'équivalent du cuivre égale son poids atomique, l'équivalent de l'argent est double du poids atomique. Il en serait de même pour les autres métaux monovalents comme le potassium et le sodium. On prend d'habitude pour équivalents des métaux monovalents les poids atomiques. Les métaux divalents ont alors un équivalent égal à la moitié de leur poids atomique.

421. — Action des courants électriques. — Les sels préalablement amenés à l'état liquide, c'est-à-dire dissous ou fondus, sont décomposés par les courants électriques. Ils sont partagés en deux parties : le métal qui est mis en liberté à l'électrode négative et les autres éléments qui sont mis en liberté à l'électrode positive. Pour les sels des hydracides, cette dernière partie est formée par un corps simple, un métalloïde.

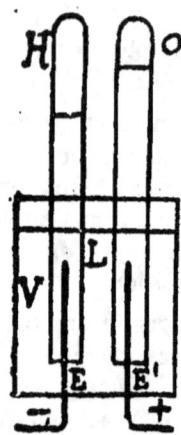

Fig. 165. — Voltamètre.

Si l'on fait passer un courant électrique dans du chlorure de magnésium fondu, on obtient à l'électrode négative du magnésium et à l'électrode positive du chlore.

$$MgCl^2 = Mg + Cl^2$$

Pour les sels des oxacides on obtient à l'électrode positive un groupe de deux éléments. Ce groupe n'existant pas à l'état de liberté se désagrège et donne au contact de l'eau : de l'acide avec dégagement d'oxygène.

$$CuSO^4 = Cu + SO^4$$
$$SO^4 + H^2O = H^2SO^4 + O$$

Lorsqu'on décompose plusieurs sels au moyen du même courant les poids des différents métaux obtenus dans le même temps sont proportionnels à leurs *équivalents*.

422. — Action de l'eau. — Lorsqu'on met un sel au contact de l'eau, on observe presque toujours une dissolution plus ou moins rapide. Quelquefois, ce phénomène physique de la dissolution se produit seul.

C'est ce qui arrive par exemple avec le sel marin. Il y a dissolution pure et simple suivant les lois ordinaires de ce phénomène.

Dans un grand nombre de cas l'action de l'eau est plus complexe. Si l'on fait cristalliser la dissolution d'un sel et si l'on analyse les cristaux obtenus, on observe presque toujours que ceux-ci contiennent une certaine quantité d'eau.

Ainsi la formule du phosphate de soude du commerce est

$$Na^2HPO^4 + 12H^2O,$$

l'alun ordinaire a pour composition

$$K^2SO^4 + Al^2(SO^4)^3 + 24H^2O,$$

le carbonate de soude

$$Na^2CO^3 + 10H^2O.$$

L'eau qui entre ainsi dans la composition des sels cristallisés se nomme *eau de cristallisation*. Elle agit en effet sur la forme cristalline.

Un certain nombre de sels peuvent former avec l'eau plusieurs combinaisons différentes. Dans ce cas, on observe que ces différents composés présentent des formes cristallines différentes. L'eau de cristallisation ne fait pas partie intégrante du sel ; elle ne modifie pas ses propriétés chimiques. De plus, les sels chauffés perdent facilement leur eau de cristallisation. Un certain nombre de sels très solubles peuvent même se dissoudre dans cette eau de cristallisation et éprouvent à basse température une fusion apparente. C'est ce qu'on nomme la fusion *aqueuse*. L'eau de cristallisation se vaporise peu à peu si l'on continue à chauffer et l'on retrouve le sel anhydre à l'état solide. Il faut alors élever considérablement la température si l'on veut obtenir la fusion véritable du sel anhydre ou fusion *ignée*.

Un grand nombre de sels doivent leur coloration à l'eau de cristallisation qu'ils contiennent.

Le sulfate de cuivre cristallisé est d'un bleu intense. Ses cristaux ont pour formule

$$CuSO^4 + 5H^2O.$$

Si l'on chauffe ce sel un peu au-dessus de 100° il perd les molécules d'eau de cristallisation qu'il contenait et devient blanc. Le sulfate de cuivre anhydre mis au contact de l'eau reprend immédiatement son eau de cristallisation et redevient bleu.

Si l'on introduit un cristal vert-clair de sulfate ferreux dans l'acide sulfurique concentré, il flotte à la surface du liquide. Peu à peu on voit le cristal blanchir par suite de l'absorption de son eau de cristallisation par l'acide sulfurique et, comme la densité du sulfate anhydre est plus grande que celle de l'acide sulfurique, au bout de quelque temps, le cristal tombe au fond du liquide.

Lorsqu'un sel anhydre est mis au contact de l'eau, il se produit donc en général un double phénomène :

1° — Combinaison avec l'eau de cristallisation, phénomène chimique correspondant à un dégagement de chaleur ;

2° — Dissolution du sel hydraté, phénomène physique correspondant au contraire à une absorption de chaleur.

428. — *Dissolution.* — La dissolution des sels est mesurée par leur *coefficient de solubilité.* On définit ainsi le rapport du poids du sel dissous au poids du dissolvant, lorsque la dissolution est saturée. Ce coefficient croît ordinairement avec la température.

On peut représenter les résultats obtenus en étudiant la solubilité des sels dans l'eau au moyen des *courbes de solubilité.* On obtient ces courbes en portant sur une ligne horizontale des longueurs proportion-

nelles à la température et en élevant des lignes verti-
cales sur lesquelles on porte des longueurs propor-
tionnelles aux coefficients de solubilité. On joint ensuite
les différents points obtenus par un trait continu.

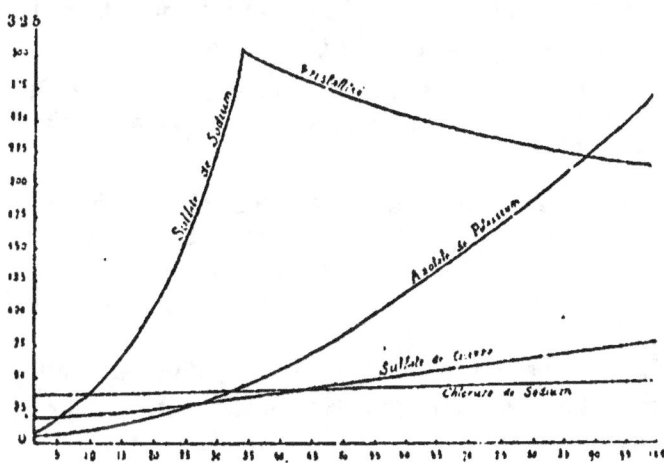

Fig. 166. — Courbes de solubilité.

424. — *Sels efflorescents et déliquescents*. — Certains sels abandonnent leur eau de cristallisation
à la température ordinaire. Leur surface perd peu à
peu sa transparence en se transformant en une poussière blanche de sel anhydre. On dit que le sel s'*effleurit*
et qu'il est *efflorescent*. Le carbonate de sodium
ordinaire est dans ce cas.

D'autres sels possèdent au contraire la propriété
d'absorber la vapeur d'eau de l'atmosphère. Leur
surface devient humide, et ils se dissolvent peu à peu
dans l'eau qu'ils ont absorbée. Ce sont les sels
déliquescents.

425. — *Décomposition des sels par l'eau*. — Un
certain nombre de sels sont décomposés par l'eau;

une partie de l'acide est mise en liberté et il se forme
un nouveau sel.

Exemple. — L'azotate de bismuth $Bi\,(AzO^3)^3$ donne
au contact de l'eau de l'acide azotique et un nouvel
azotate insoluble, le sous-nitrate de bismuth $BiAzO^4$.

$$Bi\,(AzO^3)^3 + H^2O = BiAzO^4 + 2\,HAzO^3$$

Cette décomposition est limitée, elle cesse lorsque
le liquide contient une quantité déterminée d'acide
azotique libre.

426. — Actions mutuelles des sels. — Lorsque
deux sels sont en présence il se produit toujours un
échange des acides et des bases (*double décomposition*) qui conduit, en général, à un équilibre chimique entre quatre sels.

La composition du mélange en équilibre dépend :

1° — De la nature des acides et des bases en présence ;

2° — Des poids relatifs des éléments ;

3° — De la température.

Ainsi, quand on verse une solution de sulfate de
potassium dans une solution d'azotate de sodium,
il se produit partiellement *l'action directe.*

$$K^2SO^4 + 2\,NaAzO^3 = Na^2SO^4 + 2\,K\,AzO^3$$

Réciproquement, *l'action inverse*

$$Na^2SO^4 + 2\,K\,AzO^3 = K^2SO^4 + 2\,Na\,AzO^3$$

se produirait partiellement entre des solutions de
sulfate de sodium et d'azotate de potassium.

Les deux réactions réciproques pouvant se produire
dans les mêmes conditions sont, toutes deux, seulement partielles.

Elles sont limitées à un état d'équilibre chimique
qui se produit lorsque la liqueur a une certaine
composition.

Quel que soit le couple de sels employé, on arrive toujours à un mélange de même composition pourvu que les poids relatifs des éléments et la température soient les mêmes.

La double décomposition ne se signale par rien dans l'expérience précédente ; elle devient au contraire apparente si l'un des nouveaux sels possède, par exemple, une couleur différente.

Mélangeons une dissolution (incolore) d'oxalate de potassium avec une solution (légèrement verte) de sulfate ferreux ; le liquide prend aussitôt une couleur jaune-rouge intense qui caractérise l'apparition dans la liqueur de l'oxalate ferreux

$$K^2C^2O^4 + Fe\ SO^4 = K^2SO^4 + Fe\ C^2O^4.$$

La double décomposition entre deux sels sera ainsi toujours limitée à un équilibre chimique lorsque les nouveaux sels resteront en présence, dans des conditions favorables à la production de la réaction réciproque.

Il est facile de prévoir que la double décomposition sera complète au contraire si, pour une raison quelconque, la réaction réciproque est impossible dans les conditions de l'expérience. C'est ce qui arrivera lorsque, par exemple, l'un des nouveaux sels disparaît en raison d'une de ses propriétés physiques. Il disparaîtra, dans une réaction par voie humide, s'il est insoluble dans la liqueur. Il disparaîtra encore, s'il est volatil dans les conditions de l'expérience.

Ces doubles décompositions complètes, souvent utilisées dans le cours, ont été signalées dès le commencement du siècle par Berthollet ; nous y retrouverons le principe d'un grand nombre des préparations que nous avons étudiées.

427. — Loi de Berthollet. — *Lorsque l'échange des acides et des bases de deux sels peut donner nais-*

sance à un sel nouveau capable de disparaître (insoluble ou volatil), *la double décomposition est complète.*

Les considérations précédentes sont également applicables à l'action d'un acide et d'une base sur un sel.

Exemples.

1° — Mélangeons des solutions de sulfate de cuivre et de carbonate de potassium.

$$CuSO^4 + K^2CO^3 = K^2SO^4 + CuCO^3.$$

Le carbonate de cuivre insoluble se précipite (préparation de ce sel).

2° — Chauffons un mélange de sulfate de mercure et de chlorure de sodium.

$$HgSO^4 + 2NaCl = Na^2SO^4 + HgCl^2$$

Le chlorure de mercure volatil se dégage (préparation de ce sel).

3° — Ajoutons de l'acide sulfurique à une solution de silicate de sodium

$$H^2SO^4 + Na^2SiO^3 = Na^2SO^4 + H^2SiO^3.$$

l'acide silicique insoluble se précipite (préparation de cet acide) (352).

4° — Versons de l'acide sulfurique dans une solution de chlorate de baryum

$$H^2SO^4 + Ba (ClO^3)^2 = 2 HClO^3 + BaSO^4$$

Le sulfate de baryum insoluble se précipite et l'acide chlorique reste seul dans la liqueur (préparation de l'acide chlorique);

5° — Chauffons l'acide sulfurique avec de l'azotate de sodium

$$H^2SO^4 + 2 NaAzO^3 = Na^2SO^4 + 2 (HAzO^3)$$

L'acide azotique volatil se dégage (préparation de cet acide) (248).

6° — Versons une solution de potasse dans une solution de sulfate ferreux

$$2 KHO + Fe SO^4 = K^2SO^4 + Fe (HO)^2$$

L'hydrate ferreux insoluble se précipite (préparation de ce corps) **(405)**.

7° — Mettons de la chaux dans une solution étendue de carbonate de potassium.

$$Ca\,(HO)^2 + K^2CO^3 = 2\,KHO + Ca\,CO^3.$$

Le carbonate de calcium insoluble se précipite et la potasse reste seule dans la liqueur (préparation de la potasse) **(407)**.

8° — Chauffons de la chaux avec du sulfate d'ammonium

$$Ca\,(HO)^2 + (Az\,H^4)^2\,SO^4 = Ca\,SO^4 + 2\,H^2O + 2AzH^3$$

Le gaz ammoniac se dégage (préparation de ce gaz) **(217)**.

428. — Production. — On peut obtenir les sels de plusieurs manières, parmi lesquelles :

1° — *Action directe d'un acide sur un métal.* Il y a alors substitution du métal à l'hydrogène de l'acide. L'hydrogène est mis en liberté. Si, dans les conditions de l'expérience, il ne réagit pas sur l'acide, il se dégage ;

$$Zn + H^2SO^4 = ZnSO^4 + H^2$$
$$Zn + 2\,HCl = ZnCl^2 + H^2$$

sinon, il peut donner lieu à des réactions secondaires.

$$Cu + 2H^2SO^4 = CuSO^4 + SO^2 + H^2O.$$

2° — *Action directe d'un acide sur une base* ou sur un oxyde basique. Il y a alors production d'un sel et d'eau.

$$KHO + HAzO^3 = KAzO^3 + H^2O$$
$$CaO + 2HCl = CaCl^2 + H^2O.$$

3° — *Union directe d'un anhydride et d'un oxyde basique.* Il y a production d'un sel par l'addition pure et simple des deux corps.

$$BaO + SO^3 = BaSO^4$$
$$CaO + CO^2 = CaCO^3.$$

PRINCIPAUX GENRES DE SELS

Les sels du même genre sont ceux qui correspondent au même acide.

SULFURES.

429. — Propriétés physiques — Les sulfures sont des corps solides ordinairement insolubles dans l'eau. Seuls les sulfures des métaux alcalins et alcalino-terreux sont solubles. Les sulfures sont ordinairement colorés, quelques-uns sont utilisés comme matières colorantes (sulfure de cadmium, sulfure de mercure). Beaucoup de sulfures sont fusibles, le sulfure de mercure est volatil.

430. — Propriétés chimiques. — *Action de la chaleur.* — La chaleur décompose partiellement un certain nombre de sulfures. On observe comme pour les oxydes qu'il existe, en général, pour chaque température un sulfure plus stable qui tend à se former.

$$3FeS^2 = Fe^3S^4 + S^2$$

431. — *Action de l'oxygène.* — Beaucoup de sulfures brûlent dans l'oxygène. On peut obtenir l'oxydation du soufre et du métal.

Si à la température à laquelle a lieu la combustion, le sulfate du métal n'est pas décomposable, on obtient ce sulfate.

$$BaS + 2O^2 = BaSO^4$$

Si à cette température le sulfate est décomposé, il se produit de l'anhydride sulfureux et un oxyde. Enfin si l'oxyde est lui-même décomposé on obtient le métal.

$$HgS + O^2 = Hg + SO^2$$

Cette combustion des sulfures est une des opérations les plus importantes de la métallurgie : on la nomme *grillage*.

432. — *Action de l'hydrogène et du charbon.* — Ces corps décomposent quelques sulfures en donnant de l'acide sulfhydrique ou du sulfure de carbone et en laissant le métal.

433. — *Action des acides.* — L'acide sulfhydrique étant volatil est déplacé par les acides fixes suivant la loi de Berthollet **(180)**.

$$FeS + H^2SO^4 = FeSO^4 + H^2S$$

434. — SULFHYDRATES. — La molécule d'acide sulfhydrique contient deux atomes d'hydrogène pouvant être remplacés par un métal. Les métaux monovalents donnent deux sulfures, un sulfure acide ou sulfhydrate et un sulfure neutre. Lorsqu'on fait passer jusqu'à refus de l'acide sulfhydrique dans une dissolution de potasse, on obtient le sulfhydrate

$$H^2 S + KHO = KHS + H^2O.$$

Si l'on ajoute au sulfhydrate une quantité de potasse égale à celle qui a été employée, on obtient le sulfure

$$KHS + KHO = K^2S + H^2O.$$

435. — SULFURES DOUBLES. — Les sulfures peuvent se combiner entre eux pour former des sels doubles. Les sulfures de potassium et d'ammonium forment ainsi des combinaisons avec les sulfures d'or et de platine.

436. — *Caractères.* — Les sulfures dégagent du gaz sulfhydrique au contact des acides.

437. — **Etat naturel.** — Les sulfures naturels sont assez nombreux. Leur importance est considérable car ils constituent les minerais d'un grand nombre de métaux tels que le plomb (galène), le cuivre (chalkopyrite), le mercure (cinabre), l'argent (argyrose), le zinc (blende), etc. Les sulfures de fer ou pyrites sont très communs; ils ne sont pas employés comme minerais de fer mais ils peuvent servir à l'extraction du soufre.

438. Préparation. — 1° — *Combinaison directe du soufre avec le métal.*

On prépare ainsi le protosulfure de fer, le sulfure de mercure.

2° — *Action du soufre sur l'oxyde.* — On obtient des polysulfures de calcium en faisant bouillir du soufre avec un lait de chaux.

3° — *Décomposition des sulfates par le charbon.* — On prépare les sulfures de baryum et de calcium en chauffant au rouge un mélange de sulfate de baryum ou de calcium et de charbon.

$$BaSO^4 + 2C^2 = 4CO + BaS$$

4° — *Action de l'acide sulfhydrique sur le métal ou sur la base.* — Les sulfures de potassium, de sodium, d'ammonium s'obtiennent en faisant agir l'acide sulfhydrique sur la potasse, la soude ou l'ammoniaque en dissolution.

5° — *Précipitation d'un sel par l'acide sulfhydrique ou les sulfures solubles.* — On prépare ainsi les sulfures insolubles, d'après la loi de Berthollet.

$$CuSO^4 + H^2S = CuS + H^2SO^4$$
$$ZnSO^4 + K^2S = ZnS + K^2SO^4$$

439. —Usages. — La pyrite de fer est employée pour former de l'anhydride sulfureux dans la fabrication de l'acide sulfurique. On emploie les sulfures de cadmium et de mercure comme matières colorantes. La plupart des sulfures naturels sont utilisés comme minerais.

CHLORURES.

440. — Propriétés physiques. — Les chlorures sont solides à la température ordinaire. Ils sont fusibles et volatils. La volatilité est d'autant plus grande que la quantité de chlore est plus considérable.

Les chlorures sont ordinairement solubles dans l'eau. Le chlorure de plomb est peu soluble. Les seuls chlorures insolubles sont le chlorure mercureux, le chlorure cuivreux et le chlorure d'argent.

441. — Propriétés chimiques. — *Action de la chaleur.* — Les chlorures sont des composés très stables, ordinairement indécomposables par la chaleur. Il n'y a que les chlorures des métaux difficilement attaquables comme l'or et le platine qui soient décomposés.

442. — *Action de l'hydrogène.* — L'hydrogène réduit un grand nombre de chlorures en donnant le métal avec dégagement d'acide chlorhydrique

$$AgCl + H = Ag + HCl$$

Les chlorures des trois premières familles sont irréductibles par l'hydrogène.

443. — CHLORURES DOUBLES. — Les chlorures peuvent se combiner entre eux pour former des chlorures doubles. Si l'on verse une dissolution de chlorure de platine dans une dissolution de chlorure de potassium, il se forme un précipité jaune qui est une combinaison de chlorure de platine et de chlorure de potassium.

444. — *Caractères.* — On reconnaît les chlorures au dégagement d'acide chlorhydrique qu'ils donnent en présence des acides fixes. Les chlorures dissous donnent avec l'azotate d'argent un précipité blanc de chlorure d'argent facile à caractériser. Ce précipité est soluble dans l'ammoniaque et dans l'hyposulfite de soude. Il noircit à la lumière.

445. — État naturel. — Le chlorure de sodium ou sel marin est le chlorure le plus commun. On trouve également dans la nature les chlorures de potassium et de magnésium. Le chlorure d'argent est un des minerais de ce métal.

446. — Préparation. — 1° — *Action directe du chlore sur le métal.* — On prépare ainsi le chlorure d'étain, le perchlorure de fer, etc.

$$2Fe + 3Cl^2 = Fe^2Cl^6.$$

2° — *Action de l'acide chlorhydrique sur le métal, l'oxyde ou un sel.* — On peut préparer de cette manière un grand nombre de chlorures. Lorsque le métal peut donner un protochlorure et un perchlorure, c'est le protochlorure qu'on obtient ordinairement en faisant agir l'acide chlorhydrique, tandis que l'action du chlore donne le perchlorure.

$$Fe + 2HCl = FeCl^2 + H^2$$

On prépare de même : le chlorure par l'action de l'acide chlorhydrique sur le protoxyde de plomb, le chlorure de calcium par l'action du même acide sur le carbonate de calcium, le chlorure d'antimoine par son action sur le sulfure d'antimoine.

3° — *Dissolution du métal dans l'eau régale.* — C'est ainsi qu'on prépare les chlorures d'or et de platine.

4° — *Double décomposition entre un chlorure et un sel.* — Ce procédé s'applique lorsqu'on veut obtenir un chlorure volatil ou un chlorure insoluble.

$$HgSO^4 + 2NaCl = HgCl^2 + Na^2SO^4.$$
$$AgAzO^3 + NaCl = AgCl + NaAzO^3.$$

5° — *Action simultanée du chlore et du charbon sur l'oxyde.* — On prépare le chlorure d'aluminium en faisant passer un courant de chlore sur un mélange d'alumine et de charbon chauffé au rouge.

$$Al^2O^3 + 3Cl^2 + 3C = Al^2Cl^6 + 3CO.$$

447. — **Usages.** — Le chlorure de potassium est employé en agriculture, ainsi que dans la fabrication des sels de potassium. Le chlorure de sodium, en dehors de l'alimentation, est employé à la fabrication de l'acide chlorhydrique, du chlore et des sels de sodium. Les chlorures de baryum, de strontium et de magnésium servent à la préparation du métal. Le chlorure d'argent est employé en photographie.

SEL DE CUISINE. — CHLORURE DE SODIUM.

Le sel marin ou chlorure de sodium est un des corps les plus importants de la nature. Il est indispensable aux hommes et aux animaux.

448. — **Propriétés physiques.** — Le sel marin est un corps solide blanc d'une saveur bien connue. A l'état de pureté, il est parfaitement transparent et diathermane. La solubilité augmente très peu avec la température, aussi ne peut-on le faire cristalliser que par évaporation. Les cristaux sont des cubes généralement groupés en *trémies*. Ils sont anhydres, c'est-à-dire qu'ils ne contiennent pas d'eau de cristallisation.

Le sel projeté sur des charbons ardents décrépite. Ce phénomène est dû à la présence d'une certaine quantité d'eau interposée entre les cristaux. Lorsqu'on chauffe ceux-ci, cette eau se vaporise et la pression fait éclater brusquement les groupes de cristaux.

Le sel marin fond au rouge sans subir de décomposition. Il se vaporise à une température plus élevée.

449. — Propriétés chimiques. — Le sel marin est un composé très stable même aux températures les plus élevées.

Il est attaqué par les acides fixes tels que l'acide sulfurique. Cette réaction est utilisée dans la fabrication du sulfate de soude et de l'acide chlorhydrique (**147**).

$$NaCl + H^2SO^4 = NaHSO^4 + HCl.$$

Il est décomposé au rouge en présence de la silice et de la vapeur d'eau, il se forme de l'acide chlorhydrique et du silicate de sodium.

Cette réaction est utilisée dans l'industrie pour le vernissage des poteries communes. On projette sur les poteries, fortement chauffées dans les fours, du sel marin humide, l'acide chlorhydrique se dégage et le silicate de sodium forme avec l'argile des poteries un vernis vitreux qui les recouvre et les rend imperméables.

450. — Etat naturel. — On trouve le sel dans le sol. Il forme des amas extrêmement étendus et porte alors le nom de *sel gemme*. Il existe dans l'eau de mer, pour 25 à 30 %/₀₀; enfin on le retrouve à l'état de dissolution dans les eaux de certaines sources.

451. — Extraction du sel. — 1° — *Extraction des eaux de la mer.* — L'eau de mer contient environ 40 %/₀₀ de substances salines à l'état de dissolution. Parmi ces substances on trouve en première ligne le chlorure de sodium, puis viennent les sels suivants :

Chlorure de magnésium . . . . . 4 %/₀₀.
Sulfate de magnésium . . . . . . 5 %/₀₀.
Chlorure de potassium. . . . . . 1 %/₀₀.
Sulfate de calcium . . . . 2 %/₀₀.

Enfin, on trouve en outre dans l'eau de mer de petites quantités de sulfate de potassium, de carbonate de calcium, de bromures et iodures de sodium et de magnésium.

Presque tous ces sels ont une solubilité beaucoup plus grande à chaud qu'à froid ; le chlorure de sodium possède au contraire sensiblement la même solubilité à toutes les températures. On conçoit donc qu'on puisse facilement extraire par vaporisation presque à l'état de pureté, la plus grande partie du chlorure de sodium contenu dans l'eau de la mer.

On a pendant longtemps extrait le sel en faisant évaporer l'eau de mer dans de grandes chaudières chauffées au bois. Cette industrie était autrefois très développée sur les côtes de Normandie et de Bretagne. Elle a disparu complètement aujourd'hui par suite de l'augmentation du prix du combustible et de la diminution du prix du sel.

On n'extrait plus aujourd'hui le sel marin que par un seul procédé qui consiste à abandonner l'eau de la mer à l'évaporation spontanée, sous l'action du soleil et du vent. C'est le procédé dit des *marais salants*.

Les marais salants se composent de 3 séries de bassins. Ces bassins sont garnis intérieurement de terre argileuse.

Les bassins de la première série reçoivent directement l'eau de la mer. Là, l'eau s'éclaircit par le repos et devient limpide. Le commencement de l'évaporation est accompagné du dépôt des matières les moins solubles, l'oxyde de fer et le carbonate de calcium.

Les eaux sont ensuite introduites dans les bassins de la 2ᵉ série où l'évaporation continue jusqu'à ce que le sel commence à se déposer.

On fait alors passer les eaux saturées de sel dans

les bassins de la 3ᵉ série (*tables salantes*), plus petits que les précédents, où la cristallisation s'effectue.

Le sel marin commence à se déposer lorsque l'eau marque de 20 à 25° Baumé. Jusqu'à 30° le sel qui se dépose est sensiblement pur. A partir de là, le sulfate de magnésium et le chlorure de magnésium commencent à cristalliser avec le chlorure de sodium. Jusqu'à 32° il s'en dépose cependant assez peu pour que le sel puisse encore être recueilli.

A partir de 32°, le dépôt produit varie avec la température. Ainsi pendant les nuits froides, le sulfate de magnésium relativement peu soluble se dépose, tandis que pendant le jour on a un dépôt complexe contenant beaucoup de chlorure de sodium.

Autrefois les eaux-mères étaient rejetées à la mer. Aujourd'hui on utilise ces eaux pour en extraire les différents sels qu'elles contiennent ainsi que du brome et de l'iode.

Le sel marin obtenu est d'autant plus pur qu'il a été déposé dans des eaux moins concentrées. Le sel de première qualité est celui qu'on recueille au-dessous de 27°B.

Extraction du sel gemme. — Le sel gemme est quelquefois parfaitement pur, transparent et forme des couches compactes. Dans ce cas, on l'exploite comme les roches ordinaires par les procédés usités dans l'exploitation des carrières et des mines.

Le plus souvent le sel gemme est mélangé à de grandes quantités de matières étrangères parmi lesquelles la plus fréquente est l'argile.

Dans ce cas l'extraction se fait par l'intermédiaire de l'eau. On perce des trous de sonde par lesquels on fait arriver au contact de la roche salifère une certaine quantité d'eau qui se sature peu à peu de sel. La dissolution est ensuite remontée à la surface au moyen de pompes et évaporée dans des chaudières.

Sources salées. — La plupart des sources salées contiennent trop peu de sel pour qu'il soit possible de l'extraire économiquement.

CARBONATES

452. — Propriétés. — Les carbonates sont des corps solides fixes. Le carbonate d'ammoniaque seul est volatil.

Ils sont ordinairement insolubles dans l'eau. Les carbonates alcalins seuls sont solubles.

Les carbonates sont, en général, décomposables par la chaleur. On obtient l'oxyde basique et l'anhydride carbonique se dégage.

Les carbonates alcalins ne sont pas décomposables par la chaleur.

Le charbon décompose la plupart des carbonates. Il se dégage de l'oxyde de carbone et il reste le métal

$$KCO^3 + C^2 = 3\,CO + K^2.$$

Il y a exception pour les carbonates alcalino-terreux qui donnent comme résidu l'oxyde basique

$$Ca\,CO^3 + C = Ca\,O + 2\,CO.$$

Les acides décomposent ordinairement les carbonates en donnant un dégagement d'anhydride carbonique

$$CaCO^3 + 2\,HCl = Ca\,Cl^2 + H^2O.$$

Caractères. — On utilise cette propriété pour reconnaître les carbonates. On constate que, traités par un acide fixe, ils font effervescence et dégagent un gaz incolore et inodore qui trouble l'eau de chaux.

453. — État naturel. — On trouve dans la

nature en abondance le carbonate de chaux. On y trouve également les carbonates de baryum, de strontium, de fer, de zinc, de cuivre, etc.

Les carbonates métalliques sont utilisés comme minerais.

454. — Préparation. — La plupart des carbonates étant insolubles, se préparent par double décomposition, d'après la loi de Berthollet. On verse dans une dissolution d'un sel un carbonate alcalin

$$CuSO^4 + Na^2CO^3 = CuCO^3 + Na^2SO^4$$

CARBONATES DE POTASSIUM.

455. — *Carbonate neutre de potassium.* — Le carbonate neutre est un corps solide blanc, donnant des cristaux dont la composition est représentée par la formule.

$$K^2CO^3 + 3H^2O$$

Il a une saveur alcaline et bleuit la teinture de tournesol. Il se dissout dans son poids d'eau à la température ordinaire.

Il est indécomposable par la chaleur.

Il est réduit au rouge par le charbon en donnant de l'oxyde de carbone et du potassium

$$K^2CO^3 + C^2 = 3CO + K^2$$

456. — Préparation. — On désigne dans le commerce sous le nom de potasses, les différentes variétés de carbonate de potasse impur qu'on obtient de diverses manières.

En brûlant les végétaux terrestres, on obtient une cendre contenant une quantité notable de carbonate de potasse. Ces cendres sont lessivées méthodiquement de manière à extraire tous les sels solubles. On fait cristalliser ensuite la dissolution obtenue.

Dans la fabrication du sucre de betteraves, les sels de potassium contenus dans le jus restent dans le résidu nommé *mélasse*. La mélasse abandonnée à la fermentation donne une certaine quantité d'alcool provenant de la transformation du sucre qu'elle contenait. Après distillation du produit fermenté, on obtient un résidu désigné sous le nom de *vinasse*, qui contient une grande quantité de sels de potassium.

Les vinasses sont incinérées dans des fours; on détruit ainsi toutes les matières organiques. On dissout le résidu dans l'eau. Le résidu contient du carbonate, du sulfate et du chlorure de potassium, ainsi que du carbonate de sodium. On sépare ces sels par des cristallisations successives.

On extrait encore du carbonate de potasse des laines en suint et on prépare de la potasse artificielle par un procédé analogue au procédé Leblanc, qui sera décrit plus loin (460).

457. — *Bicarbonate de potassium.* — Le bicarbonate ou carbonate acide de potassium est un sel blanc à réaction alcaline. Il est beaucoup moins soluble dans l'eau que le carbonate neutre.

Il se décompose sous l'action de la chaleur en donnant du carbonate neutre, de l'eau et de l'anhydride carbonique.

$$2KHCO^3 = CO^2 + K^2CO^3 + H^2O$$

On le prépare en faisant passer un courant d'anhydride carbonique dans une dissolution saturée de carbonate neutre de potassium.

Le gaz arrive par un tube large dans un vase contenant la dissolution. Le bicarbonate peu soluble se dispose peu à peu au fond.

CARBONATES DE SODIUM.

458. — *Carbonate neutre de sodium.* — C'est un corps solide, blanc, efflorescent, très soluble dans l'eau.

Il cristallise en prenant 10 molécules d'eau de cristallisation ($Na^2CO^3 + 10H^2O$).

Il est indécomposable par la chaleur et décomposable par le charbon au rouge

$$Na^2CO^3 + C^2 = 3CO + Na^2$$

459. — Préparation. — Le carbonate de soude du commerce se nomme *soude* ou *cristaux de soude*. On distingue suivant l'origine les *soudes naturelles* et les *soudes artificielles*.

On extrait la soude naturelle des cendres des végétaux marins tels que les algues. Ces végétaux sont incinérés, puis les cendres sont lessivées méthodiquement. On purifie le carbonate de soude par cristallisation.

La soude artificielle s'obtient au moyen de deux procédés.

460. — *Procédé Leblanc*. — On chauffe dans un four à réverbère un mélange de sulfate de soude, de craie et de charbon. On chauffe au rouge vif en remuant constamment le mélange. Il se produit du sulfure de calcium, du carbonate de soude, et il se dégage de l'oxyde de carbone.

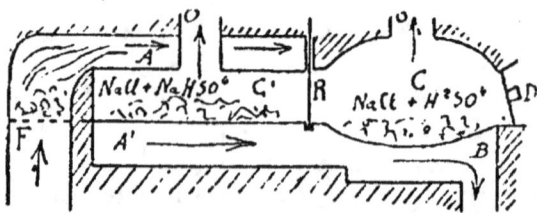

Fig. 167. — Fabrication du sulfate de soude.

$$Na^2SO^4 + CaCO^3 + 2C^2 = 4CO + CaS + Na^2CO^3$$

On fait dissoudre le résidu dans l'eau et on fait cristalliser. Au moyen de plusieurs cristallisations successives, on obtient le carbonate de soude à peu près pur.

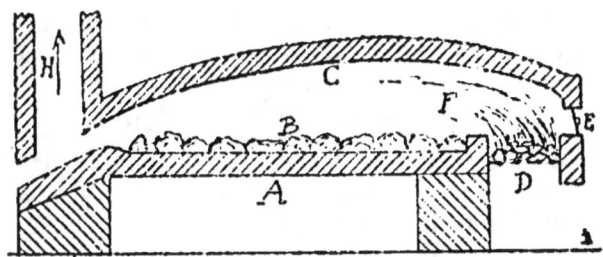

Fig. 168. — Procédé Leblanc. — Four à réverbère pour la production du Na2CO3.

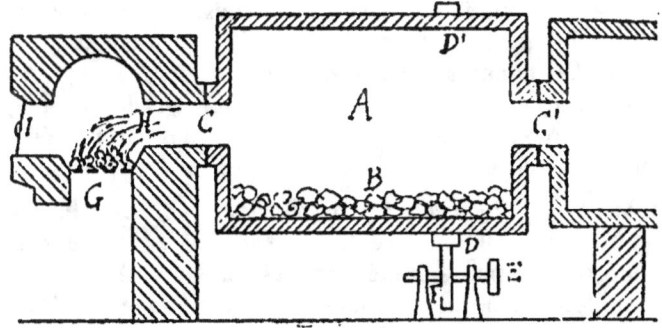

Fig. 169. — Procédé Leblanc. — Four tournant pour la production de Na2 CO3.

461. — *Procédé Solvay*. — Ce procédé imaginé primitivement par MM. Rolland et Schlœsing, est aujourd'hui presque exclusivement employé.

On fait passer un courant de gaz ammoniac puis un courant d'anhydride carbonique dans une dissolution saturée de chlorure de sodium. Il se forme d'abord du bicarbonate d'ammonium qui réagit sur le chlorure de sodium pour donner du bicarbonate de sodium peu soluble qui se dépose et du chlorhydrate d'ammoniaque qui reste en dissolution.

$$NaCl + Az H^4 H CO^3 = Na H CO^3 + Az H^4 Cl.$$

On recueille le bicarbonate de soude et on le calcine. Il perd de l'eau et de l'anhydrique carbonique et se transforme en carbonate neutre.

$$2 Na H CO^3 = Na^2 CO^3 + CO^2 + H^2O.$$

La dissolution de chlorhydrate d'ammoniaque chauffée avec de la chaux donne le gaz ammoniac nécessaire pour une nouvelle opération.

$$2 Az H^4 Cl + CaO = 2 Az H^3 + CaCl + H^2O.$$

La chaux employée dans cette dernière réaction provient d'un four à chaux de forme particulière, disposé de manière à ce qu'on puisse recueillir le gaz carbonique qui se dégage. Ce gaz carbonique est utilisé dans la première réaction.

Théoriquement, les seules matières premières nécessaires à la fabrication de la soude par ce procédé sont : le chlorure de sodium et le carbonate de chaux.

462. — *Bicarbonate de sodium.* — Le bicarbonate ou carbonate acide de sodium est un corps solide blanc, peu soluble dans l'eau, surtout à froid. Il se décompose sous l'action de la chaleur en donnant de l'eau, de l'anhydride carbonique et du carbonate neutre de sodium.

On le prépare comme le bicarbonate de potasse, en faisant passer un courant d'anhydride carbonique dans une dissolution saturée de carbonate neutre de sodium.

463. — **Usages.** — Les carbonates de potasse et de soude sont très employés dans l'industrie; on les emploie dans la fabrication des savons, des chlorures décolorants, du verre, dans la teinture, etc.

Les bicarbonates sont utilisés en médecine.

CARBONATE DE CALCIUM.

464. — Propriétés. — C'est un corps solide blanc, dimorphe. Il peut cristalliser soit dans le 4ᵉ système cristallin (spath d'Islande), soit dans le 3ᵉ système (aragonite). Il est insoluble dans l'eau pure, mais il se dissout dans l'eau chargée d'acide carbonique. L'eau contenant ainsi du carbonate de chaux en dissolution se trouble quand on la chauffe. Le gaz carbonique se dégage et le carbonate de chaux se précipite.

C'est à une action du même genre que sont dues les propriétés des eaux dites *incrustantes*. Ces eaux contiennent une grande quantité d'acide carbonique qu'elles ont dissous dans l'intérieur du sol. Elles ont pu dissoudre en même temps d'assez grandes quantités de carbonate de chaux. Lorsqu'elles arrivent à la surface du sol, elles contiennent un excès de gaz carbonique. La pression nécessaire pour maintenir la dissolution n'existant plus, le gaz se dégage, et le carbonate de chaux se dépose. Ce dépôt s'effectue avec une plus grande facilité sur la surface des objets qu'on plonge dans ces eaux. La couche d'air adhérente à la surface de ces objets facilite le dégagement du gaz carbonique et détermine la production d'un dépôt compact de carbonate de chaux. Une des plus célèbres de ces *sources pétrifiantes* est la fontaine de Saint-Allyre à Clermont-Ferrand. C'est encore une action de même nature qui produit dans les grottes les *stalactites* et les *stalagmites*.

Le carbonate de chaux est décomposé sous l'action de la chaleur en chaux et anhydride carbonique.

465. — État naturel. — Le carbonate de chaux est extrêmement répandu dans la nature. Les principales variétés sont :

Le *spath d'Islande*, variété très pure, transparente, cristallisée en rhomboïdres.

L'*aragonite*, cristallisée en prismes orthorhombiques.

Le *marbre*, qui possède aussi une structure cristalline. Il existe des marbres blancs; d'autres sont colorés par des matières étrangères disséminées souvent de manière à former des veines irrégulières.

L'*albâtre* est une variété translucide.

Le *calcaire*, ou pierre à bâtir.

La *craie* est un calcaire très blanc, friable, formé par l'agglomération des têts d'animaux microscopiques fossiles.

SULFATES

466. — **Propriétés.** — Les sulfates sont solides; presque tous sont solubles dans l'eau. Le sulfate de baryum est insoluble, le sulfate de plomb très peu soluble.

On peut obtenir des sulfates neutres ($K^2 SO^4$), des sulfates acides ($KHSO^4$) et des pyrosulfates ($K^2 S^2 O^7$).

Les sulfates sont décomposables par la chaleur. Si la décomposition a lieu à basse température, on obtient l'oxyde et de l'anhydride sulfurique

$$Fe^2 (SO^4)^3 = Fe^2 O^3 + 3SO^3$$

A une température plus élevée il se dégage un mélange d'oxygène et d'anhydride sulfureux.

Si l'oxyde est lui-même décomposable par la chaleur, il reste le métal.

$$Ag^2 SO^4 = SO^3 + O^2 + Ag^2.$$

Enfin si l'oxyde est susceptible de se suroxyder, il se forme un peroxyde.

$$2FeSO^4 = Fe^2 O^3 + SO^3 + SO^2$$

Les sulfates sont réductibles par le charbon. A basse température, on obtient de l'anhydride carbonique, de l'anhydride sulfureux et le métal ou l'oxyde suivant que ce dernier est plus ou moins facilement réductible par le charbon

$$CuSO^4 + C = SO^2 + CO^2 + Cu.$$

A une température plus élevée on obtient de l'oxyde de carbone au lieu d'anhydride carbonique.

Les sulfates très difficilement réductibles sont transformés en sulfures avec dégagement d'oxyde de carbone.

$$Ba\ SO^4 + 2C^2 = BaS + 4CO.$$

467. — *Caractères.* — On reconnaît les sulfates en ajoutant à leur solution du chlorure de baryum, qui donne un précipité blanc de sulfate de baryum, insoluble dans tous les réactifs.

468. — **Etat naturel.** — On trouve dans la nature en abondance le sulfate de calcium (gypse ou pierre à plâtre), les sulfates de baryum et de strontium, les sulfates de magnésium, d'aluminium, etc.

469. — **Préparation.** — On obtient certains sulfates par le grillage de sulfures naturels (sulfates de fer et de cuivre).

On peut faire agir l'acide sulfurique sur le métal (sulfates de fer et de zinc) ou sur l'oxyde métallique ou sur un sel du métal à acide volatil (sulfate de soude).

Les sulfates peu solubles ou insolubles se préparent par double décomposition, suivant la loi de Berthollet, en mélangeant une dissolution d'un sel du métal dont on veut préparer le sulfate et une dissolution d'un sulfate alcalin (sulfates de plomb, de baryum et d'argent, sulfate mercureux).

470. — **Usages.** — Le gypse est employé à la fabrication du plâtre. C'est un sulfate de chaux hydraté

Buguet. — 19.

($Ca\ SO^4 + 2H^2O$). Calciné modérément, il perd de son
eau de cristallisation et devient du plâtre. Le plâtre
gâché avec de l'eau reproduit peu à peu la pierre
primitive. C'est ainsi qu'il *fait prise*.

Les sulfates de potasse et de soude sont employés
dans la fabrication des potasses et soudes artificielles.
Le sulfate d'ammoniaque est un engrais puissant. Les
sulfates de fer, de cuivre et de zinc sont employés
comme antiseptiques.

ALUNS.

471. — On désigne sous le nom d'aluns des sulfates doubles. Le principal, l'alun ordinaire, a pour
formule :

$$K^2 SO^4,\ Al^2\ (SO^4)^3 + 24\ H^2 O.$$

Le potassium est susceptible d'être remplacé par du
sodium, de l'ammonium, du thallium. Le fer peut
être remplacé par du chrome, du manganèse. Enfin
le soufre peut être remplacé par du sélénium. On
obtient ainsi les différents aluns. Tous ces sels cristallisent avec 24 molécules d'eau et sont tous isomorphes.

472. — **Alun ordinaire.** — C'est un corps solide
blanc, cristallisant dans le système régulier avec la
plus grande facilité, car il est très soluble dans l'eau
à chaud et peu soluble à froid. Il cristallise en octaèdres
réguliers dans les liqueurs acides. En présence d'un
excès d'alumine, il cristallise en cubes. Lorsqu'on
chauffe l'alun, il subit d'abord la fusion aqueuse, puis
l'eau de cristallisation s'évapore peu à peu. Il reste
dans le creuset une masse blanche, boursouflée, très
friable, c'est l'alun *calciné*.

L'alun calciné se dissout lentement dans l'eau
froide et reprend 24 molécules d'eau en cristallisant.

Préparation. — On obtient l'alun ordinaire en

mélangeant deux dissolutions de sulfate d'aluminium et de sulfate de potassium.

L'alun moins soluble que ces deux sels cristallise peu à peu.

Dans l'industrie, on obtient l'alun de diverses manières. La variété dite *alun de Rome* s'obtient par le traitement d'une roche nommée *alunite*, qu'on trouve aux environs de Rome. Cette roche, légèrement calcinée et traitée par l'eau, se dédouble en alun qui se dissout et en alumine hydratée insoluble. L'alun ainsi obtenu cristallise en cubes.

On peut utiliser l'excès d'alumine en ajoutant de l'acide sulfurique et du sulfate de potassium.

On prépare de grandes quantités d'alun en grillant à l'air des schistes pyriteux et en les laissant ensuite s'oxyder lentement. Il se forme du sulfate de fer et du sulfate d'aluminium. On sépare les deux sulfates par cristallisation et on ajoute au sulfate d'aluminium du sulfate de potassium.

On obtient également du sulfate d'aluminium en traitant par l'acide sulfurique certaines variétés d'argile très pures. Il se forme du sulfate d'aluminium et de la silice insoluble. Il suffit d'ajouter du sulfate de potassium et de faire cristalliser pour obtenir de l'alun.

L'alun est très employé dans l'industrie. On s'en sert dans la teinture, le tannage des peaux, la fabrication du papier. On l'utilise également en médecine.

AZOTATES

473. — Propriétés. — Les azotates sont des corps solides; ils sont tous solubles dans l'eau.

Tous les azotates sont décomposables par la

chaleur; les plus stables sont les azotates alcalins et l'azotate d'argent. Ces derniers sels fondent au rouge sans subir de décomposition.

Les azotates alcalins se décomposent en donnant d'abord de l'oxygène et un azotite; à une température plus élevée, on obtient de l'azote, de l'oxygène et l'oxyde. Les azotates métalliques donnent l'oxyde avec dégagement d'oxygène et de bioxyde ou de peroxyde d'azote.

Les azotates se comportent dans les réactions chimiques comme des corps oxydants.

474. — *Caractères.* — Les azotates *fusent* sur les charbons ardents. L'oxygène provenant de leur décomposition produit en effet une combustion beaucoup plus vive du charbon.

On peut reconnaître les azotates en petite quantité, en les chauffant avec un peu d'acide sulfurique et un fragment de cuivre. Il se produit un dégagement de vapeurs rutilantes.

475. — **Etat naturel.** — On trouve au Chili, au Pérou et en Bolivie d'importants gisements d'azotate de sodium. Les azotates de potassium et de calcium se produisent constamment dans le sol, dans le phénomène de la *nitrification*.

Les autres azotates s'obtiennent en faisant agir l'acide azotique, sur le métal ou sur l'oxyde ou sur un sulfure ou un carbonate.

AZOTATE DE POTASSIUM.

476. — **Propriétés.** — C'est un corps solide blanc, formant des cristaux anhydres, peu solubles dans l'eau froide, beaucoup plus solubles dans l'eau chaude.

Le salpêtre peut être fondu sans décomposition. A une température plus élevée, il se décompose.

Mélangé avec des corps combustibles, comme le

soufre et le charbon, il forme des poudres brûlant avec une grande rapidité. Cette propriété est utilisée dans la fabrication de la poudre.

Il est directement assimilable par les plantes. C'est sous cette forme que les végétaux absorbent la plus grande partie de l'azote qui leur est nécessaire.

477.— État naturel. — Production. — Les matières organiques azotées enfouies dans le sol éprouvent une première fermentation qui transforme l'azote en ammoniaque. L'azote ammoniacal éprouve à son tour une nouvelle fermentation dans laquelle il fixe l'oxygène de l'air pour se transformer en acide azotique. Cet acide, en présence de la potasse et de la chaux qui se trouvent en abondance dans la terre arable, donne naissance à des azotates de potassium et de calcium.

Ces différentes transformations constituent le phénomène de la nitrification.

Dans l'Inde, pendant la saison chaude, cette nitrification s'effectue avec une grande rapidité et le sol se charge d'un grande quantité de salpêtre. L'eau qui pénètre le sol se sature ainsi d'azotate. Elle arrive par capillarité jusqu'à la surface et s'évapore.

Le salpêtre se dépose sous forme d'efflorescences blanches. On recueille la couche superficielle, on la traite par l'eau qui dissout le salpêtre et on fait cristalliser. On obtient ainsi le *salpêtre brut de l'Inde*.

On peut reproduire artificiellement tous ces phénomènes. Il suffit de construire des talus en terre légère dans laquelle on introduit des matières organiques azotées telles que du fumier et des débris animaux. On ajoute du carbonate de potasse et l'on arrose avec de l'eau et de l'urine putréfiée. La face des talus exposée au soleil ne tarde pas à se recouvrir d'efflorescences blanches de salpêtre. C'est ce qu'on nomme les *nitrières artificielles*.

On peut transformer aisément en azotate de potas-

sium l'azotate de sodium que l'on trouve en abondance au Chili et au Pérou.

Dans une chaudière en cuivre on fait dissoudre
à chaud de l'azotate de sodium et du chlorure de
potassium. Il se forme immédiatement, par double
décomposition partielle, quatre sels : les azotates de
sodium et de potassium et les chlorures des mêmes
métaux. Lorsqu'on fait évaporer le dissolvant, le
chlorure de sodium relativement peu soluble à chaud
se dépose. On l'enlève au fur et à mesure de sa
cristallisation. A la formation de chaque molécule
de chlorure de sodium correspond la formation d'une
molécule d'azotate de potassium.

Le liquide se charge donc ainsi d'une grande
quantité de salpêtre

$$Na\,Az O^3 + KCl = NaCl + KAzO^3$$

On laisse refroidir et le salpêtre, peu soluble à froid,
cristallise.

Le salpêtre brut contient environ 5 % de sels
étrangers. Pour le purifier, on le fait dissoudre à
chaud dans la plus petite quantité d'eau possible.
On laisse refroidir en agitant constamment pour
empêcher la formation de gros cristaux. Les sels
étrangers restent dans l'eau mère. On obtient ainsi
le salpêtre *raffiné*.

478. — Usages. — Le salpêtre est employé dans
la fabrication de la poudre. Les autres azotates sont
utilisés en, pyrotechnie.

On emploie les azotates de potassium et de sodium
dans la fabrication de l'acide azotique.

On les utilise également comme engrais.

On emploie aussi le salpêtre à la conservation
des aliments.

479. — Poudre. — La poudre est un mélange
explosif formé de salpêtre, de soufre et de charbon.

Lorsqu'on enflamme ce mélange, il se dégage de l'anhydride carbonique et de l'azote; il reste un résidu solide formé de sulfure de potassium

$$2KA_2O^3 + S + 3C = K^2 S + A^2 + 3CO^2$$

Il se produit en même temps un grand dégagement de chaleur. Sous l'influence de cette chaleur, les gaz produits prennent une force élastique considérable quand la combustion est effectuée en vase clos. C'est à cette cause qu'est due la puissance explosive de la poudre.

480. — Fabrication de la poudre. — On emploie, dans la fabrication de la poudre, le salpêtre raffiné, non déliquescent, le soufre en canons, de préférence au soufre en fleurs, qui renferme toujours un peu d'acides sulfureux et sulfurique; enfin on préfère le charbon de bois provenant de bois légers, tels que le fusain et la bourdaine, calcinés dans des cylindres à une température relativement peu élevée, de manière à donner du charbon roux.

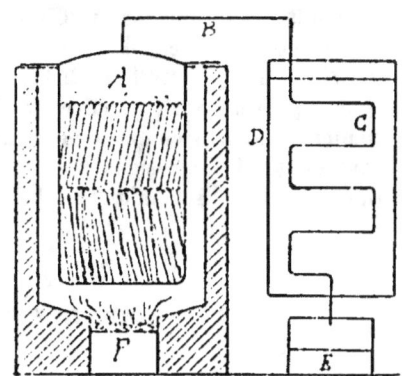

Fig. 170. — Calcination du bois destiné à la fabrication de la poudre.

Les matières sont d'abord pulvérisées séparément de manière à obtenir une poudre impalpable. Cette pulvérisation s'effectue à l'aide de lourdes meules en pierre. On mélange ensuite les trois substances

en quantités convenables et on triture le mélange
pendant plusieurs heures après y avoir ajouté de
l'eau. On obtient ainsi une pâte parfaitement homogène.

Cette pâte, séchée partiellement, est ensuite divisée
en grains de grosseur variable suivant la destination
de la poudre qu'on veut obtenir.

Le résultat le plus parfait est obtenu lorsque la
durée de la combustion de la charge est égale au
temps que met le projectile à parcourir la longueur
du canon de l'arme employée. En augmentant la
grosseur des grains, on accroît la durée de la combustion.

La poudre à fusil est passée au crible, c'est une
poudre véritable. La poudre des canons de gros
calibre est formée de grains dont la grosseur peut
atteindre les dimensions d'une noix.

La poudre de chasse, une fois fabriquée, est ensuite
lissée. Cette opération s'effectue en introduisant la
poudre dans des cylindres qu'on fait tourner lentement. Le frottement des grains les uns contre les
autres durcit leur surface et la rend brillante, ce qui
facilite la conservation de la poudre.

MÉTALLURGIE

481. — Notions générales. — Quelques métaux
tels que l'or et le platine se rencontrent dans la nature
à l'*état natif*, c'est-à-dire à l'état libre. On trouve aussi
quelquefois à cet état l'argent et le cuivre.

Le plus souvent on rencontre les métaux à l'état
de combinaisons. Ces combinaisons constituent les
minerais métalliques.

Les minerais sont le plus souvent des oxydes (fer, étain) ou des sulfures (zinc, plomb, cuivre, argent). On trouve aussi quelquefois des carbonates (fer, zinc, cuivre) et des chlorures (argent).

482. — Traitement mécanique. — Le minerai, quelle que soit sa nature, se rencontre ordinairement disséminé dans une roche de nature différente telle que du quartz, du calcaire, du sulfate de baryte, qui constitue la *gangue*.

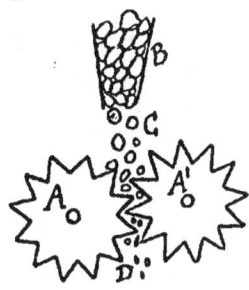

Fig. 171. — Broyage des minerais.

On commence par trier à la main les parties constituées par du minerai presque pur, puis celles qui ne contiennent guère que la gangue et enfin les parties moyennes, les plus nombreuses, formées par un mélange de gangue et de minerai.

La première fraction est soumise directement au traitement métallurgique, la deuxième est rejetée; enfin la troisième est soumise à un traitement mécanique préliminaire.

On commence par broyer grossièrement le minerai au moyen de cylindres armés de dents. On achève ensuite de le pulvériser

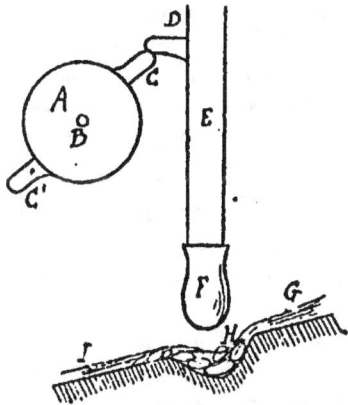

Fig. 172. — Bocardage des minerais.

à l'aide de pilons mis en mouvement par une roue à cames et nommés *bocards*. Cette dernière opération s'effectue dans un courant d'eau. La gangue, moins dense, est entraînée au loin par l'eau, tandis que le minerai se dépose à une faible distance. On procède ensuite au traitement métallurgique proprement dit.

483. — Réactions générales. — Les oxydes et les carbonates sont réduits ordinairement par le charbon. Suivant la disposition des appareils, la réaction est directe ou s'effectue par l'intermédiaire de l'oxyde de carbone.

$$SnO^2 + C = Sn + CO^2$$
$$Fe^2O^3 + 3CO = 2\,Fe + 3CO^2$$
$$FeCO^3 + CO = Fe + 2CO^2$$

Lorsque l'oxyde ou le carbonate ne sont réductibles qu'à une température très élevée, il se dégage de l'oxyde de carbone au lieu d'anhydride carbonique

$$ZnCO^3 + C^2 = Zn + 3CO$$

Les sulfures peuvent être préalablement *grillés*, c'est-à-dire chauffés dans un courant d'air. Le soufre est enlevé à l'état d'anhydride sulfureux et le métal est transformé en oxyde. On réduit cet oxyde par le charbon comme précédemment

$$2ZnS + 3O^2 = 2ZnO + 2SO^2$$
$$ZnO + C = Zn + CO$$

Un grillage modéré peut donner naissance à un sulfate. Cette réaction est utilisée dans le traitement du minerai de plomb par la méthode dite : *méthode par réaction*. On grille le sulfure de manière à en transformer une partie en sulfate, tandis qu'une autre partie donne de l'oxyde et de l'anhydride sulfureux et qu'une dernière partie reste à l'état de sulfure

$$Pb\,S + 2O^2 = Pb\,SO^4$$
$$2Pb\,S + 3O^2 = 2Pb\,O + 2SO^2$$

Il suffit ensuite d'élever la température en supprimant l'accès de l'air. Le sulfure non transformé réagit sur le sulfate et sur l'oxyde pour donner du plomb

$$2\,Pb\,O + Pb\,S = SO^2 + 3\,Pb$$
$$Pb\,SO^4 + Pb\,S = 2\,SO^2 + 2\,Pb$$

Enfin, on déplace quelquefois un métal par un autre métal plus altérable et plus commun.

$$Pb\,S + Fe = Fe\,S + Pb.$$

On extrait ainsi l'argent de son chlorure en le traitant par le fer ou le mercure.

FERS. — FONTES. — ACIERS.

484. — Minerai de fer. — Le fer se rencontre dans la nature sous différentes formes. C'est un des métaux les plus abondants. Les principaux minerais sont :

La *magnétite* ou *Franklinite*, formée par l'oxyde magnétique $Fe^3\,O^4$. Ce minerai se trouve abondamment en Suède et en Norwège.

Le *fer oligiste*, sesquioxyde $Fe^2\,O^3$ cristallisé se rencontre à l'île d'Elbe.

L'*hématite rouge*, sesquioxyde anhydre, amorphe. On l'emploie pour polir les métaux.

La *limonite*, le *fer oolithique*, l'*ocre*, sont différentes variétés de sesquioxyde de fer hydraté. Ce sont les plus communs.

La *sidérose* est du carbonate de fer. On la nomme aussi *fer spathique*. Elle cristallise en rhomboèdres. Elle est souvent transformée en sesquioxyde de fer ayant conservé la forme cristalline primitive. C'est le phénomène désigné en minéralogie sous le nom d'*épigénie*.

485. — Métallurgie du fer. — La méthode la plus employée pour le traitement métallurgique du fer est la méthode dite des *hauts-fourneaux*.

Un haut-fourneau est un appareil construit en briques et en pierres réfractaires, ayant la forme de deux troncs de cône réunis par leur grande base et terminé à la partie inférieure par un cylindre. L'ouverture supérieure B se nomme *gueulard;* le cône inférieur F constitue les *étalages ;* la partie inférieure H se nomme le *creuset.* A la partie supérieure G du creuset viennent déboucher les orifices de *tuyères* K qui injectent l'air nécessaire à la combustion.

La partie inférieure du creuset présente une large ouverture fermée

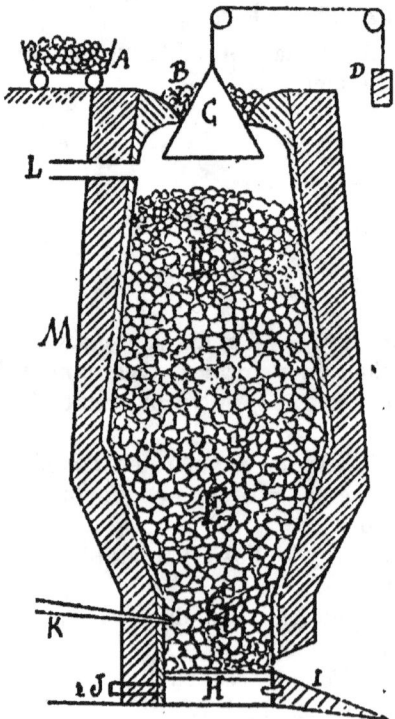

Fig. 173. — Haut fourneau.

en partie par une pierre I devant laquelle se trouve un plan incliné : c'est la *dame*. Il existe également à la partie inférieure du creuset un *trou de coulée* J, qu'on ferme au moyen d'un tampon d'argile.

Après avoir à peu près rempli le haut-fourneau de combustible, on y met le feu et l'on met les

tuyères en action. Lorsque la température est suffisamment élevée, on alimente le haut fourneau en y
versant (A, B) des couches alternatives de minerai et
de combustible. Le minerai a été préalablement mélangé avec du calcaire si la gangue est siliceuse,
avec de la silice si elle est calcaire. Le combustible
employé est ordinairement du coke, c'était autrefois
du charbon de bois.

A la partie inférieure du haut-fourneau, le charbon brûlant dans un excès d'air donne de l'anhydride carbonique qui, passant ensuite sur du charbon chauffé au rouge, se transforme en oxyde de
carbone. Ce dernier gaz réduit l'oxyde ou le carbonate
de fer et met le métal en liberté, en donnant de
l'anhydride carbonique qui, en s'élevant, rencontre
une nouvelle couche de charbon; il se transforme
en oxyde de carbone qui réduit à son tour une nouvelle couche de minerai et ainsi de suite. A la partie
supérieure du haut-fourneau est disposé un couvercle
de forme particulière qui permet de recueillir l'oxyde
de carbone qui se dégage L. La combustion de ce gaz
est ordinairement utilisée pour chauffer l'air qu'on
injecte par les tuyères, à la partie inférieure.

Il se produit en même temps un grand nombre
de réactions secondaires très complexes. La silice,
l'argile et le calcaire qui sont mélangés au minerai
forment un silicate double d'alumine et de chaux
contenant un peu de silicate de fer; c'est le *laitier*.
En même temps le fer mis en liberté se combine à
une certaine quantité de carbone, de silicium, de
phosphore, ainsi qu'à quelques métaux comme le
manganèse, qui se trouvent en petite quantité dans
le minerai. Il se forme un produit fusible de composition complexe qu'on nomme la *fonte de fer*.

La fonte et le laitier parfaitement fluides à la
température du haut-fourneau s'écoulent dans le

creuset. Le laitier, moins dense, reste à la surface et forme une couche vitreuse qui préserve la fonte de l'oxydation que pourrait produire le vent des tuyères. L'excès de laitier s'écoule par-dessus la dame. Lorsque le creuset est rempli de fonte de fer, on débouche le trou de coulée et la fonte s'écoule dans des moules où elle se solidifie.

On bouche ensuite de nouveau le trou de coulée et la fabrication continue jusqu'à ce que le haut fourneau ait besoin d'être réparé.

486. — Fonte de fer. — La fonte de fer contient de 2 à 5 °/. de carbone; elle contient, en outre, du silicium et quelques métalloïdes et métaux en petites quantités, tels que le phosphore, le soufre, le manganèse, le tungstène, etc.

Le carbone se trouve dans la fonte sous deux états différents; une partie est combinée au fer et forme des carbures de fer; une autre partie est simplement mélangée et cristallise en paillettes grises au moment de la solidification. Lorsque cette dernière forme domine on a la fonte *grise*. Au contraire, si la presque totalité du carbone est à l'état de combinaison, on a la fonte *blanche*. On obtient l'une ou l'autre de ces variétés suivant la manière dont la fabrication a été conduite. La fonte est beaucoup plus fusible que le fer; elle fond de 1000° à 1200°. La cassure est grenue, cristalline. Elle offre peu de résistance à la flexion; elle est cassante. Elle offre, au contraire, une grande résistance à l'écra-

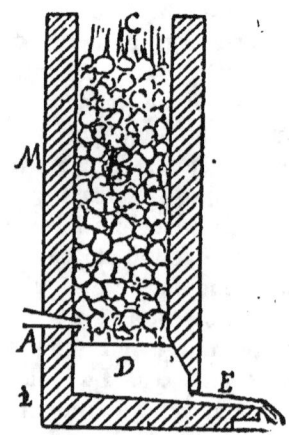

Fig. 174. — *Cubilot* pour la deuxième fusion de la fonte.

sement. On utilise la fonte par la fabrication d'un
grand nombre d'objets qu'on obtient par moulage. On
fabrique ainsi les roues d'engrenages, les volants de
machines à vapeur, les colonnes destinées à supporter
les constructions; en général tous les objets qui ne
doivent pas présenter une grande résistance à la
flexion.

487. — Fer. — Le fer, au contraire, est un métal peu
fusible. Il fond vers 1500°. Avant de fondre, il prend l'état
pâteux. Cette propriété est utilisée constamment dans
le travail de la forge. Le fer est très malléable; sa
cassure est fibreuse. Il présente une grande résistance à la flexion. C'est le plus tenace de tous les
métaux.

On obtient le fer en débarrassant la fonte de la
plus grande partie des matières étrangères qu'elle
contient. Le procédé le plus fréquemment employé
est l'opération du *puddlage.*

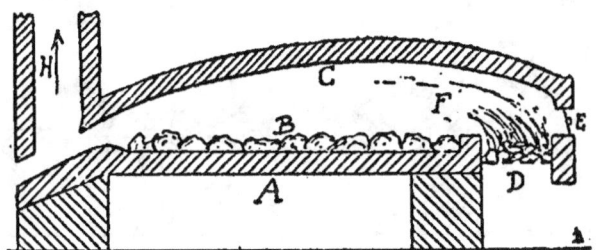

Fig. 175. — Four à puddler primitif.

Le four à puddler est un four à réverbère C portant au niveau de la sole A, B des ouvertures permettant l'accès de l'air. On chauffe avec un combustible D
à longue flamme, ordinairement la houille.

On commence par introduire sur la sole du four
la quantité de fonte B qu'on veut affiner; puis on
chauffe de manière à en déterminer la fusion. Sous

l'action du courant d'air le carbone brûle, le silicium se transforme en silicate de fer fusible, le soufre brûle, le phosphore passe à l'état de phosphate, enfin le manganèse donne du silicate. Le fer, peu à peu mis en liberté, prend l'état pâteux, car il n'est pas fusible à la température du four. On obtient ainsi une masse qu'on brasse constamment, formée de petites masses de fer disséminées au milieu des autres matières qui sont à l'état liquide. Cette masse est réunie sous la forme d'une sorte de boule sur la sole du four. On la soumet ensuite à l'action d'un marteau-pilon. Les matières liquides sont exprimées et rejetées, les grains de fer se soudent les uns aux autres et finissent par former une masse compacte.

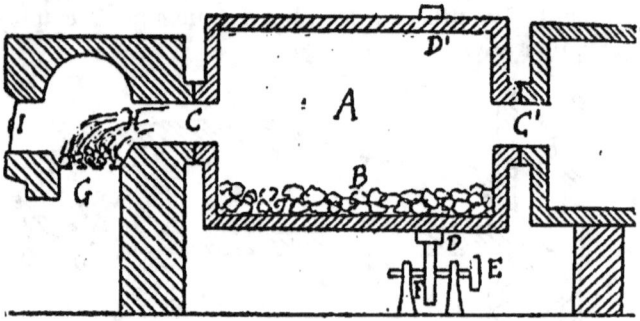

Fig. 176. — Four tournant pour le puddlage mécanique.

Cette masse est ensuite réchauffée et façonnée.

488. — Acier. — On désigne sous le nom d'aciers des produits dont la composition est intermédiaire entre celle du fer et celle de la fonte. L'acier contient du charbon, du silicium, du manganèse, etc., comme la fonte, mais en quantité moindre. La présence de petites quantités de ces différents éléments suffit pour transformer la structure du fer et pour modifier profondément ses propriétés physiques.

L'acier est évidemment mal défini, on peut obtenir toutes les variétés intermédiaires entre le fer et la fonte proprement dite. Certains aciers contenant peu de matières étrangères au fer peuvent être forgés et sont difficilement fusibles. Ceux dont la composition se rapproche de la fonte sont, au contraire, très fusibles et peuvent être coulés.

Les aciers sont cependant caractérisés par une propriété particulière, c'est celle de prendre sous l'action de la *trempe*, une dureté et une élasticité remarquables.

La trempe s'effectue en chauffant l'acier à une température élevée et en le refroidissant brusquement. Les modifications produites disparaissent sous l'action du *recuit*, opération qui consiste à relever lentement la température de l'acier trempé.

On fabrique ordinairement les différents objets en acier recuit et on les trempe une fois la fabrication terminée. La fabrication des aciers a fait dans ces dernières années des progrès considérables et l'on tend de plus en plus à substituer l'acier au fer et à la fonte dans tous leurs usages.

On remplace la fonte par des aciers facilement fusibles et le fer par des aciers malléables. Le travail de la fabrication des objets n'est point ainsi sensiblement modifié et l'on a l'avantage de pouvoir leur donner ensuite par la trempe une très grande dureté, ce qui augmente considérablement leur durée.

489. — *Cémentation.* — Un des plus anciens procédés de fabrication de l'acier est la cémentation. Cette opération consiste à ajouter au fer les matières nécessaires à sa transformation. On introduit dans de grandes caisses en pierres réfractaires, des barres de fer et un mélange de charbon de bois pulvérisé et de cendres qu'on nomme *cément*. Ces caisses sont ensuite fermées hermétiquement et introduites dans un four à réverbère où on les maintient à une température élevée pendant une quinzaine de jours.

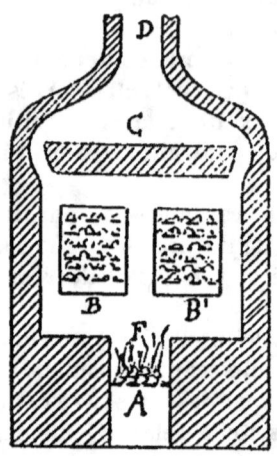

Fig. 177. — Four à cémentation.

Le fer se transforme peu à peu en acier. L'acier ainsi obtenu n'est pas homogène, les parties extérieures sont nécessairement plus carburées que les parties centrales. On remédie à cet inconvénient en fondant l'acier dans des creusets en graphite.

On obtient ainsi *l'acier fondu*. Cet acier est de très bonne qualité mais son prix de revient est très élevé, et ce procédé ne permet pas d'obtenir les grandes quantités d'acier nécessaires à la fabrication des objets de grandes dimensions.

On emploie dans ce dernier cas deux procédés principaux : le procédé *Bessemer*, dans lequel on transforme la fonte en acier en l'affinant partiellement et le procédé *Martin* dans lequel, au contraire, on transforme le fer en acier en ajoutant les éléments nécessaires.

490. — *Procédé Bessemer.* — Dans un appareil de forme particulière, nommé *convertisseur*, préalablement chauffé, on introduit une certaine quantité de fonte en fusion. Ce convertisseur est mobile autour d'un axe horizontal et il est disposé de manière à recevoir par la partie inférieure un fort courant d'air.

Sous l'action de ce courant d'air, les matières étrangères sont brûlées et l'affinage est presque complet. La chaleur dégagée dans cette combustion est suffisante pour maintenir la température à son degré primitif. Lorsque cette première opération est terminée, on ajoute une certaine quantité d'une fonte manganésifère de composition bien connue. Le manganèse contenu dans cette fonte complète l'affinage, et l'on a en même temps introduit le carbone et le silicium en quantités connues. Il ne reste plus qu'à couler l'acier produit.

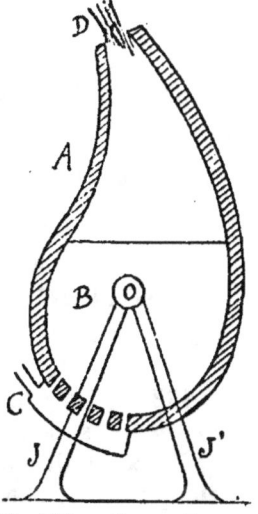

Fig. 178. — Convertisseur Bessemer.

491. — *Procédé Martin.* — Dans ce procédé on se sert de grands fours à réverbère chauffé à une température élevée. On introduit dans ces fours de la ferraille, des déchets de fer et de la fonte de composition connue. On chauffe et l'on obtient directement de l'acier fondu dont la composition est connue d'avance.

CHAPITRE TREIZIÈME

NOTIONS DE CHIMIE ORGANIQUE

492. — La Chimie organique a pour but l'étude des différentes substances qui forment les organes des végétaux et des animaux. Les matières organiques comprennent encore des substances analogues que l'on peut fabriquer artificiellement.

Lorsqu'on détermine les corps simples qui forment les matières organiques, on trouve que ceux-ci sont en nombre relativement très restreint; quatre d'entre eux, le *carbone*, l'*hydrogène*, l'*oxygène*, l'*azote* se rencontrent presque exclusivement, d'autres tels que le chlore, le soufre, le fer, etc., sont beaucoup plus rares et ne paraissent jouer qu'un rôle tout-à-fait accessoire.

On distingue parmi les substances organiques : les *matières organiques* proprement dites et les matières *organisées*.

Les substances organisées sont celles qui constituent les parties les plus importantes des organes des êtres vivants. Elles diffèrent des autres substances parce qu'elles ne fondent pas, ne se volatilisent pas. Bien que leur composition soit définie, elles ne peuvent cristalliser; elles possèdent, au contraire, une structure particulière qui dépend de la nature de l'animal ou de la plante dont elles proviennent. On ne peut ni les faire entrer dans des combinaisons définies, ni les reproduire artificiellement au moyen de leurs éléments. L'amidon, la cellulose, etc., sont des matières organisées. Les autres matières organiques, au contraire, se comportent exactement comme les corps composés de la chimie minérale dont elles possèdent toutes les propriétés.

Elles en diffèrent cependant par deux particularités qui justifient la création de cette branche spéciale de la chimie.

1° — Les corps simples qui les constituent sont peu nombreux.

2° — Malgré ce nombre restreint d'éléments, les matières organiques sont extrêmement nombreuses. Tandis que dans la chimie minérale les molécules des divers composés ne renferment qu'un nombre très petit d'atomes des corps simples constituants, les matières organiques ont, au contraire, une structure moléculaire beaucoup plus compliquée; elles peuvent renfermer dans leurs molécules des nombres d'atomes beaucoup plus grands.

493. — Isomérie. — Polymérie. — D'autres circonstances viennent encore augmenter le nombre des matières organiques. On rencontre fréquemment des substances dont les propriétés sont très différentes et qui, cependant, sont formés par les mêmes corps simples, unis dans les mêmes rapports. Lorsque les poids moléculaires des deux substances sont les mêmes elles sont dites *isomères*. Dans ce cas la formule chimique est la même.

Lorsque les poids moléculaires sont différents, elles sont *polymères*. La formule chimique du composé dont le poids moléculaire est le plus grand est alors un multiple exact de la formule chimique de l'autre composé.

Exemples. — L'essence de térébenthine et l'essence de citron sont des corps isomères. Tous deux ont pour formule $C^{10} H^{16}$.

L'acétylène ($C^2 H^2$) et la benzine ($C^6 H^6$) sont polymères.

En chimie minérale, on observe aussi les mêmes phénomènes : l'oxyde rouge de mercure, préparé par voie sèche, et l'oxyde jaune, préparé par voie humide, sont isomères; le cyanogène et le paracyanogène sont polymères; mais les exemples de ce genre sont peu nombreux, tandis qu'en chimie organique, l'isomérie et la polymérie s'observent très fréquemment.

ANALYSE DES MATIÈRES ORGANIQUES

494. — **Analyse immédiate.** — Les matières organiques, telles qu'on les extrait directement des êtres vivants, sont ordinairement des mélanges, en divers rapports, de principes définis qui, une fois isolés, présentent des propriétés constantes. La première opération qu'il faut effectuer est la séparation de ces substances qu'on nomme principes *immédiats*. On fait ainsi l'analyse immédiate.

Exemple. — Prenons par exemple de la farine et malaxons-la dans un courant d'eau. L'eau entraînera une poudre blanche (amidon) qui se déposera peu à peu, tandis qu'il restera dans la main une matière grise visqueuse et élastique (gluten). Nous avons ainsi fait l'analyse immédiate de la farine.

Les procédés employés dans l'analyse immédiate sont très nombreux. Tantôt on emploie, comme dans l'exemple précédent, des procédés mécaniques, tantôt on se sert de dissolvants pour extraire une substance déterminée, tantôt on fait entrer cette substance dans une combinaison qu'on sépare ensuite, etc. Il est donc impossible de donner des règles générales.

495. — Analyse élémentaire. — Elle a pour but de faire connaître la nature et les poids des corps simples qui constituent la matière organique. On commence par dessécher exactement la substance à analyser en la maintenant pendant un temps convenable dans une étuve à la température de 100°.

On détermine ensuite par un essai préliminaire les poids des corps simples accessoires tels que le soufre, le chlore, etc.

Il ne reste plus qu'à doser les quatre éléments principaux : le carbone, l'hydrogène, l'oxygène, l'azote.

496. — 1° — *Matières non azotées.* — Considérons d'abord le cas d'une matière organique ne contenant pas d'azote.

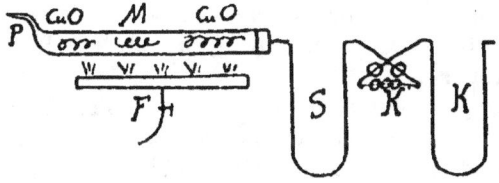

Fig. 179. — Analyse élémentaire des matières non azotées.

Le procédé employé consiste à faire brûler la matière organique; le carbone donne de l'anhydride carbonique, et l'hydrogène de la vapeur d'eau. Des poids de l'anhydride carbonique et de la vapeur d'eau produits, on déduit les poids de l'hydrogène et du carbone. L'oxygène s'obtient par différence.

La matière à analyser est mélangée intimement avec du bioxyde de cuivre. On introduit le mélange M dans un tube en verre peu fusible, fermé et effilé à l'une de ses extrémités P et ouvert à l'autre. On achève de remplir le tube avec de l'oxyde de cuivre. A l'extrémité effilée on fixe un tube de caoutchouc communiquant avec un gazomètre plein d'oxygène. L'extrémité ouverte est fermée par un bouchon traversé par un tube communiquant avec un tube en U rempli de ponce sulfurique S et des boules de Liebig remplies d'une dissolution de potasse ainsi qu'un dernier tube en U contenant des fragments de potasse solide K,K. Le tube est placé sur une grille à gaz F.

On chauffe peu à peu le mélange de l'oxyde de cuivre et de la matière organique jusqu'au rouge, de manière que le dégagement du gaz soit très lent. A la fin de l'opération, on brise la pointe effilée et l'on fait passer un courant d'oxygène dans le tube. Ce courant de gaz brûle les dernières traces de la matière organique et achève d'enlever l'anhydride carbonique et la vapeur d'eau.

L'augmentation de poids du tube à ponce sulfurique donne le poids de la vapeur d'eau produite. En divisant ce poids par 9, on obtient le poids de l'hydrogène.

L'augmentation de poids des boules de Liebig et du tube à potasse donne le poids de l'anhydride carbonique. Les 3/11 de ce poids sont le poids du carbone.

497. — 2°. — *Matières azotées.* — Lorsque la matière qu'on veut analyser contient de l'azote, on effectue le dosage de l'hydrogène et du carbone par la méthode précédente. On ajoute dans le tube une colonne de cuivre métallique pour empêcher la formation de composés oxygénés de l'azote. On obtient ainsi les poids de l'hydrogène et du carbone.

On dose ensuite séparément l'azote. Pour cela, on recommence l'opération précédente en adaptant au tube à combustion un tube à dégagement qui se

rend sous une éprouvette remplie d'une dissolution
de potasse, placée sur une cuve également remplie
de la même dissolution. Lorsque la combustion est
terminée, on fait passer dans le tube un courant
d'anhydride carbonique qui balaye les dernières traces
d'azote. On mesure le volume de l'azote recueilli.
On connaît ainsi les poids du carbone, de l'hydrogène et de l'azote. On obtient celui de l'oxygène par
différence.

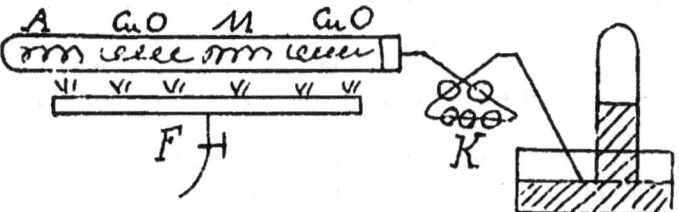

Fig. 180. — Analyse des matières azotées.

498. — Formule des composés organiques. —
Les méthodes que nous venons de décrire fournissent
la composition centésimale de la matière organique.
Pour obtenir la formule chimique, il faut déterminer
le poids moléculaire. On obtient ce poids d'après la
même règle qu'en chimie minérale, c'est-à-dire au
moyen de la densité de vapeur.

Il devient alors facile de connaître le nombre des
atomes de carbone, oxygène, hydrogène et azote
entrant dans la molécule.

PRODUCTION DES MATIÈRES ORGANIQUES

Un grand nombre de matières organiques peuvent
être extraites directement des organes des animaux
et des végétaux par l'analyse immédiate. Tels sont,

par exemple : le sucre qu'on extrait du jus de la canne à sucre ou de la betterave, l'acide oxalique qu'on extrait du jus de l'oseille, la stéarine, l'oléine, la margarine, dont le mélange constitue les, matières grasses, etc.

On peut en outre préparer artificiellement un grand nombre d'autres matières organiques. On emploie pour cela les méthodes générales de la chimie : *l'analyse* et la *synthèse*. La méthode analytique permet de décomposer les principes immédiats de manière à obtenir des composés plus simples.

Prenons par exemple la *stéarine*, principe immédiat qu'on peut extraire de la graisse. Cette substance traitée par un alcali se dédouble. On obtient un sel dont l'acide peut être ensuite isolé : c'est l'acide *stéarique*. Il reste une matière liquide à saveur douceâtre : la *glycérine*. La stéarine a donc été décomposée et a fourni deux nouvelles substances, l'acide stéarique et la glycérine.

De même *l'alcool* traité par le mélange oxydant d'acide sulfurique et de bichromate de potasse perd de l'hydrogène et donne une substance nouvelle plus simple, *l'aldéhyde*.

$$C^2H^6O = C^2H^4O + H^2$$

499. — Synthèse des composés organiques. —
On a cru pendant longtemps que les matières organiques ne pouvaient être produites que dans la substance même des végétaux et des animaux et qu'il n'était possible d'obtenir des composés nouveaux qu'en décomposant les principes immédiats ou en les combinant les uns avec les autres.

M. Berthelot a montré qu'il est possible d'obtenir la plupart des composés organiques par synthèse, en partant des éléments.

En combinant directement l'hydrogène et le car-

bone, sous l'action de l'arc voltaïque, on obtient
l'acétylène

$$C^2 + H^2 = C^2H^2$$

L'acétylène chauffé au rouge sombre se combine
à lui-même pour former la benzine

$$3 \ C^2H^2 = C^6H^6$$

La combinaison d'acétylène et d'hydrogène, à volumes égaux, fournit dans les mêmes conditions de
l'éthylène

$$C^2H^2 + H^2 = C^2H^4$$

Des réactions analogues permettent d'obtenir par
synthèse la plupart des carbures d'hydrogène.

On peut obtenir également par synthèse des composés plus complexes. Nous donnerons comme exemple
la synthèse de l'alcool.

Par une agitation prolongée, on peut faire absorber
l'éthylène par l'acide sulfurique. On obtient ainsi un
composé nommé *sulfate acide d'éthyle*

$$C^2H^4 + H^2SO^4 = C^2H^5HSO^4$$

En distillant ce composé en présence de l'eau, on
recueille de l'alcool

$$C^2H^5HSO^4 + H^2O = H^2SO^4 + C^2H^6O$$

Des méthodes analogues permettent de reproduire
par synthèse la plupart des matières organiques.

500. — Fermentations. — Un certain nombre de
matières organiques se produisent dans des conditions
particulières, sous l'action du développement d'êtres
vivants microscopiques nommés *ferments.*

Telle est par exemple la production de l'alcool
dans les liquides sucrés. Si l'on abandonne un liquide
de ce genre, tel que le jus de raisin, au contact de
l'air, on ne tarde pas à voir se produire des phénomènes chimiques particuliers.

On voit se dégager des bulles d'un gaz qui est

l'anhydride carbonique; en même temps le sucre disparaît peu à peu et il se forme au sein du liquide
un certain nombre de substances nouvelles dont la
plus importante est l'alcool.

Si l'on examine le liquide au microscope, on voit
qu'il s'y développe un champignon microscopique
nommé *levûre de bière*. Les phénomènes chimiques
observés ont été déterminés par la nutrition de la
levûre de bière. Si l'on maintient le liquide dans des
conditions telles que cet organisme ne puisse s'y
développer, on n'observe aucune altération.

Les phénomènes de ce genre sont désignés sous
le nom de fermentations et l'organisme dont le développement produit le phénomène constitue le *ferment*.

Il existe un grand nombre de fermentations déterminées chacune par le développement d'un ferment
spécial.

L'alcool produit, comme il a été indiqué plus
haut, dans la fermentation *alcoolique*, est susceptible
de fermenter à son tour. Si on l'expose à l'air, il
se développe à la surface du liquide un nouveau ferment, le *mycoderma acéti* qui fixe l'oxygène de l'air
et transforme l'alcool en *vinaigre* ou acide acétique.
C'est la *fermentation acétique*.

Le phénomène connu sous le nom de *putréfaction*
des matières organiques est aussi un phénomène de
fermentation.

Pour conserver les matières organiques, c'est-à-dire
pour éviter leur putréfaction, il suffit d'empêcher le
développement des ferments. On emploie pour cela
différents procédés.

On conserve ces substances à l'abri de l'air après
avoir soigneusement détruit tous les germes des ferments (fabrication des *conserves alimentaires*). On
peut aussi conserver les substances organiques à
une température assez basse pour que les ferments

ne se développent pas (conservation de la viande
par les *procédés frigorifiques*), on fait également
usage de substances dites antiseptiques dont la présence empêche le développement des ferments (viandes
salées, viandes *fumées*, etc.).

On peut rapprocher des phénomènes de fermentation certaines transformations chimiques produites
sous l'influence de substances particulières sécrétées
par les végétaux. C'est ainsi, par exemple, que si l'on
ajoute à de l'amidon une substance nommée *diastase*,
cet amidon se transforme peu à peu en glucose. La
diastase n'intervient pas chimiquement, elle détermine
par sa présence la transformation de l'amidon en
glucose. On donne à cette catégorie de ferments le
nom de *ferments solubles* pour les distinguer des
ferments vivants, comme la levûre de bière, qu'on
nomme *ferments organisés*.

La fabrication de la bière fournit un exemple de
deux espèces de fermentation.

On commence par faire germer de l'orge. Dès
que le développement de la petite plante a commencé, celle-ci sécrète une certaine quantité de diastase destinée à transformer en glucose l'amidon
contenu dans la graine. Lorsque la quantité de
diastase développée est suffisante, on arrête la germi-
nation en desséchant la graine. On obtient ainsi le
malt.

Ce malt introduit dans l'eau chaude fournit au
liquide de la diastase qui transforme peu à peu
l'amidon en glucose. On obtient ainsi un liquide
sucré dans lequel on détermine ensuite la fermentation alcoolique en ajoutant de la levûre de bière.

CLASSIFICATION DES MATIÈRES ORGANIQUES

Les matières organiques se divisent en 7 groupes, caractérisés par leur fonction chimique.

I. — Carbures d'hydrogène.
II. — Alcools.
III. — Aldéhydes.
IV. — Acides.
V. — Ethers.
VI. — Bases.
VII. — Amides.

501. — Carbures d'hydrogène. — On nomme ainsi les composés formés seulement de carbone et d'hydrogène. On peut les diviser en séries en réunissant les carbures dits *homologues*.

Deux carbures sont homologues lorsque leur formule ne diffère que par un multiple de CH^2. Ainsi le formène CH^4, l'éthane, C^2H^6, le propane C^3H^8 sont homologues. La formule générale C^nH^{2n+2} représente toute une série de carbures homologues du formène; ce sont les carbures forméniques.

Les carbures d'une même série possèdent des propriétés chimiques semblables. Il suffit donc d'étudier l'un d'eux à ce point de vue pour connaître les propriétés chimiques de tous les autres. Ils diffèrent entre eux par leurs propriétés physiques. Les premiers carbures sont gazeux, les suivants deviennent liquides; en avançant dans la série, on obtient des liquides dont le point d'ébullition est de plus en plus élevé, puis des corps solides de moins en moins fusibles. On peut remarquer qu'en passant d'un terme à l'autre, on ajoute à la molécule le groupe CH_2 contenant en poids six fois autant de charbon que d'hydrogène. La proportion de charbon contenue dans la molécule augmente donc de plus en plus et le terme limite de chaque série serait le charbon lui-même. On observe en effet que les carbures dont le poids moléculaire est le plus élevé sont des corps solides noirs très fixes qui fournissent des combustibles analogues aux charbons naturels.

Les principales séries de carbures d'hydrogène sont :

1°. — Les carbures C_nH_{2n+2} ou carbures *forméniques* dont le premier terme est le *formène* CH_4. On trouve dans cette série un grand nombre de carbures dont le mélange constitue les pétroles. Les pétroles soumis à une distillation convenablement réglée donnent différents produits. Les carbures les plus volatils donnent les *essences minérales*, on obtient ensuite les *huiles d'éclairage*, puis les huiles de graissage, la *vaseline*, la *paraffine* et le *pétrocène*.

2°. — Les carbures *éthyléniques* C_nH_{2n} dont le premier terme est l'éthylène C_2H_4.

3°. — Les carbures *acétyléniques* C_nH_{2n-2} dont le premier terme est l'acétylène C_2H_2.

4°. — Les carbures *camphéniques* C_nH_{2n-4}. Le carbure le plus important de cette série est l'essence de térébenthine $C_{10}H_{16}$. On trouve également dans le même groupe un grand nombre d'essences végétales isomères de l'essence de térébenthine et des carbures contenus dans les résines naturelles.

5°. — Les carbures *benzéniques* C_nH_{2n-6} dont le type est la benzine C_6H_6 qu'on extrait du goudron de houille.

Les carbures d'hydrogène sont, au point de vue de la composition chimique, les composés organiques les plus simples. Les composés des autres groupes peuvent leur être rattachés ; ils sont donc susceptibles d'être comme eux rangés en séries de corps homologues.

502. — Alcools. — Les alcools sont des composés formés de carbone, d'hydrogène et d'oxygène qui possèdent la propriété de se combiner aux acides. Le résultat de cette combinaison est un composé ordinairement volatil nommé *éther* et de l'eau. C'est cette réaction qui caractérise la fonction alcool.

Les alcools se divisent en alcools monoatomiques, diatomiques, triatomiques, etc., suivant qu'ils peuvent donner avec un même acide monobasique un, deux, trois, etc., éthers différents.

L'alcool ordinaire C^2H^6O ou esprit-de-vin est le type des alcools monoatomiques. L'esprit de bois, l'alcool amylique sont également des alcools monoatomiques.

La glycérine est un alcool triatomique.

On distingue des alcools proprement dits les *phénols*. Ces composés donnent naissance à des éthers comme les alcools, mais ils en diffèrent par leur caractère acide et par la manière dont ils se comportent en présence de l'acide azotique. Dans ce cas, il se produit non un éther, mais un acide. Le phénol ordinaire ou *acide phénique*, traité par l'acide azotique, donne l'*acide picrique*.

503. — Aldéhydes. — Les aldéhydes dérivent des alcools par perte d'hydrogène. Ils sont susceptibles de reprendre cet hydrogène et de reproduire l'alcool. Par oxydation ils donnent naissance à un acide. Ce sont des corps réducteurs.

De l'alcool ordinaire dérive l'aldéhyde C^2H^4O qui, en s'oxydant, produit l'acide acétique $C^2H^4O^2$.

Le *camphre*, l'*essence d'amandes amères*, sont des aldéhydes.

Aux aldéhydes se rattachent aussi les *glucoses* et les *sucres*.

504. — Acides. — La fonction acide a été suffisamment définie en chimie minérale. Les acides organiques, comme les acides minéraux, se divisent en acides monobasiques, bibasiques, etc. Ils se rattachent aux aldéhydes et aux alcools.

505. — Éthers. — Les éthers sont les composés qui prennent naissance dans l'action des acides sur les alcools. Traités par la potasse, ils donnent un sel et régénèrent l'alcool.

Les principes immédiats qu'on trouve dans les matières grasses, la *margarine*, l'*oléine*, la *stéarine*, etc., sont des éthers de la glycérine.

L'éther ordinaire appartient à une catégorie spéciale, celle des *éthers-oxydes*. Il provient de l'action réciproque de deux molécules d'alcool avec élimination d'eau

$$C^2H^6O + C^2H^6O = H^2O + C^4H^{10}O$$

506. — Bases. — On distingue parmi les bases organiques le groupe des *amides* ou ammoniaques composées. Ce sont des bases volatiles qui dérivent de l'ammoniaque. On peut les rattacher également aux alcools et aux phénols.

Les *alcaloïdes* sont des bases organiques qu'on extrait des végétaux. Telles sont la *quinine* qu'on extrait du quinquina, la *morphine* du pavot, la *strychnine* de la noix vomique, etc.

Ces alcaloïdes constituent ordinairement le principe actif des plantes médicinales.

507. — Amides. — Les amides sont des composés provenant de la déshydratation des sels ammoniacaux.

L'acétate d'ammoniaque en perdant une molécule d'eau donne l'acétamide

$$A^3H^4C^2H^3O^2 - H^2O = C^2H^5A^3O$$

Au groupe des amides se rattachent : l'*urée*, l'*indigo*, les matières albuminoïdes (*albumine*, *caséine*, *fibrine*), etc.

508. — COMPOSÉS A FONCTION MIXTE. — On nomme ainsi des composés possédant simultanément plusieurs fonctions chimiques différentes. Ces composés peuvent être rangés dans plusieurs des groupes précédents.

Un acide bibasique agissant sur un alcali peut donner un *sel-acide* susceptible d'agir à son tour sur une nouvelle quantité d'alcali pour donner un sel neutre.

On trouve de même en chimie organique des *éthers-acides*, des *alcools-aldéhydes*, etc. Ce sont des composés à *fonction mixte*.

TABLE DES MATIÈRES

GÉNÉRALITÉS

MÉTALLOÏDES

CHIMIE ORGANIQUE

FIN

A LA MÊME SOCIÉTÉ D'ÉDITIONS

BIBLIOTHÈQUE GÉNÉRALE DE PHOTOGRAPHIE

MANUELS DES BACCALAURÉATS

publiés sous la direction

de M. G.-H. NIEWENGLOWSKI

Cette collection, qui comprend environ une vingtaine de volumes, est destinée aux candidats aux divers baccalauréats, qui y trouveront les éléments certains d'un prompt succès. Les auteurs se sont efforcés de présenter les diverses matières demandées aux examens avec clarté, simplicité et précision.

ALGÈBRE

à l'usage des candidats aux baccalauréats de l'enseignement secondaire classique et moderne

par M. P. GIRAUD

Ancien élève de l'École polytechnique
Professeur de Mathématiques spéciales au lycée de Bordeaux

PRIX : **2** fr.

Lille. — Imp. Le Bigot frères.

OUVRAGES

DE LA SOCIÉTÉ D'ÉDITIONS SCIENTIFIQUES

4, Rue Antoine-Dubois, 4

PARIS

Cours de sciences, publiés sous la direction de M. B. NIEWENGLOWSKI, docteur ès-sciences, membre du Conseil supérieur de l'Instruction publique, ancien élève de l'Ecole normale supérieure, professeur de mathématiques spéciales au lycée Louis-le-Grand.

EN PRÉPARATION :

Cours de physique à l'usage des élèves de la classe de mathématiques spéciales, par M. G. FOUSSBRAU, docteur ès-sciences, secrétaire de la Faculté des sciences.

Cours d'arithmétique, par M. GOULIN, professeur au lycée Louis-le-Grand.

Cours de géométrie analytique à l'usage des candidats à Saint-Cyr, par M. A. MALUSKI, professeur au lycée Ampère.

Mar .els des baccalauréats publiés sous la direction de M. G.-H. NIEWENGLOWSKI.

Arithmétique, par M. GOULIN, professeur au lycée Louis-le-Grand.

Algèlre, par M. GIRAUD, professeur au lycée de Bordeaux, parue : 2 francs.

Trigonométrie, par G. GÉRARD, professeur au lycée de Lyon, parue : 1 fr. 50.

Géométrie, par M. GÉRARD, professeur au lycée de Lyon.

EN PRÉPARATION :

Géométrie descriptive.	Géographie.
Mécanique.	Littérature française.
Cosmographie.	Littérature latine.
Physique.	Littérature grecque.
Chimie.	Philosophie.
Histoire.	Problèmes.

EN VENTE A LA SOCIÉTÉ D'ÉDITIONS SCIENTIFIQUES
4, rue Antoine-Dubois, PARIS

PETIT et COLLIN, médecins-majors de l'armée. — **Guide militaire des étudiants, des médecins et pharmaciens de réserve et de l'armée territoriale,** 2ᵉ éd. 6 fr.

BOULOUMIÉ (Dʳ P.). — **Manuel du candidat aux divers grades et emplois de médecins et pharmaciens de la réserve et de l'armée territoriale.** Paris, Société d'Editions scientifiques, in-12, 585 pages 5 fr. Répond exactement au programme des examens obligés pour être nommé ou pour monter en grade. Ces *deux ouvrages* de médecine militaire se complètent l'un par l'autre et permettent aux différents candidats de passer tous leurs examens.

VILLEDARY (Le major). — **Guide sanitaire des troupes et du colon aux colonies.** 16ᵉ volume de la petite encyclopédie médicale, cartonné . . . . 3 fr.

ERNAULT (Louis), licencié en droit, lauréat de la faculté de Paris. — **Le Célibataire** au point de vue social et à son point de vue personnel (volume de la petite encyclopédie sociale et juridique) . . . 2 fr.

NIEWENGLOWSKI (Gaston-Henri), licencié ès sciences, président de la Société des Amateurs photographes, directeur du journal « la Photographie ». — **Formulaire-Aide-Mémoire du Photographe** (amateur et professionnel). Un vol. in-18. Prix : broché. 2 fr. 50 | relié . . 3 fr.

CANCALON (le Dʳ A.-A.). — **L'Hygiène nouvelle dans la Famille.** Préface du Dʳ Dujardin-Beaumetz, membre de l'Académie de médecine. 2ᵉ édition augmentée. . . . 4 fr.

BUGUET (Abel) et **LELORIEUX** — **Chimie des baccalauréats,** relié avec figures, ... ,

PICHERY (J.-L.). — **Gymnastique des écoles.** Seule méthode adoptée par le Conseil municipal de la ville de Paris, indispensable aux directeurs et directrices d'école. Ouvrage honoré de la souscription du Conseil municipal de Paris. 1 volume in-8 de 250 pages, avec 30 figures dans le texte . . . 5 fr.

ROBLOT (Dʳ), chevalier de la Légion d'honneur — **Guide pratique des exercices physiques.** Hygiène et résultats. In-8 de 60 p., avec grav. intercalées dans le texte. 2 fr. 50

Cours de sciences publiés sous la direction de M. B. NIEWENGLOWSKI, ancien élève de l'Ecole normale supérieure, docteur ès-sciences, professeur de mathématiques spéciales au lycée Louis-le-Grand, membre du Conseil supérieur de l'instruction publique :

Cours de physique à l'usage des élèves de mathématiques spéciales et des candidats aux grandes écoles du gouvernement, par M. FOUSSEREAU, docteur ès sciences, secrétaire de la Faculté des Sciences de Paris (Sous pr.).

Cours d'Arithmétique à l'usage des élèves de mathématiques élémentaires, par M. GOULIN, professeur au lycée Louis-le-Grand. (Sous presse)

Cours de mécanique élémentaire à l'usage des élèves de mathématiques élémentaires et des candidats à l'École St-Cyr, à l'Institut agronomique, etc., par M. CELS, professeur au lycée Condorcet. (Sous presse).

Manuels des Baccalauréats, sous la direction de M. G.-H. NIEWENGLOWSKI :

Algèbre, par M. GIRAUD, professeur au lycée de Bordeaux . . . . 2 fr.

Trigonométrie, par M. L. GÉRARD, docteur ès sciences, professeur au lycée de Lyon . . . . . . 1 fr. 50

Géométrie, par le même (sous pr.)

Géométrie descriptive, par le même . . . . (sous presse)

Arithmétique, par M. GOULIN, professeur au lycée Louis-le-Grand (sous presse).

Mécanique, par M. CELS, prof. au lycée Condorcet . . . (sous presse).

Cosmographie, par M. E. SABLOWSKI, professeur au lycée Condorcet . . . . (sous presse) Les autres matières paraîtront successivement et l'ensemble de ces volumes constituera une collection où les candidats à tous les baccalauréats trouveront les éléments certains d'un prompt succès.

Lille, imprimerie Le Bigot frères, rue Nicolas-Leblanc, 23.

www.ingramcontent.com/pod-product-compliance
Lightning Source LLC
Chambersburg PA
CBHW071443050526
44396CB00005BB/873